"十四五"普通高等教育本科部委级规划教材

仪器分析实验

Yiqi Fenxi Shiyan

唐仕荣 刘辉◎主编

中国纺织出版社有限公司

内 容 提 要

仪器分析是测定物质的化学组成、含量、状态和进行科学研究与质量监控的重要手段，是从事化工、材料、生物、食品等领域专业研究和生产实践中不可缺少的关键环节，是当代相关专业本科生和研究生必须具备的基本科研素质。本书精选内容、难度适宜，既符合工科仪器分析实验大纲的基本要求，具有一定的理论基础，又注重理论联系实际，具有较强的适用性。本书可作为食品、化工、材料等相关专业的公共基础课，同时也可为食品、化工、材料等相关科研人员参考使用。

图书在版编目(CIP)数据

仪器分析实验 / 唐仕荣，刘辉主编. --北京：中国纺织出版社有限公司，2022.3

“十四五”普通高等教育本科部委级规划教材

ISBN 978-7-5180-9274-1

Ⅰ. ①仪… Ⅱ. ①唐… ②刘… Ⅲ. ①仪器分析—实验—高等学校—教材 Ⅳ. ①O657-33

中国版本图书馆 CIP 数据核字(2022)第 003223 号

责任编辑：郑丹妮　国　帅　　　责任校对：王花妮

责任印制：王艳丽

中国纺织出版社有限公司出版发行

地址：北京市朝阳区百子湾东里 A407 号楼　邮政编码：100124

销售电话：010—67004422　传真：010—87155801

http://www.c-textilep.com

中国纺织出版社天猫旗舰店

官方微博 http://weibo.com/2119887771

三河市宏盛印务有限公司印刷　各地新华书店经销

2022 年 3 月第 1 版第 1 次印刷

开本：787×1092　1/16　印张：17

字数：323 千字　定价：58.00 元

普通高等教育食品专业系列教材
编委会成员

《仪器分析实验》编委会成员

主　编　唐仕荣（徐州工程学院）
　　　　　刘　辉（徐州工程学院）
副主编　陈尚龙（徐州工程学院）
　　　　　巫永华（徐州工程学院）
　　　　　李　昭（徐州工程学院）
　　　　　田　林（徐州工程学院）
参　编　（按姓氏笔画排序）
　　　　　石　美（中国矿业大学）
　　　　　毕艳红（淮阴工学院）
　　　　　刘　曼（江苏师范大学）
　　　　　刘英奎（徐州医科大学）
　　　　　苗向敏（江苏师范大学）
　　　　　赵　炜（中国矿业大学）
　　　　　赵祥杰（淮阴工学院）

前　言

仪器分析是测定物质的化学组成、含量、状态和进行科学研究与质量监控的重要手段，是我们认识客观物质世界的眼睛，是从事化工、材料、生物、医药、食品、环境等领域专业研究和生产实践中不可缺少的关键环节，是当代相关专业本科生和研究生必须具备的基本科研素质，越来越多的科研工作和生产实践离不开仪器分析。仪器分析及实验课程早已成为各高等院校化学类及相关专业必修的公共基础课。

目前的仪器分析实验类教材大多数侧重于分析方法和实验项目的介绍，对于影响各分析方法准确性的实验因素及相关实验技术缺乏较系统的梳理，也缺乏常用仪器设备的操作规程和维护保养等方面的知识介绍。因此，我们编写了这本《仪器分析实验》。

编写过程中，编者分析了教育部本科教学指导委员会对仪器分析实验课程的基本要求、应用型本科院校的仪器设备实际情况和多年仪器分析实验教学改革结果，同时参考了国内外的一些优秀的仪器分析实验教材和文献。仪器分析方法涵盖光谱、电化学、色谱和质谱等新技术，具有较完整的知识体系。在编写中力争做到精选内容、难度适宜，既符合工科仪器分析实验大纲的基本要求，具有一定的理论基础，又注重理论联系实际，具有较强的适用性。

本书有如下特点：

①将方法原理与实验技术紧密结合，用原理指导实验，通过实验加深对原理的理解。

②对每种仪器分析方法都详细介绍了常用仪器的操作规程与日常维护，旨在告诉学生，仪器不仅要会使用，平时的维护和保养也十分重要。

③内容上突出“精”，结合国家标准选取市场最常用的分析方法与检验项目，同时强调实验操作，提高学生的职业适应能力。

④仪器设备方面精选国产仪器，同时兼顾适用面广泛的进口仪器，符合应用型本科院校中仪器设备的特点规律。

⑤将动画演示和虚拟仿真等信息技术融入教材，引入虚拟仿真实验项目，激发学生实验兴趣的同时拓展教材服务技能培训。

⑥设立发展史话等知识拓展模块，探索分析方法发展与科技文化的有机融合，突出教材的教育功能。

本书由唐仕荣和刘辉任主编，陈尚龙、巫永华、李昭和田林任副主编。第一篇由刘辉编写；第二篇由陈尚龙、李昭、田林和刘辉编写；第三篇由陈尚龙编写；第四篇由巫永华、唐仕荣编写；第五篇由巫永华、唐仕荣、李昭和田林编写；第六篇由唐仕荣编写。全书由唐仕荣和刘辉统稿、定稿。教材编写过程中还得到了中国矿业大学赵炜、石美，江苏师范大学苗向敏、刘曼，徐州医科大学刘英奎，淮阴工学院赵祥杰、毕艳红等老师的指导与建议，以及苗敬芝、张建萍、李靖、师聪、张文莉、秦杰等教师的帮助与支持，还有学院领导和教师的一贯支持，在此一并感谢。

由于编者水平有限，编写时间仓促，书中错误、疏漏在所难免，恳请专家和读者批评指正。

编者

2021 年 9 月

目　录

第一篇　基本知识

仪器分析实验是食品、化学及相关专业本科生的必修课程，教学内容包括光谱分析、色谱分析和电化学分析等方面的大中型仪器工作原理、操作方法、分析应用和数据处理。

由于部分大型仪器的台数有限，仪器分析实验一般以小组的形式开展，通常2~3人/组，有的甚至5~6人/组，通过循环或预约的方式参与实验。通过仪器分析实验，学生能够学会正确使用分析仪器，并对仪器的结构、性能、测量原理及样品测量有更好的了解。

不同于基础化学实验室，仪器分析实验涉及大型仪器的使用、气体钢瓶的使用和特殊仪器的使用，在实验室安全方面既要遵守一般的实验室安全管理规定，又要注意其特殊性。因此，在进行实验前，必须首先了解实验室安全规则和相关问题。

第1章　仪器分析实验室规则

由于涉及各种化学试剂和气体的存放和使用，化学实验室存在潜在的危险。因此，每一位进入实验室的人员，要本着为自己和实验室安全负责的态度，认真了解和遵守实验室的安全操作规程。

在仪器分析实验中，经常使用有腐蚀性、易燃、易爆、易挥发或有毒的化学试剂，处理样品需要加热、加压和使用微波等设备，分析仪器运行需要气体钢瓶、有机溶剂、煤气、水、电等。因此，仪器分析实验室还有其本身的安全规则。

1.1　仪器分析地位与作用

仪器分析是通过仪器测量物质的物理或化学性质来确定物质化学组成及含量的方法。仪器分析是以多种基础自然科学、技术科学与系统科学为基础发展起来的多学科交叉与融合的一门综合性学科，已成为研究各种化学理论和解决实际问题的重要手段，对基础化学、环境化学、生物化学、食品化学、生命科学及材料化学等学科发展起到了极大的促进作用。仪器分析是高等学校食品、生物、化学、环境、材料等专业的重要基础课，熟悉和掌握各种现代仪器分析的原理和操作技术是相关专业学生必备的基本素质。

近年来，随着科学技术的发展，仪器分析方法也越来越完善，新的仪器分析技术也推动了各行业的发展和社会的进步。在能源领域中，石油、煤炭等资源的勘探、冶炼等需要仪器分析；在轻工行业中，造纸、纺织、印刷等需要仪器分析；在食品行业中，仪器分析在食品分析中占有非常重要的地位。尤其是近年来越来越严峻和迫切需要解决的食品安全问题，使人们对仪器分析在灵敏度、检测速度等方面提出了更高的要求；在农业上，农药、化肥等需要仪器分析进行检测，各种作物和果蔬产品的蛋白、糖分等营养成分、农药残留、重金属等有害成分的分析检测需要仪器分析；在医药行业中，医学检测实际上就是利用仪器分析检测各种疾病，药物分析是药物生产和使用过程中非常重要的一个环节，其主要手段也是仪器分析；在环境领域，环境监测是环境保护的重要组成部分，仪器分析则是环境监测的重要手段；在迅速发展的材料领域，各种新材料的研究、生产和使用都广泛用到了仪器分析。因此，仪器分析在国民经济的众多行业中起着越来越重要的作用。

1.2　实验室安全

①仪器分析实验室的仪器一般都较精密、贵重，要正确使用并定时做好各种仪器的养护工作，定时通电、除湿。

②各种仪器的使用都要征得实验室负责人同意,方可使用。使用时要严格遵守仪器操作规程,仪器使用完毕后,将仪器各部分旋钮恢复到原来的位置,关闭电源。违反操作规程造成仪器损坏的,按有关规定赔偿。

③仪器的配件一般是该仪器专用的,不能随便互用、调换,否则会导致较大的测量误差,如比色皿、荧光杯、样品瓶等。使用完毕后应及时洗净、晾干,保护透光面,放回原位。

④精密分析仪器应放置在固定的实验台上,未经实验室负责人同意,不得随意搬动或移动仪器到其他实验室。未经相关责任部门允许,更不得将仪器设备随便外借。

⑤仪器出现问题时应向实验室管理人员汇报,由管理人员负责处理,不得擅自拆卸或者变更元件。

⑥分析仪器应建立完整的使用记录。仪器使用完毕要严格登记,填好相关使用记录。

⑦仪器使用完毕,使用者应按规定对仪器加以清洁维护,并将仪器恢复到最初状态。

⑧仪器分析实验室要求工作环境整洁,防尘防潮,不得放置强酸、强碱及其他腐蚀性气体等化学试剂,以防止仪器被腐蚀。

1.3 实验室一般知识

1.3.1 实验室用水

1.3.1.1 实验室用水的规格

根据国家标准《分析实验室用水规格和试验方法》(GB/T 6682—2008)的规定,分析实验室用水有三个级别:一级水、二级水和三级水。

一级水的电导率(25℃)≤0.1 μS/cm(电阻率 10 MΩ·cm),用于有严格要求的分析实验,包括对微粒有要求的实验,如高效液相色谱用水。一级水可用二级水经过石英设备蒸馏或离子交换混合床处理后,再经过 0.2 μm 微孔滤膜过滤来制取。

二级水的电导率(25℃)≤1.0 μS/cm(电阻率 1 MΩ·cm),用于无机痕量分析等实验,如原子吸收光谱分析用水。可用多次蒸馏或离子交换等方法制取。

三级水的电导率(25℃)≤5.0 μS/cm,用于一般的化学分析实验,可用蒸馏或离子交换等方法制取。

实验室使用的蒸馏水,为了保持纯净,要随时加塞,专用虹吸管内外均应保持干净。蒸馏水瓶附近不要存放浓 HCl、$NH_3 \cdot H_2O$ 等易挥发试剂,以防污染。

通常,普通蒸馏水保存在玻璃容器中,去离子水保存在聚乙烯塑料容器中,用于痕量分析的高纯水,如二次亚沸石英蒸馏水,则需要保存在石英或聚乙烯塑料容器中。

1.3.1.2 实验室用水的制备

(1)蒸馏水

将自来水在蒸馏装置中加热汽化,然后将蒸汽冷凝即得到蒸馏水。由于杂质离子一般不挥发，所以蒸馏水中所含杂质比自来水少得多，比较纯净，可达到三级水的指标，但很难排除二氧化碳的溶入。水的电阻率很低，达不到兆欧级，不能满足许多新技术的需要，可以进行二次蒸馏提高水的纯度，一般情况下，经过二次蒸馏，能够除去单蒸水中的杂质。

(2)去离子水

去离子水是使自来水或普通蒸馏水通过离子树脂交换后所得的水。制备时一般将水依次通过阳离子树脂交换柱、阴离子树脂交换柱、阴阳离子树脂混合交换柱，这样得到的水纯度比蒸馏水的纯度高，质量可达到二级或一级水的指标，但不能完全除去有机物和非电解质。此法可获得十几兆欧的去离子水，但因有机物无法去掉，TOC 和 COD 值可能比原水还高，因此可将去离子水重蒸馏以得到高纯水。

(3)电渗析法

将离子交换树脂做成了膜，称为电渗析。在电渗析过程中能除去水中电解质杂质，但对弱电解质去除效率低。它在外加直流电场作用下，利用阴阳离子交换膜分别选择性地允许阴阳离子透过，使一部分离子透过离子交换膜迁移到另一部分水中去，从而使一部分水纯化，另一部分水浓缩，再与离子交换法联用，可制得较好的实验室用纯水。

(4)高纯水

高纯水指以纯水为水源，经离子交换、膜分离(反渗透、超滤、膜过滤、电渗析)除去盐及非电解质，使纯水中的电解质几乎完全除去，又将不溶解胶体物质、有机物、细菌等最大限度地去除。高纯水电阻率大于 18 MΩ · cm 或接近 18.2 MΩ · cm 极限值。

1.3.2　常用玻璃器皿的洗涤

1.3.2.1　洗涤方法

分析化学实验中要求使用洁净的器皿，使用前必须对器皿充分洗净。常用的洗涤方法有以下几种。

①刷洗：用水和毛刷洗涤除去器皿上的污渍和其他不溶性、可溶性杂质。

②去污粉、肥皂、合成洗涤剂洗涤：洗涤时先将器皿用水湿润，再用毛刷蘸少许洗涤剂，将仪器内外洗刷一遍，然后用水边冲边刷洗，直至干净为止。

③铬酸洗液洗涤：被洗涤器皿尽量保持干燥，倒少许洗液于器皿内，转动器皿使其内壁被洗液浸润(必要时可用洗液浸泡)，然后将洗液倒回原装瓶内以备再用(若洗液的颜色变绿，则另作处理)，再用水洗去器皿残留的洗液，直至干净为止。

洗液具有强酸性、强氧化性，对衣服、皮肤、桌面、橡皮等有腐蚀作用，使用时要特别小心。

④酸性洗液洗涤：根据器皿中污物的性质，可直接使用不同浓度的硝酸、盐酸和硫酸进行洗涤或浸泡，并可适当加热。

A. 浓盐酸：是最常用的水垢清除剂，可以洗去附着在器皿上的氧化剂，如二氧化锰。大多数不溶于水的无机物也可以用它来洗。灼烧过沉淀的瓷坩埚，可用 1:1 盐酸洗涤后再用洗液洗。

B. 硝酸:硝酸的稀溶液对水垢、铁锈和有机污垢具有很强的清洗能力。

⑤碱性洗液洗涤:适用于洗涤油脂和有机物。因作用较慢,一般需要浸泡 24 h 或浸煮。

A. 氢氧化钠—高锰酸钾洗液:用此洗液洗过后,在器皿上会留下二氧化锰,需再用盐酸洗。

B. 氢氧化钠(钾)—乙醇洗液:洗涤油脂的效力比有机溶剂高,但不能与玻璃器皿长期接触。使用碱性洗液时要特别注意,碱液有腐蚀性,不能溅到眼睛上。

⑥有机溶剂洗液:用于洗涤油脂类、聚合体等有机污物。应根据污物性质选择适当的有机溶剂。常用的有三氯乙烯、二氯乙烯、苯、二甲苯、丙酮、乙醇、乙醚、三氯甲烷、四氯化碳、汽油、醇醚混合液等。一般先用有机溶剂洗两次,再用水冲洗,然后用浓酸或浓碱洗液洗,最后用水冲洗。如洗不干净,可先用有机溶剂浸泡一定时间,然后再如上依次处理。

除以上洗涤方法外,还可以根据污物性质对症下药。如要洗去氯化银沉淀,可用氨水;硫化物沉淀,可用盐酸和硝酸;衣服上的碘斑,可用 10%硫代硫酸钠溶液;高锰酸钾溶液残留在器壁上所产生的棕色污斑,可用硫酸亚铁的酸性溶液等。

不论用上述哪种方法洗涤器皿,都必须用自来水冲洗,最后用蒸馏水或去离子水荡洗三次。洗涤干净的器皿,放去水后,内壁只应留下均匀的水膜。

1.3.2.2 常用洗液的配制

①铬酸洗液:将 5 g 重铬酸钾用少量水加热溶解、冷却,慢慢加入 80 mL 浓硫酸,搅拌,冷却后贮存在磨口试剂瓶中,防止吸水而失效。

②氢氧化钠—高锰酸钾洗液:4 g 高锰酸钾溶于少量水中,加入 100 mL 10%氢氧化钠溶液。

③氢氧化钠—乙醇溶液:120 g 氢氧化钠溶解在 120 mL 水中,再用 95%的乙醇稀释至 1 L。

④硫酸亚铁酸性洗液:含少量硫酸亚铁的稀硫酸溶液,此液不能放置,否则 Fe^{2+} 会氧化而失效。

⑤醇醚混合物:1 份乙醇和 1 份乙醚混合。

1.3.3 化学试剂

1.3.3.1 化学试剂的级别

试剂的纯度对分析结果准确度的影响很大,不同的分析工作对试剂纯度的要求也不相同。因此,必须了解试剂的分类标准,以便正确使用试剂。

优级纯(guaranteed reagent,GR),属于一级品,标签为深绿色,适用于精密科学研究和痕量元素分析,可作为基准物质。

分析纯(analytical reagent,AR),属于二级品,质量略逊于优级纯试剂,标签为金光红,用于一般分析试验(配制定量分析中的普通试液)。

化学纯(chemically pure,CP),属于三级品,标签为中蓝,用于要求较低的分析实验和要求较高的合成实验。

高纯试剂:高纯试剂是指试剂中对成分分析或含量分析干扰的杂质含量极微小、纯度很高的试剂,主要用来配制标准溶液,纯度以 9 来表示,如 99.99%、99.999%。高纯试剂种类繁多,标准也没有统一,按纯度来讲可分为高纯、超纯、特纯。光谱纯试剂是以光谱分析时出现的干扰谱线强度大小来衡量的,其中杂质含量低于光谱分析法的检出限,所以主要用作光谱分析中的标准物质。色谱纯试剂是在最高灵敏度下,以 10^{-10}g 以下无色谱杂质峰来表示的,主要用作色谱分析的标准物质。

1.3.3.2 试剂的保管和使用

化学试剂保管不善或使用不当极易变质或污染。这往往是引起实验误差,甚至导致实验失败的重要原因之一,从而造成人力、物力的浪费。因此,按照一定的要求保管和使用试剂极为重要。

(1)试剂的保管

①实验室中常用的各种试剂种类繁多,性质各异,应分别进行存放。一般的试剂应该放置在阴凉、通风、干燥处,防止水分、灰分和其他物质的污染。

②见光易分解的试剂,如硝酸银等应存放在棕色瓶内,最好用黑纸包裹。

③易氧化的试剂(如氯化亚锡、亚铁盐等)、易风化或潮解的试剂(如氯化铝、无水碳酸钠、氢氧化钠等)应放置在密闭容器内,必要时用石蜡封口。用氯化亚锡、亚铁盐这类性质不稳定的试剂所配制的溶液,不能久放,应现用现配。

④易腐蚀玻璃的试剂(如氟化物、烧碱等)应保存在塑料容器内。

⑤易燃、易爆和剧毒试剂的保管,应当特别小心,通常需要单独存放。有机溶剂,特别是低沸点的有机溶剂,如乙醚、甲醇等易燃的试剂要远离明火。高氯酸接触脱水剂如浓硫酸、五氧化二磷或醋酸酐脱水后,会起火爆炸,所以要注意切不可将这些试剂与高氯酸混合使用。高氯酸应贮存于阴凉、通风的库房,远离火种和热源,贮存温度不宜超过 30℃,保持容器密封,应与酸类、碱类、胺类等分开存放,高氯酸附近不可放置有机药品或还原性物质,切忌混储。剧毒药品(如氰化物、高汞盐等)要有专人保管,并记录使用情况,以明确责任,杜绝中毒事故的发生,有条件的应锁在保险柜内。

⑥各种试剂应分类放置,以便于取用。

⑦盛装试剂的试剂瓶上都应贴上标签,写明试剂的名称、化学式、规格、厂牌、出厂日期等。溶液的标签除了书写名称、化学式之外,还应写明所用试剂的规格和配制溶液所用水的等级、溶液的浓度、配制日期等,绝不可在试剂瓶中装入与标签不符的试剂。标签应用碳素墨水书写,以保字迹长久。为使标签耐久,一般在标签上再贴上一层透明胶带保护字迹不脱落。为了整齐美观,标签应贴在试剂瓶的 2/3 处。变质的或受污染的试剂要及时清理,不要“凑合”使用,否则将造成更大的浪费。

(2)试剂的取用

①取用试剂前,要认清标签,确认无误后方能取用。瓶盖取下后不要随意乱放。取用

固体试剂用干净、干燥的药匙，用完随时洗净，晾干备用。取用液体试剂或溶液一般用量筒或量杯。倒试剂时，手握试剂瓶，标签朝手心方向，沿器壁（或玻璃棒）缓缓倾出溶液。不要将溶液泼洒在外，特别注意处理好“最后一滴溶液”，尽量使其接入容器中。不慎流出的溶液要及时清理掉。若需要用吸管吸取试剂，绝不能用未洗净的吸管插入不同的试剂瓶中，取完试剂后，随手盖好瓶盖，切不可“张冠李戴”，造成交叉污染。

②取用试剂要本着节约的原则，用多少取多少。未使用完的试剂，不可倒回原瓶内。取用易挥发的试剂，如浓盐酸、浓硝酸、溴等，应在通风橱中进行，以保持室内空气清新。使用剧毒药品要特别注意安全，遵守有关安全规定。

试剂如果保管不善或使用不当，极易变质和污染，在分析实验中往往是引起误差甚至造成失败的主要原因之一。因此，必须按一定的要求保管和使用试剂。

1.3.4 气体钢瓶的使用及注意事项

仪器分析实验室常常要用到高压气体，如乙炔、氮气、氢气、氩气、氧气等，所以钢瓶的安全使用尤为重要。

（1）钢瓶常识

钢瓶是高压容器，瓶内要灌入高压气体或液化气体，还要承受搬运、滚动和震动等外界的冲击作用，因此对其质量要求严，材料要求高。

由于气瓶压力很高，某些气体有毒或易燃、易爆，为了确保安全，避免各种钢瓶相互混淆，按规定应在钢瓶外面涂上特定的颜色，并写明瓶内的气体名称。

（2）钢瓶使用注意事项

①高压气瓶要直立固定，远离热源，避免暴晒和强烈震动，存放在阴凉、干燥处。

②搬运钢瓶时，气瓶上的安全帽一定要旋上，以便保护气门勿使其偶然转动。气瓶要轻拿轻放，切不可在地上滚动钢瓶，要避免撞击、摔倒和激烈震动，以防发生爆炸。钢瓶在放置和使用时一定要固定在支架上或者钢瓶柜中，以防滑倒。

③各种高压气体钢瓶必须定期送有关部门检验，合格的钢瓶才能使用。一般至少每三年送检一次。

④高压气瓶上的减压阀要专用，安装时螺扣要上紧。只有 N_2 和 O_2 的减压阀可以通用，其他的只能用于规定的气体，以防止发生爆炸。

⑤要保护好钢瓶的阀门，气体的导出必须通过减压阀的调节。开关阀门时，首先弄清方向，再缓慢旋转，否则会使螺纹受损。开关阀门时，人应站在减压阀的另一侧，以防减压阀万一被冲出而受到击伤。

⑥绝对不可将油或其他易燃物、有机物粘在钢瓶上，特别是阀门嘴和减压阀处，也不得用棉、麻等物堵漏，以防燃烧引起事故。

⑦可燃性气体要有防回火装置。有的减压阀已附有此装置，也可在气体导管中填装细铁丝网防止回火，在导气管路中加接液封装置也可有效地起到保护作用。

⑧不可将钢瓶内的气体全部用完,否则,空气或其他气体就会侵入气瓶内,使原有的气体不纯,下次再充装气体时就会发生事故。根据所装的气体性质不同,剩余残压也有所不同,如果已经用到规定的残压,应立即将气瓶阀门关紧,不让余气漏掉。一般气瓶要保留 0.05 MPa 以上的残留压力,可燃性气体,如乙炔(C_2H_2)、氢气(H_2)应保留 0.2MPa 压力,以防重新充气时发生危险。

第2章　实验数据记录与数据处理

每位参加仪器分析实验的学生都应当准备一个专门的实验记录本,用来如实、规范、准确地记录实验数据、仪器条件和参数,以及实验教材中未曾提及的实验细节,切忌带有主观因素,更不能随意抄袭、拼凑或伪造数据。

2.1　有效数字

有效数字是指在分析工作中实际测量得到的数字。一个测量得到的有效数字,不仅表示数值的大小,而且标志着仪器的精密程度。在数据处理过程中,涉及的各测量值的有效数字的位数可能不同,要对测量得到的数字进行修约,遵循原则"四舍六入五成双",即四舍六入五考虑,五后非零则进一,五后皆零视奇偶,五前为偶应舍去,五前为奇则进一。

计算时有效数字的取舍,加减法以小数点后位数最少的数为依据,乘除法以有效数字位数最少的数为依据。在计算过程中,可以暂时多保留一位可疑数字,得到最后结果时,再弃去多余的数字。

2.2　误差与偏差

(1)误差

误差是表示测量结果准确度的一种方法。准确度指测定值与真实值接近的程度。测定值与真实值越接近,则准确度越高。准确度高低用误差来表示,误差分为绝对误差和相对误差。

绝对误差(E)是测量值(x_i)与真实值(x_T)之差,即:$E = x_i - x_T$。

相对误差(E_r)是指绝对误差(E)相对于真实值(x_T)的百分率,即:$E_r = \frac{E}{x_T} \times 100\%$。

(2)偏差

偏差是表示测定结果精密度的方法。精密度指多次测定结果相互接近的程度,它代表着分析方法的稳定性和重现性。精密度的高低可用偏差来衡量,在实验数据处理中,常用以下量来表示:

绝对偏差(d_i)指某一次测量值(x_i)与多次测定算术平均值($\bar{x}$)的差异,即:$d_i = x_i - \bar{x}$。

平均偏差($\bar{d}$)指单项测定值与平均值的偏差(取绝对值)之和,除以测定次数,即:$\bar{d} = \frac{1}{n}(|d_1| + |d_2| + \cdots + |d_n|) = \frac{1}{n}\sum |d_i|$。

相对平均偏差为平均偏差除以平均值，即：$\frac{\bar{d}}{\bar{x}} \times 100\%$。

标准偏差（SD）指各数据偏离平均数的距离（离均差）的平均数，即：$SD = \sqrt{\frac{\sum (x_i - \bar{x})^2}{n-1}}$。

相对标准偏差（RSD）指标准偏差与结果算术平均值的比值，即：$RSD = \frac{SD}{\bar{x}} \times 100\%$。标准偏差通过平方运算，能将偏差更显著地表现出来，因此，标准偏差能更好地反映测定值的精密度。

2.3　可疑数据的取舍

在重复多次测定时，如出现特大或特小的离群值，即可疑值时，又不是由明显的过失造成的，就要根据随机误差分布规律决定取舍。取舍方法很多，下面介绍两种常用的检验法。

（1）Q 检验法

当测定次数 $3 \leqslant n \leqslant 10$ 时，根据所要求的置信度，按照下列步骤，检验可疑数据是否应弃去。

①将各数据按递增的顺序排列：$x_1, x_2, \cdots, x_n$。

②求出最大值与最小值之差 $x_n - x_1$。

③求出可疑数据与其最邻近数据之间的差 $x_n - x_{n-1}$ 或 $x_2 - x_1$。

④求出 $Q = \frac{x_n - x_{n-1}}{x_n - x_1}$ 或 $Q = \frac{x_2 - x_1}{x_n - x_1}$。

⑤根据测定次数 n 和要求的置信度，查表 2-1，得 $Q_{表}$。

⑥将 Q 与 $Q_{表}$ 相比，若 $Q > Q_{表}$，则舍去可疑值，否则应予保留。

表 2-1　舍弃可疑数据的 Q 值（置信度 90%和 95%）

测定次数	3	4	5	6	7	8	9	10
$Q_{0.90}$	0.94	0.76	0.64	0.56	0.51	0.47	0.44	0.41
$Q_{0.95}$	1.53	1.05	0.86	0.76	0.69	0.64	0.60	0.58

在 3 个以上数据中，需要对 1 个以上的数据用 Q 检验法决定取舍时，首先检查相差较大的数。

例 1　对轴承合金中锑量进行了十次测定，得到下列结果：15.48%、15.51%、15.52%、15.53%、15.52%、15.56%、15.53%、15.54%、15.68%、15.56%，试用 Q 检验法判断有无可疑值需弃去（置信度为 90%）？

解：首先将各数按递增顺序排列：

15.48%、15.51%、15.52%、15.52%、15.53%、15.53%、15.54%、15.56%、15.56%、

15.68%

求出最大值与最小值之差：

$x_n-x_1=15.68\%-15.48\%=0.20\%$

求出可疑数据与最邻近数据之差：

$x_n-x_{n-1}=15.68\%-15.56\%=0.12\%$

计算 Q 值：

$$Q=\frac{x_n-x_{n-1}}{x_n-x_1}=\frac{0.12\%}{0.20\%}=0.60$$

查表 2-1，$n=10$ 时 $Q_{0.90}=0.41$，$Q>Q_{表}$，所以最高值 15.68%必须弃去。此时，分析结果的范围为 15.48%~15.56%，$n=9$。

同样，可以检查最低值 15.48%：

$$Q=\frac{15.51\%-15.48\%}{15.56\%-15.48\%}=0.38$$

查表 2-1，$n=9$ 时 $Q_{0.90}=0.44$，$Q<Q_{表}$，故最低值 15.48%应予保留。

(2)$4\bar{d}$ 检验法

对于一些实验数据也可用 $4\bar{d}$ 检验法判断可疑值的取舍。首先求出可疑值除外的其余数据的平均值 $\bar{x}$ 和平均偏差 $\bar{d}$，然后将可疑值与平均值进行比较计算绝对差值，如绝对差值大于 $4\bar{d}$，则可疑值舍去，否则保留。

例 2　用 EDTA 标准溶液滴定某试液中的 Zn，进行四次平行测定，消耗 EDTA 标准溶液的体积(mL)分别为：26.32、26.40、26.44、26.42，试问 26.32 这个数据是否保留？

解：首先不计可疑值 26.32，求得其余数据的平均值 $\bar{x}$ 和平均偏差 $\bar{d}$：

$\bar{x}=26.42$　　　　　$\bar{d}=0.01$

可疑值与平均值的绝对差值为：

$|26.32-26.42|=0.10>4\bar{d}\,(0.04)$

故 26.32 这一数据应舍去。

用 $4\bar{d}$ 检验法处理可疑数据的取舍是存有较大误差的，但是，由于这种方法比较简单，不必查表，故至今仍为人们所采用。显然，这种方法只能用于处理一些要求不高的实验数据。

2.4　不确定度

仪器给出的测量结果都有不确定度，如果没有明确指出，不确定度一般为最后一位有效数字+1。例如：摩尔质量 $M=(242.13\pm0.01)$ g/mol，电位计读数 $E=-(163\pm1)$ mV，吸光度 $A=(0.137+0.001)$ AU，浓度 $c=(1.00\times10^{-3}\pm1\times10^{-5})$ mol/L。

我们熟悉的分析天平读数、滴定管和吸量管读数都具有不确定度。

当针对某样品 n 次平行测定得到平均值时，不确定度就是测量结果的标准偏差 SD：

$$SD = \sqrt{\frac{\sum (x_i - \bar{x})^2}{n - 1}}$$

其中，SD 为标准偏差；n 为平行测量次数；x_i 和 $\bar{x}$ 为测量值和平均值；$(n-1)$ 为自由度。

现在的许多计算器（包括计算机上的计算器）都有计算统计量的功能，可以快速计算出测量值的标准偏差。

应注意标准偏差是测量平均值的估计误差，只有一位有效数字，计算出的标准偏差可以指出非有效数字的位数，避免在之后的计算中过度保留有效数字。

例如，一组实验数据：$m = 10.0120$ g、10.0051 g、10.0073 g、10.0046 g、10.0111 g，$\bar{m} = 10.0162$ g，$n = 5$，$s = 0.017$ g，测量结果应为 $\bar{m} = (10.02 \pm 0.02)$ g（$\bar{m} \pm s$，$n = 5$）。

可以看出平均值有效数字的位数比实际上测量的单次测量值要少，这是由于标准偏差较大，结果的不确定度在小数点后第二位，后面的数据就没有意义了。注意，为了有效地保留有效数字，上述计算多保留了一位数字，以下标表示。

有时由于仪器读数显示的分辨率较低，可能无法反映内在的读数漂移情况，因此读数一致，$s = 0$。在这种情况下，不确定度表示为仪器显示读数最后一位数字±1。

2.5　回归分析

在实验数据分析中，经常需要确定两个变量之间是否彼此有关，并定量地表述这种关系，可用回归方程对这种关系进行研究。

2.5.1　直线回归方程的建立及相关系数

一元线性回归方程是一条直线，用公式表示为：$y = a + bx$。根据最小二乘法原理，回归系数为：

$$b = \frac{\sum x_i y_i - \sum x_i \cdot \sum y_i}{\sum x_i^2 - \frac{1}{n}\left(\sum x_i\right)^2},\ a = \bar{y} - b\bar{x}\ 。$$

可通过 Excel 等软件求出系数 a 和 b。当 $x = \bar{x}$ 时，$y = \bar{y}$，即回归直线一定通过均数点 $(\bar{x}, \bar{y})$。

建立回归方程的目的并不在于从 x 计算 y，而恰恰是为了从 y 推测 x，只有在两个变量 x 和 y 的关系极为密切时，才能根据回归方程由 y 推测 x。在统计学上用相关系数 r 作为两个变量之间相关关系的一个量度，即：$r = \dfrac{\sum (x_i - \bar{x})(y_i - \bar{y})}{\sqrt{\sum (x_i - \bar{x})^2 \cdot \sum (y_i - \bar{y})^2}}$。

r 的数值在 0 与±1 之间，当 $r = 1$ 时，说明完全线性相关，实验误差为 0；$|r|$ 的值越接

近 1,各实验点越靠近回归线;当 $|r|=0$ 时,两个变量之间完全无关。

2.5.2　定量分析方法

仪器分析中经常涉及定量分析,即建立测定信号与被分析物浓度之间的关系,即 $A=Kc$。其中,A 为测量信号;c 为被测物质的浓度;K 为条件常数。该式是定量分析的基础。

常用的定量分析方法有三种,即标准曲线法、标准加入法和内标法。

(1)标准曲线法

标准曲线法又称工作曲线法,用纯的试剂配制一系列浓度不同的标准溶液,测定每一浓度对应的相应信号 A,采用计算机回归分析,绘制相应的 $A-c$ 标准曲线(图 2-1),然后在相同条件下测定样品的响应值,根据标准曲线即可求得样品中待测组分的含量。标准曲线法应用范围广,是常用的仪器分析定量方法。使用标准曲线法时,待测组分的含量应在标准曲线的线性范围内,绘制标准曲线条件应与测定样品条件尽量保持一致。

(2)标准加入法

标准加入法又称添加法,是将已知量的标准试样加入一定量的待测试样中,测定待测试样和标准试样量的总响应值,进行定量分析。标准试样加入待测试样中有多种方式。最常用的一种是在数个等分的试样中分别加入成比例的标准试样,稀释到一定体积,测定响应值 A 绘制 $A-c$ 曲线,用外推法即可求出稀释后待测样品中待测组分的浓度,如图 2-2 所示。

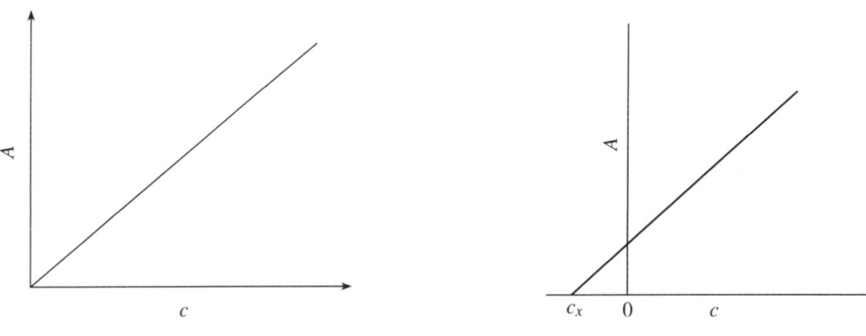

图 2-1　标准曲线　　图 2-2　标准加入法校正曲线

显然,根据定量关系可得:$A_x=Kc_x$,$A_s=K(c_x+c_s)$。

其中:c_x 为稀释后试样中待测物的浓度;c_s 为所加标准试样的浓度;A_x 和 A_s 分别为所测得待测物和标准样的响应信号。两式合并整理得:$c_x=\frac{c_sA_x}{A_s-A_x}$。

当 $A_s=0$ 时,$c_x=-c_s$。即浓度的外延线与横坐标相交的一点是稀释后试样的浓度。若得到的曲线是一条直线,则在分析其他试样时,只需测定一份加入了标准试样的试液和未加入标准试样的试液的响应值,代入上式即可求得 c_x。为了减少待测试样中基体效应带来的影响,标准试样的浓度应与待测试样浓度相近,且在基体组成上应尽量与待测试样相似。

标准曲线法适用于标准曲线的基体和样品的基体大致相同的情况，优点是速度快，缺点是当样品基体复杂时测量结果可能不准确。标准加入法可以有效克服上面所说的缺点，因为它是把样品和标准混在一起同时测定的，但缺点是速度很慢。标准曲线法可在样品很多的时候使用，先做出曲线，然后从曲线上找点。标准加入法适合样品数量少的时候使用。

(3)内标法

内标法是在试样含量不同的一系列样品中，分别加入固定量的纯物质，即内标物。测定分析物与内标物对应的响应值，以分析物和内标物的响应比 A_i/A_s 对分析物浓度 c 作图，即可得到相应的校正曲线。测定样品与内标物的响应比，根据回归分析，在曲线上得到待测组分的浓度。

使用内标法时，正确选择内标物的类型和浓度是十分重要的。一般来说，内标物在理化性质上应类似于分析物，其信号既不能干扰分析物，也不能被试样中的其他组分所干扰，并且具有易于测量的信号，最好是被分析物质的一个同系物。为了减少计算响应比时的误差，内标物的浓度和分析物的浓度应控制在同一数量级上。在少数情况下，分析人员可能比较关心化合物在一个复杂过程中所得到的回收率，此时，可以使用一种在这种过程中很容易被完全回收的化合物作内标，来测定感兴趣化合物的百分回收率，而不必遵循以上所说的选择原则。

2.6　控制和消除误差的方法

误差具有加和性，操作步骤越多，分析过程中引入的误差可能越大。要提高分析结果的准确度，就必须尽可能地减小操作步骤和每步的实验误差。一般来说，误差分为随机误差、系统误差和过失误差。

随机误差也称为偶然误差和不定误差，是由于在测定过程中一系列有关因素微小的随机波动而形成的具有相互抵偿性的误差。其产生的原因是分析过程中不稳定随机因素的影响，具有大小和方向都不固定、也无法测量或校正的特点，但是随着测定次数的增加，正负误差可以相互抵偿，误差的平均值将逐渐趋向于零，所以可以通过增加平行测定次数取平均值的办法减小随机误差。

系统误差为多次测量过程中，出现某种保持恒定或按确定的方法变化的误差，具有重复性、单向性、可测性。重复测定时会重复出现，使测定结果系统偏高或系统偏低。例如，测定结果精密度不错，但是测定数据的平均值显著偏离真值。只要找出产生误差的原因，并设法测定出其大小，就可以通过校正的方法予以减少或者消除，系统误差是定量分析中误差的主要来源。

过失误差是由测量人员的过失造成，例如读数错误、记录错误、测量时发生未察觉的异常情况等，没有规律可循。从本质上讲，过失误差不能看作是科学意义上的误差，因此，不管造成过失误差的具体原因是什么，只要确知存在过失误差，就应将含有过失误差的测量值从一组数据中剔除。

实验中，随机误差是不可能避免的，只能通过增加测定次数减少随机误差；系统误差可通过对照或空白实验等找到引起误差的原因；过失误差则必须要求测量人员严格按照操作规程规范操作以避免出现差错。具体的方法有以下 3 种。

（1）减小随机误差

适当增加平行测定次数可以减小偶然误差，一般做 3～5 次平行测定。在准确度要求较高的情况下，可增加至 10 次左右。

（2）减小测量误差

①称量误差。一般分析天平用差减法称量试样时需称量两次，可能引入的最大绝对误差为±0.0002 g。为使称量的相对误差小于 0.1%，则称量的试样质量最少为 0.2 g，才能保证称量误差不大于 0.1%。

②体积误差。滴定管读数常有±0.01 mL 的误差，每次滴定需读数两次，这样可能造成±0.02 mL 的误差。为使滴定时体积的相对误差小于 0.1%，则消耗滴定剂的体积最少为 20 mL，通常控制在 25 mL 左右。

（3）消除系统误差

系统误差是由固定原因引起的，可通过 t 检验发现，采用下列方法校正，消除系统误差。

①对照实验。对照实验是消除系统误差的最有效方法之一，应根据情况选用以下具体方法。

A. 用标准方法进行对照实验：对某一项目的分析，常用国家颁布的标准方法或公认可靠的经典分析方法进行对照实验，若测得的结果符合要求，则方法是可靠的。

B. 用标准试样进行对照实验：国家有关部门出售的标准试样的分析结果是比较可靠的，标准样与待测样组成相近时，可在相同的条件下进行对照分析。如果所得结果符合要求，说明不存在显著的系统误差，分析方法和过程是可靠的。若发现有一定误差但误差不大，可以用校正系数校正分析结果。

校正系数=标准样品的真实值/标准样品的测定值。

待测样组分含量=校正系数×待测样测定值。

C. 回收实验：对试样的组成不完全清楚，或试样的组成较复杂时，可采用标准加入法做对照实验。此方法是取两份完全等量的同一试样，向其中一份样品中加入已知量的待测组分，另一份样品不加，然后进行平行测定。设前者的测定结果为 X_1，后者的结果为 X_2，加入待测组分的已知准确量为 $X_{标}$，计算回收率：回收率 $=(X_1-X_2)/X_{标}\times 100\%$。

用回收率来衡量待测组分是否能定量回收，回收率越接近 100%，分析方法和过程的准确度越高。

②空白实验。由试剂、蒸馏水或器皿引入的杂质所造成的系统误差，可通过做空白实

验来消除。空白实验就是在不加试样或标准溶液的情况下，按照测定试样时完全相同的条件和分析步骤进行平行测定，所得的结果称为“空白值”。从试样分析结果中扣除空白值，可以得到较准确的分析结果。

③校准仪器。在准确度要求较高的分析工作中，对所使用的精密仪器如分光光度计（波长）、滴定管、移液管或吸量管和容量瓶等，都必须事先认真进行校准，以消除其可能引起的系统误差。

2.7 知识拓展

2.7.1 Excel 在实验数据处理中的应用

Microsoft Excel 是微软公司开发的 Windows 环境下的电子表格系统，是目前应用最广泛的表格处理软件之一，具有强有力的数据库管理、丰富的函数及图表功能，Excel 在试验设计与数据处理中的应用主要体现在图表功能、公式与函数、数据分析工具这几个方面。

①数据输入。在 Excel 中建立专用的计算表格，输入原始数据，则可通过在单元格中建立计算公式由 Excel 自动计算各单元格的值。若原始数据改变，各单元格的值会相应地改变。

②图形绘制。在 Excel 中，有多种方法可以得到拟合曲线的方程式，如利用 Excel 提供的内部函数、菜单栏“工具”项中的回归分析、图表向导等。其中利用“图表向导”能最直观、最方便地进行作图过程，同时显示实验数据点，拟合曲线。

③添加趋势线，求特定系数。在菜单栏“图表”选项中，点击“添加趋势线”，用 Excel 所提供的拟合方式对直线进行回归，通过直观观察趋势线和实验点线的重合程度及返回的相关系数（R^2）来判断线性相关性。

④方差分析。方差分析是数理统计中的基本方法之一，是工农业生产和科学研究中分析数据的一种重要方法，主要基于试验数据分析、推断各相关因素对试验结果的影响是否显著。需要分析的数据量通常较多时，引入计算机辅助可以显著提高分析速度和准确度，Excel 软件可应用于方差分析。

具体详实的操作步骤可扫码学习。

2.7.2 电子天平的正确使用与维护

电子天平是仪器分析实验室最重要的仪器之一。所有结果的准确度与称量的准确度有着密切的关系，因此了解一些有关天平的基本常识，并掌握正确的称量方法非常必要。

①选择合适的电子天平。选择的原则是既要保证天平不因超载而损坏，也要保证称量达到必要的相对准确度，要防止用准确度不够的天平来称量，也要防止滥用高准确度的天平而造成浪费。

②正确安装电子天平。首先要选防尘、防震、防潮、防止温度波动的房间作为天平室，对准确度较高的天平还应在恒温室中使用。其次，天平应安放在牢固可靠的工作台上。

③调节天平水平。天平都有三个支脚，调整天平后面的地脚螺丝高度，使水平仪内空气泡位于圆环中央，这样天平才能够处于水平状态。天平在每次移动或重新放置后，必须调节水平和校准质量。

④预热电子天平。使用前应该预先开机，即先预热 20~30 min。如果一天中要多次使用，最好让天平整天开着。这样，电子天平内部能有一个恒定的操作温度，有利于称量过程的准确性。

⑤校准。电子天平从首次使用起，应对其定期校准。校准时必须用标准砝码，有的天平内藏有标准砝码，可以用其校准天平。校准前，电子天平必须开机预热 1 h 以上，并校对水平。校准时应按规定程序进行，否则起不到校准的作用。

⑥正确操作。电子天平称量操作时，应正确使用各控制键及功能键。当用去皮键连续称量时，应注意天平过载。在称量过程中应关好天平防风门。

⑦关机。使用完毕后，将显示器上的开关键 ON/OFF 关闭，天平处于待机状态，使天平保持保温状态，可延长天平的使用寿命。同时关好天平和防风门罩，罩上防尘罩。

⑧维护。经常清洗秤盘、外壳和风罩，一般用清洁绸布沾少许乙醇轻擦，不可用强溶剂。天平清洁后，框内应放置无腐蚀性的干燥剂，并定期更换。电子天平开机后如果发现异常情况，应立即关闭天平，并对电源、连线、保险丝、开关、移门、被称物、操作方法等做相应的检查。

第 3 章　分析仪器的性能参数与评价

为了评价分析仪器的性能,需要一定的性能参数与指标。根据这些参数可对同一类型不同型号的仪器进行比较,作为购置仪器、考察仪器工作状况的依据,也可对不同类型仪器进行比较,预测其用途。一般来说,分析仪器的好坏可通过其准确度、重现性、灵敏度、响应时间、零点漂移和量程漂移等指标来反应。

3.1　分析仪器的性能参数

仪器的性能参数表征分析仪器的主要功能,测量所能达到的灵敏度、精密度、稳定性、主要运行参数范围、精确度及适用的样品。仪器的性能参数通常由仪器厂商提供。分析仪器的性能指标帮助使用者对同一类型不同型号的仪器进行比较,评价仪器的工作状况,为不同的分析任务和样品选择合适的仪器类型和型号。同时,仪器的性能参数也是选择仪器测量条件和样品分析方案的重要参考。目前国内外关于各种分析仪器的性能及指标尚无统一的认识和标准,不同类型的分析仪器、同类型但不同厂家的分析仪器,甚至同厂家同类型但不同型号的仪器,性能参数可能都有所不同。一般的性能参数和指标主要有以下几个方面。

3.1.1　精密度

精密度(precision)是衡量仪器测量稳定性和重复性的指标,指在相同的仪器条件下,对同一标准溶液进行多次测量所得数据间的一致程度,表征随机误差的大小。衡量仪器的测量精密度用相对标准偏差(RSD)。

3.1.2　灵敏度

灵敏度(sensitivity)是指特定的分析仪器对待测物浓度变化的响应敏感程度,即单位浓度变化时引起的输出信号的变化。灵敏度可通过校正曲线的斜率得到。对同一仪器、不同类型的化合物,灵敏度不同。因此,不同类型的分析仪器会选择特定的标准物来衡量仪器的灵敏度,仪器制造商一般会提供仪器的灵敏度数据和测量数据的条件和试样。

考虑仪器的噪声水平,灵敏度常用信噪比来衡量,许多仪器用特定化合物或参数的信噪比来表示灵敏度。例如,目前荧光光度计一般将 350 nm 激发时纯水在 397 nm 的拉曼峰的信噪比作为仪器的灵敏度指标。质谱仪则用利血平(reserpine)测量的信噪比来表示,如 10×10^{-12} g 利血平在选择离子峰 609.3 m/z 的信噪比为 100:1。原子吸收分光光度计一般以特征浓度,即指获得 1%吸收时或能产生吸光度为 0.0044 所对应的元素浓度,常用 Cu 或

Cd 元素来测定。

3.1.3 稳定性

稳定性(stability)指仪器在一定的运行时间内,信号值的波动情况,常用信号波动的幅度表示,如某质谱仪在室温下 12 h 内,信号值变化小于等于 0.1 m/z,也可以用信号值的相对标准偏差或偏离百分数来表示。信号值的波动越小,说明仪器越稳定,目前的大型商品仪器都有较好的稳定性。

值得注意的是,仪器的稳定性容易受环境因素的影响,因此实际应用时常达不到厂家提供的稳定性。例如,不稳定的电源会引起光谱、极谱及色谱等仪器工作时基线不稳定,光源达到或超过使用寿命也会导致信号值有较大的波动。此外,室内环境(如湿度、温度及清洁程度)都会导致信号不稳。仪器运行时需要的气体和液体的纯度也是影响稳定性的重要因素,如色谱仪使用的流动相如果纯度达不到要求,基线的漂移会非常严重。因此,分析仪器特别是大型精密仪器对运行环境要求十分严格。

3.1.4 分辨率

分辨率(resolution)指仪器能够区分相近组分信号间的最小差异,有时与仪器能够测量读数的精确度有关。例如,有的分光光度计能够达到的分辨率是±2 nm,一些性能较高的光度计可以达到±0.1 nm。不同仪器表示分辨率的指标和方法不一样。原子发射光谱仪的分辨率指将波长相近的谱线分开的能力,质谱仪的分辨率指能够分辨的最小 m/z 值,如果两个分子片段相差 0.1 m/z,仪器就能检测出来。但是色谱仪的分辨率往往与配备的检测器的分辨率相关,而色谱峰的分离度则是各个分析条件下总体的体现。核磁共振波谱仪有其独特的分辨率指标,以邻二氯苯中特定峰在最大峰的半宽度(以 Hz 为单位)为分辨率大小。

3.1.5 响应时间/速度

响应速度指仪器对于被测物质产生检测信号的反应速度,定义为仪器达到信号总变化量一定百分数所需的时间,也称响应时间(response time)。一般是指仪器达到信号总变化量 90%所需要的时间。

3.1.6 检出限和动态响应范围

仪器的检出限(detection limit)是指在一定的置信水平下,能检出被测物的最小量或最低浓度,一般是 3 倍信噪比所对应的浓度。由于不同化合物的检出限不同,因此仪器大多给出灵敏度或针对某种典型化合物标准溶液的检出限。

仪器的检出限是用标准溶液测定的,与 3.2 中方法的检出限有所区别。动态响应范围(dynamic range)和校正曲线有区别,是指仪器对组分浓度变化的动态响应曲线,其中包括线性部分和偏离线性但仍有一定变化的部分。动态响应范围为起点到信号达到平台区的浓度范围,比线性范围宽。

3.2　分析方法的评价

仪器分析的主要目的是对样品中待测组分进行测定,给出待测组分准确可靠的结果。根据待测物的性质和样品的组成,选择合适的分析仪器,优化选择各种仪器测量条件,选择合适的样品前处理条件,在选择的样品处理方法和仪器测量条件下建立定性和定量分析方法。然而一种分析方法是否具有良好的检测能力、较强的抗干扰能力和可操作性,在什么条件和范围内能给出可靠准确的分析结果,是否适用于特定的样品,需要进行方法学研究。通过特定参数指标测定对分析方法进行评价,如果研究建立新的分析方法,对分析方法评价是实验研究的重要环节。评价分析方法的一些参数和上述仪器性能指标的名称虽然一样,但意义不同。

3.2.1　检出限

国际纯粹与应用化学联合会(IUPAC)规定,方法的检出限(detection limit,LOD)是指产生一个能可靠地被检出的分析信号所需的被测组分的最小浓度或含量。这里所说的检出是指定性检出,即判定样品中存在浓度高于仪器背景噪声水平的待测物质噪声,是指仪器的背景信号,包括仪器的电子噪声、室内温度、压力变化、试剂在纯度和空白样品的背景。待测物产生的信号与噪声水平的比值称为信噪比。在测定误差服从正态分布的条件下,当检测信号和噪声水平显著性差异达到置信度为99.7%时,即检测信号值和噪声平均值相差$3S_b$(3倍的信噪比)时,信号所对应的浓度则为检出限:

$$\frac{c_{LOD}}{q_{LOD}}=\frac{\bar{x}_L-\bar{x}_b}{m}=\frac{3S_b}{m}$$

其中,c_{LOD}/q_{LOD}为检出浓度或检出量;$\bar{x}_L$、$\bar{x}_b$分别为低浓度测量的信号和噪声的平均值,m为低浓度区校正曲线的斜率。

对于特定的分析方法,空白样品经过和样品同样的处理过程后测定的信号空白值。因此,检出限中的噪声实际上是空白值。空白值的标准偏差可以通过对空白样品多次平行测定得到的测定值计算。在进行空白值的测定时,应在仪器灵敏度位于最高的情况下进行,否则空白值的差异测定不出来,得到的检出限偏低。噪声水平也可以从仪器给出的背景信号测定,如图3-1所示。噪声水平的大小一般为峰对峰的大小,即图中h的高度,图3-1(A)中的信噪比为10,图3-1(B)中的信噪比为3,信号的大小所对应的浓度即为检出限。

检出限虽然可以通过空白值或噪声的标准偏差计算出来,但是必须要配制接近检出限浓度的标准溶液进行测定,确定是否能够得到3倍于空白值的信号值,并给出实验结果,不

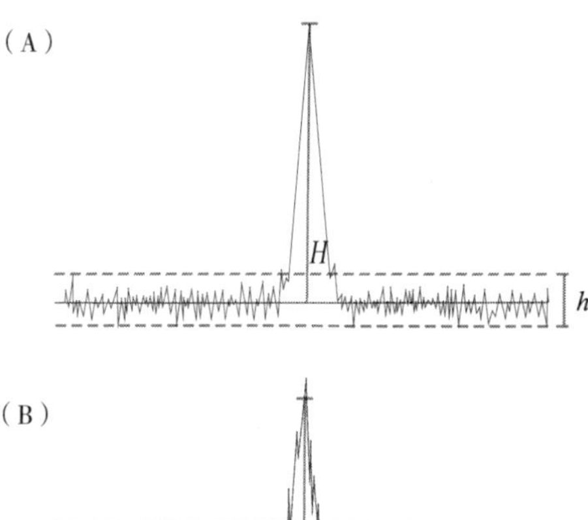

图 3-1 (A)10 倍信噪比;(B)3 倍信噪比

能仅依据空白值的测定给出检出限的结果。

必须指出的是,检出限与仪器灵敏度是不同的概念。灵敏度是指特定的分析仪器对待测物浓度变化的响应敏感程度,即单位浓度变化时引起的输出信号的变化。校正曲线的斜率可以表征仪器的灵敏度,是仪器的性能指标之一。分析方法的检出限和特定分析仪器的检出限也有差异。仪器的检出限一般是配制标准溶液直接测定,或直接测得仪器噪声,得到检出的最小浓度,即 3 倍的信噪比所对应的浓度。方法的检出限则是包括样品处理、富集或稀释并考虑样品基体背景的最小浓度,这里的信噪比是信号与空白值的比值。

3.2.2 定量限

检出限是指定性检出的最小浓度,进行定量分析时,则需确定能够准确定量的最小浓度值。定量限(limit of quantitation,LOQ)是线性范围的测定下限。定量限的大小一般取 10 倍的信噪比,有时也用 3 或 4 倍的检出限作为定量限。

3.2.3 线性和动态响应范围

仪器的响应信号与浓度变化呈现一定的相关性,称为动态响应范围,见图 3-2,从最低浓度直至信号达到信号平台区为测量的动态响应范围,在平台区,仪器响应不再随浓度发生变化。为了能准确进行定量分析,仪器的响应信号应直接与浓度呈线性比例关系。在有些分析方法中,仪器的响应可能不直接与浓度呈线性关系,应对浓度或信号做数学转换,再进行线性回归计算。线性范围(linear range)是浓度和信号之间能够呈线性关系的浓度范围,是能够准确进行定量分析的浓度范围。线性范围的测定是配制一系列 5 个或 5 个以上不同浓度的标准溶液,如已知样品的浓度,浓度范围应为预计样品测定含量的 80%~

120%，测定出标准曲线。仪器的响应信号应直接与浓度呈比例关系。标准曲线拟合的回归方程的截距应接近于零。截距过大或为负值说明分析过程中背景值较高，有较为严重的干扰或存在较大的测量误差。线性范围的下限为定量限，线性范围的上限为校正曲线上端偏离中心线 5%所对应的浓度。方法的线性范围应给出浓度范围，根据标准曲线拟合线性回归方程和线性相关系数（R^2）。检出限、定量限和线性范围见图 3-2。

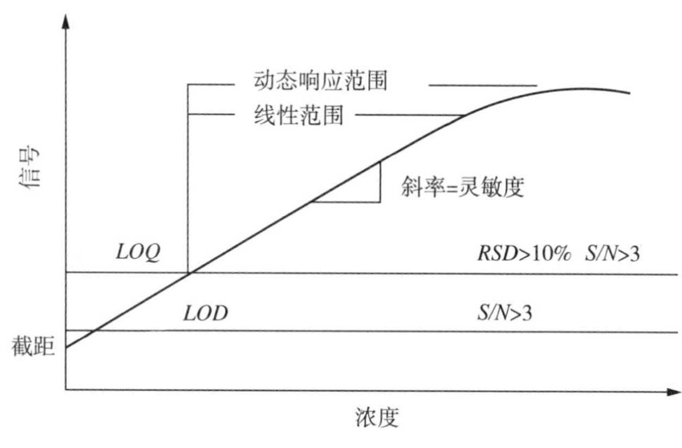

图 3-2　线性范围的定义

3.2.4　方法精密度

精密度（precision）是用特定的分析方法对一样品进行多次重复测定时，所得的测量值之间的离散程度，用标准偏差和相对标准偏差表示。

精密度有 3 个评价水平：重复性（repeatability），室内精密度或中间精密度（intermediate precision），重现性（reproducibility）。

①重复性是指用同样的方法和条件，在同一实验室对一样品进行多次重复测定时测定结果的精密度。重复性测定至少平行测定 6 份，或在 3 个不同的浓度水平（低、中和高），每个浓度水平平行测定 3 份。

②室内精密度是指在同一实验室但测量的某些条件改变时，对同一样品进行多次重复测定的精密度。如测量的时间不同，从事测定的人员不同，测量的仪器型号或部件不同（如不同批号的色谱柱），以及样品的批次等有变化等。

③重现性是指不同的实验室间进行同一方法的精密度。重现性对于方法的实用价值非常重要。不同的实验室环境条件和操作条件均有所不同，同样的分析方法在不同的实验室对样品进行分析，如能得到统计学允许的误差范围内的分析结果，才能有实际应用的价值。

在评价分析方法的精密度时，应注意以下问题：

①精密度和被测物的浓度大小有关，因此在测量精密度数据时，必须给出测量的浓度水平，应在两个或两个以上的浓度水平进行精密度测量，其中应该有一个接近定量限的低

浓度水平。

②用标准溶液测定方法的精密度和分析实际样品的精密度存在一定的差异,对分析样品进行测定时,要有足够的测量次数,并计算精密度。

3.2.5 准确度和回收率

准确度(accuracy)是指样品的测量结果和真实值的吻合程度。分析方法的准确度评价可以有几种方式。

首先,准确度评价可以采用标准方法或目前公认的可靠方法对同一样品进行分析,用统计学方法评价所建立的分析方法和标准方法所得结果之间的差异(t 检验),如果显著性水平在允许的误差范围内,则说明分析方法的准确度较好。

其次,还可以将分析方法用于国家相关标准部门制备的标准样品的测定,标准样品具有明确的标示量,而标示量的不确定度和置信区间已经经过多个实验室测定后确定。标准样品应和被测样品的种类相同,被测物含量也应较为接近。如果分析方法用于茶叶样品,则标准样品应该也是茶叶,最好是同种茶叶,如都是绿茶或红茶等。如果分析方法用于矿物,则应选用相应的矿物标准样品。对标准样品测定的分析结果应与标准值进行 t 检验,以评价分析方法的准确度。采用标准样品或标准方法来评价分析方法虽然较为可靠,但是目前已有的标准样品种类不够齐全,或由于条件所限,实行标准方法或其他方法进行比较有一定限制,因此加标回收的方法常用于方法准确度的评价。

标准回收率的测定是在样品中加入准确浓度和体积的被测物标准溶液,用待评价的分析方法进行测定,比较分析结果与加入量,得到回收率(recovery,R):

$$R=\frac{A_X-A_0}{A_S}\times100\%$$

其中,R 为加标回收率;A_X 为加标后的分析结果,可以是待测物的含量或仪器测定的信号值;A_0 为不加标样品的本底值;A_S 为所加标准溶液的含量或仪器测定的信号值。

加标回收率不需要达到100%,根据样品的类型不同,被测物的浓度水平不同,以及样品基体的复杂程度、加标回收率的要求也不一样。例如,测定环境水样中的多环芳香烃,浓度水平为 ng/L,加标回收率为 60%~120%都是允许的。

加标回收率有空白加标和样品加标两种方式。

①空白加标回收:在没有被测物质的空白样品基质中加入定量的标准物,按样品的处理步骤分析,得到的结果与理论值的比值即为空白加标回收率。空白加标回收率能较好地评价分析测量中存在的各种影响准确度的因素,但是空白样品必须和被测样品除不含被测物外的其他组成相同,要制备或采集空白样品有一定的难度。

②样品加标回收:相同的样品取两份,其中一份加入定量的待测成分标准物质,两份同时按相同的分析步骤分析,加标的一份所得的结果减去未加标一份所得的结果,其差值同加入标准物质的理论值之比即为样品加标回收率。样品加标回收是最常用的加标回收方

式,但是样品的加标回收是被测物在样品本底值水平上进行加标,而且加标样品和不加标样品是在相同条件下进行测量的。样品中如存在较低水平的干扰物质,测定中如有固有的系统误差和不正确操作等因素,所导致的效果相等,当以其测定结果的减差计算回收率时,常不能确切反映样品测定结果的实际效果。

加标回收实验的加标浓度应涵盖线性范围,一般应在 3 个浓度水平进行实验,每个浓度水平平行做 3 份。最低浓度应接近线性范围的定量限、中等水平和线性范围的上限。如果是针对特定的样品,加标量中一个浓度水平应尽量与样品中待测物含量相等或相近,其他两个浓度水平应高于或低于待测物的含量。在任何情况下,加标量均不得大于待测物含量的 3 倍,加标后的测定值不应超出方法测定上限的 90%。

加标时应注意校正加标溶液的体积和使用的溶剂对样品浓度的影响。加标的体积如果远小于样品的体积,如样品体积为 100 mL,加标的体积为 0.5 mL 或 1 mL,则可忽略体积的变化。对于分析方法的准确度评价,加标应直接加到待测样品中,如果是固体样品,应尽可能均匀,不应该加到处理后的样品溶液中。如果是考察分析过程中的特定步骤的影响,则根据情况确定加标方式。

3.2.6　选择性或专属性

选择性(selectivity)是指在其他组分存在下,分析方法对于被测物质检测的识别和抗干扰能力,其他组分指样品的基质、样品中的杂质或被测物质的降解产物和结构类似物等。专属性(specificity)则是指分析方法只识别样品中某单一目标物,产生信号,酶免疫分析常具有较好的专属性。

加标回收实验在一定程度上可以反映分析方法的选择性,但不足以评价方法的选择性。对于单一分析技术建立的分析方法,选择性可以采用干扰实验来评价,在测量溶液中添加不同浓度水平的可能干扰物质,考察添加物质对目标物测量的影响,一般以待测目标物信号值影响±5%以内为不产生干扰。添加的潜在干扰物质可以是样品中大量存在的常量组分、与被测物质结构和性质类似的物质等。

如果是色谱分析方法,样品中其他组分是否也在待测物色谱峰所在位置出峰,应该对色谱峰的纯度进行评价。可以用不含被测物的空白样品进样,观察是否在样品出峰位置有杂质峰;如果检测器是二极管阵列(diode array detector,DAD),可以采用在线扫描紫外(UV)光谱的方法,要提高准确度,可以在色谱峰侧分别扫描光谱,比较所得光谱是否一致。如果得到一致的光谱,则峰比较纯;如果光谱不一致,则其中可能存在其他物质。但是这种方法不够准确,因为很多有机化合物的紫外吸收光谱较为接近。现在的气相色谱—质谱(GC-MS)和液相色谱—质谱(LC-MS)方法可以用质谱对待测物质的色谱峰进行检验,准确度和选择性均有很大提高。

对于复杂样品的分析,分析方法的选择性很大程度上依赖于样品处理方法的选择性。目前,很多样品处理新方法都着眼于选择性提取被测物质,提高了从复杂基体中提取目标物的能力。对于选择性的样品处理方法,也应评价方法的选择性。

3.2.7 分析方法的稳健性

稳健性(robustness)表示当测定条件在一定程度内变动时,测定结果不受影响的承受程度。为测定方法的稳健性,一系列方法的参数(如 pH、温度、检测波长、样品的用量)和色谱分析中基本条件(如进样体积、流速、同性质不同批次或品牌的色谱柱、流动相组成等)应在一定合理范围内变化,在此基础上应用分析方法进行样品定量测定。如果参数的变化对分析结果的影响在允许的范围内,则分析方法对该参数有较好的耐受度,当在不同实验室或环境下使用该分析方法时,该条件的改变不会影响分析结果。如果在稳健性研究中发现分析方法对某个或某些实验条件敏感或要求苛刻,在分析方法中应予以说明。在建立新的分析方法时,条件的优化和选择应考虑到方法的耐用性,在一些条件下,虽然灵敏度可能比较高,但是条件很苛刻,微小的变化就会影响分析结果的精密度,如有其他选择,则可牺牲一些灵敏度。

稳健性研究对于方法的适用性很重要,在不同的环境下采用该方法时,根据方法的稳健性数据可以帮助实验者判断是否需要对分析方法重新评价。

不同行业对分析方法的评价有不同的要求,依据新的原理或技术建立分析方法时,对方法进行评价应考虑方法的应用范围。

第二篇　光谱分析法

根据物质的光谱来鉴别物质及确定它的化学组成和相对含量的方法叫光谱分析，其优点是灵敏、迅速。历史上曾通过光谱分析发现了许多新元素，如铷、铯、氦等。根据分析原理，光谱分析可分为发射光谱分析与吸收光谱分析两种；根据被测成分的形态，光谱分析可分为原子光谱分析与分子光谱分析，光谱分析的被测成分是原子的称为原子光谱，被测成分是分子的则称为分子光谱。

分子光谱分析是基于物质分子与电磁辐射作用时，物质内部发生了量子化的能级之间的跃迁，测量由此产生的反射、吸收或散射辐射的波长和强度而进行分析的方法。它主要包括紫外—可见分光光度法、荧光光谱法、红外光谱法等。

原子光谱分析是由原子中的电子在能量变化时所发射或吸收的一系列波长的光组成的光谱分析法。主要包括原子发射光谱法、原子吸收光谱法、原子荧光光谱法等。

第4章　紫外—可见分光光度法

紫外—可见分光光度法（UV－Vis spectrophotometry）是根据物质分子对波长为200～760 nm这一范围的电磁波的吸收特性所建立起来的一种定性、定量和结构分析方法。操作简单、准确度高、重现性好。

物质是运动的，构成物质的分子的运动可分为价电子运动、分子内原子在其平衡位置附近的振动及分子本身绕其重心的转动。每种运动状态都属于一定的能级，因此分子具有电子能级、振动能级和转动能级。当分子吸收辐射能受到激发，就要从原来能量较低的能级（基态）跃迁到能量较高的能级（激发态）而产生吸收光谱。这三种能级跃迁所需要的能量不同，因此可产生三种不同的吸收光谱，即电子光谱、振动光谱和转动光谱。分子吸收光能不是连续的，具有量子化的特征，即分子只能吸收等于两个能级之差的能量ΔE。

$$\Delta E = E_2 - E_1 = hv = h\frac{c}{\lambda}$$

其中，E_1、E_2分别为分子在跃迁前（基态）和跃迁后（激发态）的能量。各种不同分子内部能级间能量差是不同的，因而分子的特定跃迁能与分子结构有关，所产生的吸收光谱形状取决于分子的内部结构，不同物质呈现不同的特征吸收光谱。通过分子的吸收光谱可以研究分子结构并进行定性及定量分析。

4.1　仪器组成与工作原理

朗伯定律：当一束平行的单色光照射到一定浓度的均匀溶液时，入射光被溶液吸收的程度与溶液厚度的关系为：

$$\lg\frac{I_0}{I} = kb$$

其中，I为透射光强度；I_0为入射光强度；b为溶液厚度；k为常数。

比尔定律：当入射光通过同一溶液的不同浓度时，入射光与溶液的关系为：

$$\lg\frac{I_0}{I} = k'c$$

其中，I为透射光强度；I_0为入射光强度；c为溶液浓度；k'为另一常数。

朗伯—比尔定律：当溶液厚度、浓度都可改变时，这时就要考虑两者同时对透射光的影响，则其关系为：

$$A = \lg \frac{I_0}{I} = \lg \frac{1}{T} = \varepsilon bc$$

其中，I 为透射光强度；I_0 为入射光强度；A 为吸光度；T 为透过率（以%表示）；ε 为摩尔吸收系数；b 为溶液厚度；c 为溶液浓度。

该定律表示入射光通过溶液时，透射光与该溶液的浓度和厚度的关系。如果溶液浓度以 mol/L 表示，溶液厚度以 cm 表示，ε 的单位为 L/(mol · cm)，ε 越大，表示溶液对单色光的吸收能力越强，分光光度测定的灵敏度就越高。常用的仪器是紫外—可见分光光度计，其装置如图 4-1 所示，主要包括：光源、单色器、样品池、光电倍增管等组成。按其光学系统可分为单光束和双光束分光光度计，单波长和双波长分光光度计。

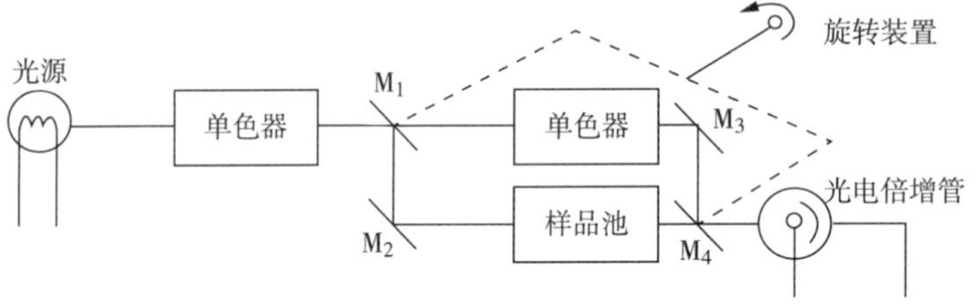

图 4-1　紫外—可见分光光度计

紫外可见吸收光谱法测量原理的虚拟仿真视频可通过二维码获得。

①辐射光源。基本要求是能发射足够强度的连续光谱，稳定性好，辐射能量随波长无明显变化，使用寿命长，在紫外—可见分光光度计上最常用的有两种光源——钨灯和氘灯。钨灯是常用于可见光区的连续光源，在可见区的能量只占钨灯总辐射能的 11%左右，大部分辐射能落在红外区，钨灯提供的波长范围 320~2500 nm；氘灯是用作紫外区的光源，在 190~360 nm 之间产生连续光谱，氘灯的辐射强度比氢灯约大 4 倍，它是紫外光区应用最广泛的一种光源。

②单色器。单色器的作用是从连续光源中分离出所需要的足够窄波段的光束，它是分光光度计的核心部件，其性能直接影响光谱带的宽度，从而影响测定的灵敏度、选择性和工作曲线的线性范围。单色器由入射狭缝、反射镜、色散元件、出射狭缝等组成，其中色散元件是分光器的关键部件。常用的色散元件有棱镜和光栅，现在的商品仪器几乎都用光栅做色散元件，光栅在整个波长区可以提供良好的、均匀一致的分辨能力，而且成本低，便于保存。

③吸收池。吸收池用于盛放溶液。根据材料可分为玻璃吸收池和石英吸收池，前者用于可见区，后者用于紫外和可见光区。吸收池的两个光学面必须平整光洁，使用时不能用

手触摸。吸收池有多种尺寸和不同构造，最常用的尺寸为 1 cm。

④检测器。检测器用于检测光信号，并将光信号转变为电信号，对检测器要求是灵敏度高、响应时间短、线性关系好、对不同波长的辐射具有相同的响应、噪声低、稳定性好等。在紫外—可见分光光度计上，现在广泛使用的检测器是光电倍增管，它可将光电流放大至 $10^6 \sim 10^7$ 倍，灵敏度高，比一般光电管高 200 倍，响应速度快，能检测 $10^{-9} \sim 10^{-8}$ s 的脉冲光，而多通道光度计使用的是硅光二极管阵列检测器（diode array detector，DAD）。

⑤记录器。由光电倍增管将光信号变成电信号，再经适当放大后，由记录器进行记录或用数字显示。现在很多紫外—可见分光光度计都装有微处理机，一方面将信号记录和处理，另一方面可对分光光度计进行操作控制。

4.2　实验技术与条件优化

4.2.1　标准曲线的偏离

根据朗伯—比尔定律，吸光度与溶液浓度应是通过原点的线性关系（溶液厚度一定），但在实际工作中吸光度与浓度之间常常偏离线性关系，产生偏离的主要因素有：

①溶液浓度因素。朗伯—比尔定律通常只有在稀溶液时才能成立，随着溶液浓度增大，吸光值间距离缩小，彼此间相互影响和相互作用加强，破坏了吸光度浓度之间的线性关系。

②仪器因素。朗伯—比尔定律只适用于单色光，但经仪器狭缝，投射到被测溶液的光，并不能保证理论要求的单色光，这也是造成偏离朗伯—比尔吸收定律的一个重要因素。

4.2.2　溶剂对紫外吸收光谱的影响

紫外吸收光谱中常用溶剂有己烷、庚烷、环己烷、二氧杂环己烷、水、乙醇等。应该注意，有些溶剂，特别是极性溶剂，对溶质吸收峰的波长、强度及形状可能产生影响。这是因为溶剂和溶质间常形成氢键，或溶剂的偶极使溶质的极性增强，引起 $n \rightarrow \pi^*$ 及 $\pi \rightarrow \pi^*$ 吸收带的迁移。

溶剂除了对吸收波长有影响外，还影响吸收强度和精细结构。例如 B 吸收带的精细结构在非极性溶剂中较清楚，但在极性溶剂中则较弱，有时会消失变为一个宽峰。苯酚的 B 吸收带就是这样一个例子，由图 4-2 可见，苯酚的精细结构在非极性溶剂庚烷中清晰可见，而在极性溶剂乙醇中则完全消失而呈现一宽峰。因此，在溶解度允许范围内，应选择极性较小的溶剂。另外，溶剂本身有一定的吸收带，如果和溶质的吸收带有重叠，将妨碍溶质吸收带的观察。表 4-1 是紫外吸收光谱分析中常用溶剂的最低波长极限，低于此波长时，溶剂的吸收不可忽略。

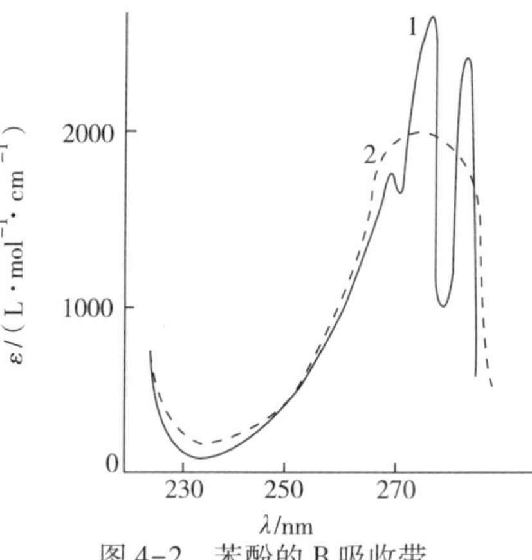

图 4-2　苯酚的 B 吸收带

1—庚烷溶液;2—乙醇溶液

表 4-1　溶剂的使用最低波长极限

溶剂	最低波长极限/nm	溶剂	最低波长极限/nm
乙醚	220	甘油	220
环己烷	210	1,2-二氧乙烷	230
正丁醇	210	二氯甲烷	233
水	210	氯仿	245
异丙醇	210	乙酸正丁酯	260
甲醇	210	乙酸乙酯	260
甲基环己烷	210	甲酸甲酯	260
96%硫酸	210	甲苯	285
乙醇	215	吡啶	305
2,2,4-三甲戊烷	215	丙酮	330
对二氧六环	220	二硫化碳	380
正己烷	220	苯	280

4.2.3　定性分析

以紫外吸收光谱鉴定有机化合物为例,通常是在相同的测定条件下,比较未知物与已知标准物的紫外光谱图,若两者的谱图相同,则可以认为待测试样与已知化合物具有相同的生色团。如果没有标准物,也可借助于标准谱图或有关电子光谱数据表进行比较。

但应注意,紫外吸收光谱相同,两种化合物有时不一定相同。因为紫外吸收光谱常有2~3 个较宽的吸收峰,具有相同生色团的不同分子结构,有时在较大分子中不影响生色团的紫外吸收峰，导致不同分子结构产生相同的紫外吸收光谱，但它们的吸光系数是有差别的，所以在比较的同时，还要比较它们的 ε_{max} 或 $A_{1cm}^{1\%}$。如果待测物和标准物的吸收光波长相同、吸光系数也相同，则可认为两者是同一物质。

物质的紫外吸收光谱基本上是其分子中生色团及助色团的特性，而吸收峰的波长与存在于分子中基团的种类及其在分子中的位置、共轭情况等有关。Fieser 和 Woodward 总结了许多资料，对共轭分子的波长提出了一些经验规律，据此可对一些共轭分子的波长值进行计算。这对分子结构的推断是有参考价值的。

紫外吸收光谱对物质的定性分析的虚拟仿真视频可通过二维码获得。

4.2.4　有机化合物分子结构的推断

根据化合物的紫外及可见区吸收光谱可以推测化合物所含的官能团。例如一化合物在 20~800 nm 范围内无吸收峰，它可能是脂肪族碳氢化合物，胺、腈、醇、羧酸、氯代烃和氟代烃，不含双键或环状共轭体系，没有醛、酮或溴、碘等基团。如果在 210~250 nm 有强吸收带，可能含有 2 个双键的共轭单位；在 260~350 nm 有强吸收带，表示有 3~5 个共轭单位。在 250~300 nm 有中等强度吸收带且有一定的精细结构，则表示有苯环的特征吸收。紫外吸收光谱除可用于推测所含官能团外，还可用来对某些同分异构体进行判别。例如乙酰乙酸乙酯存在下述酮—烯醇互变异构体（图 4-3）。

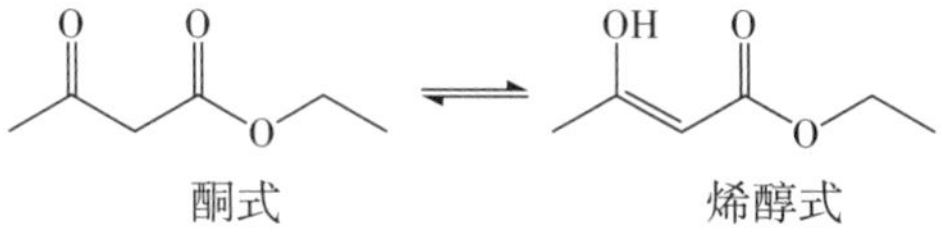

酮式　　　　烯醇式

图 4-3　乙酰乙酸乙酯存在酮—烯醇互变异构体

酮式没有共轭双键，它在 204 nm 处仅有弱吸收；而烯醇式由于有共轭双键，因此在 245 nm 处有强的 K 吸收带[ε=18000 L/(mol · cm)]。故根据它们的紫外吸收光谱可判断其存在与否。

又如 1,2-二苯乙烯具有顺式和反式两种异构体（图 4-4）。

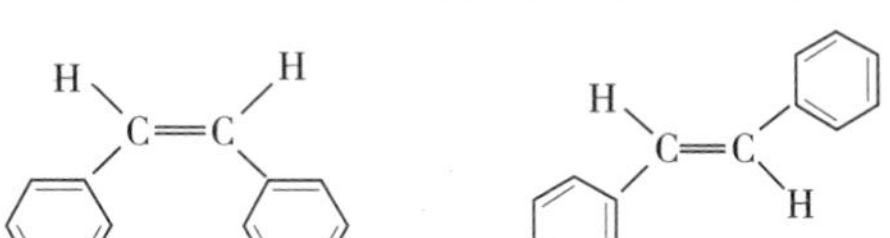

反式　λ_{max} = 280 nm，ε_{max} = 10500 L/(mol · cm)

顺式　λ_{max} = 295 nm，ε_{max} = 27000 L/(mol · cm)

图 4-4　1,2-二苯乙烯的顺式和反式异构体

已知生色团或助色团必须处在同一平面上才能产生最大的共轭效应。由上列二苯乙烯的结构式可见，顺式异构体由于产生位阻效应而影响平面性，使共轭的程度降低，因而发生紫移（λ_{max} 向短波方向移动），并使值降低。由此可判断其顺反式的存在。

由此可见，紫外吸收光谱可以提供识别未知物分子中可能具有的生色团、助色团和估计共轭程度等信息，这对有机化合物结构的推断和鉴别是很有用处的，这也是紫外吸收光谱最重要的应用。

4.2.5 纯度检查

如果一化合物在紫外—可见区没有吸收峰，而其中的杂质有较强吸收，就可方便地检验出该化合物中的微量杂质。例如检查甲醇或乙醇中的杂质苯，可利用苯在 256 nm 处的 B 吸收带，而甲醇或乙醇在此波长处几乎没有吸收。又如四氯化碳中有无二硫化碳杂质，只要观察在 318 nm 处有无二硫化碳的吸收峰即可。

如果一化合物，在可见区或紫外区有较强的吸收带，有时可用摩尔吸收系数来检查其纯度。例如菲的氯仿溶液在 296 nm 处有强吸收（$\lg\varepsilon = 4.10$）。用某法精制的菲，熔点 110℃，沸点 340℃，似乎很纯，但紫外吸收光谱检查测得的 $\lg\varepsilon$ 值比标准菲低 10%，实际质量分数只有 90%，其余很可能是蒽等杂质。

又如干性油含有共轭双键，而不干性油是饱和脂酸酯，或者虽不是饱和体但双键不相共轭。不相共轭的双键具有典型的烯键紫外吸收带，其所在的波长较短；共轭双键谱带所在波长较长，且共轭双键越多，吸收谱带波长越长。因此饱和脂酸酯及不相共轭双键的吸收光谱一般在 210 nm 以下，含有 2 个共轭双键的约在 220 nm 处，3 个共轭双键的在 270 nm 附近，4 个共轭双键的则在 310 nm 左右，所以干性油的吸收谱带一般都在较长的波长处。工业上往往要设法使不相共轭的双键转变为共轭，以便将不干性油变为干性油。紫外吸收光谱的观察是判断双键是否移动的简便方法。

4.2.6 定量测定

紫外—可见分光光度法定量分析应用非常广泛，以紫外吸光光度法对药物进行定量分析为例。一些国家已将数百种药物的紫外吸收光谱的最大吸收波长和吸收系数载入药典，紫外—可见分光光度法可方便地用来直接测定混合物中某些组分的质量分数，如环己烷中的苯，四氯化碳中的二硫化碳，鱼肝油中维生素 A 等。对于多组分混合物质量分数的测定，如果混合物中各种组分的吸收相互重叠，则往往需预先进行分离。例如，染料中间体 α-蒽醌磺酸在 253 nm 处有吸收峰，可用它来进行定量测定，但通常该试样中含有杂质（一般是 β-蒽醌磺酸，2，6-或 2，7-蒽醌双磺酸等），此时可采用薄层层析法预先分离后测定。如果各组分的吸收峰重叠不严重，也可不经分离而同时测定它们的质量分数。例如，测定混合物中磺胺噻唑（ST）及氨苯磺胺（SN）的质量分数时，先做出 ST 及 SN 两个纯物质的吸收光谱图，如图 4-5 所示。

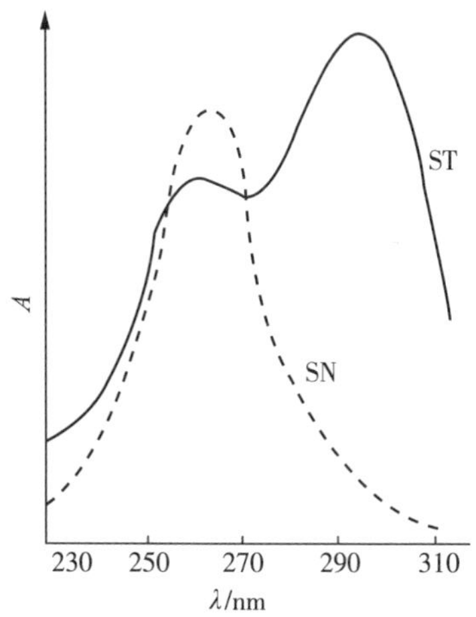

图 4-5　ST 及 SN 的醇中的紫外吸收光谱

选定两个合适的波长 λ_1 及 λ_2，使在 λ_1 时 ε_{ST}（ST 的摩尔吸收系数）和 ε_{SN}（SN 的摩尔吸收系数）都很大，而在 λ_2 时则使 ε_{ST} 和 ε_{SN} 的差值很大，重叠不严重，在此例中可选 $\lambda_1=260$ nm 及 $\lambda_2=287.5$ nm。然后分别在 λ_1 及 λ_2 处测定混合物的吸光度 A，根据吸收值的加和性原则可得：

$$A^{\lambda_1}=c_{ST}\times\varepsilon_{ST}^{\lambda_1}+c_{SN}\times\varepsilon_{SN}^{\lambda_1}$$

$$A^{\lambda_2}=c_{ST}\times\varepsilon_{ST}^{\lambda_2}+c_{SN}\times\varepsilon_{SN}^{\lambda_2}$$

其中，c_{ST}、c_{SN} 分别为 ST、SN 的欲测浓度；$\varepsilon_{ST}^{\lambda_1}$ 为在 λ_1 处用纯 ST 测得 ST 的摩尔吸收系数（$\varepsilon_{SN}^{\lambda_1}$ 等的意义与此相同），解上述联立式，即可计算 ST 和 SN 的浓度。

上述用解联立方程式的办法原则上也能用于测定多于两个组分的混合物，但随着组分的增加，方法将越趋于复杂。为了解决多组分分析问题，提出并发展了许多新的吸光光度法，例如双波长吸光光度法、导数吸光光度法、三波长法等。另一类方法是通过对测定数据进行数学处理后，同时得出所有共存组分各自的质量分数，如多波长线性回归法、最小二乘法、线性规划法、卡尔曼滤波法和因子分析法等。这些近代定量分析方法的特点是不经化学或物理分离，就能解决一些复杂混合物中各组分的质量分数测定。

紫外吸收光谱法外标法分析操作的虚拟仿真视频可通过二维码获得。

4.3 操作规程与日常维护

4.3.1 紫外—可见分光光度计操作规程

【开机准备】

选择合适的比色皿、准备擦镜纸。

【开机】

①打开电脑和主机电源。

②启动工作站，连接主机，仪器自动进入初始化自检。

③根据实验需要选择测量模式。在工作室窗口有“光度测量”“光谱扫描”“定量测量”和“时间扫描”这4种模式供选择。

A. 光度测量：进入“光度测量”窗口后，在“测量”菜单的下拉列表中选择“参数设置”，在“测量”选项卡下选择波长及光度模式，其他选项卡没有特殊要求，可不必设置。在样品室中放入参比溶液后点“校零”按钮进行校零，然后放入样品溶液，点“开始”按钮进行测定。

B. 光谱扫描：进入“光谱扫描”窗口，在“测量”菜单的下拉列表中选择“参数设置”，在“测量”选项卡下设置光谱扫描光度模式及扫描起点、终点、速度、间隔等扫描参数，其他选项卡没有特殊要求，可不必设置。在样品室中放入参比溶液后点“基线”按钮，结束后放入样品溶液，点“开始”按钮进行光谱扫描。

C. 定量测量：进入“定量测量”窗口后，在“测量”菜单的下拉列表中选择“参数设置”，在“测量”选项卡下选择测量方法。可选择的测量方法有：“单波长法”“双波长法”“双波长系数法”“三波长法”“一次微分法”“二次微分法”“三次微分法”和“四次微分法”，可以根据不同的测试要求对测量方法进行选择。如果选择“单波长法”，必须设置测定波长；如果选择“双波长法”或者“三波长法”，必须设置主波长、基线波长1和基线波长2。在“校正曲线”选项卡下选择曲线方程类型、方程次数、浓度单位、零点插入及曲线评估等，其他选项卡没有特殊要求，可不必设置。在样品室中放入参比溶液后点“校零”按钮进行校零，在标准样品窗口依次放入标准样品，点“开始”按钮进行测定并输入浓度，标准样品测量完成后将光标移至未知样品窗口，放入待测样品，点“开始”按钮进行测定。

D. 时间扫描：进入“时间扫描”窗口后，在“测量”菜单的下拉列表中选择“参数设置”，在“测量”选项卡下选择时间扫描光度模式、时间单位、采样数、时间间隔及测量波长点，其他选项卡没有特殊要求，可不必设置。在样品室中放入参比溶液后点“校零”按钮进行校零，然后放入样品溶液，点“开始”按钮进行时间扫描。

【关机】

④测定完毕，取出比色皿，清洗，退出工作站，关闭主机电源。

⑤关闭电脑和总电源，盖好仪器防尘罩。

⑥清理台面，填写仪器使用记录。

【注意事项】

①仪器液晶显示器和键盘在使用时应注意防刮伤、防水、防尘、防腐蚀。

②使用完毕后，应将样品溶液取出，并检查样品室是否有溢出液体，经常擦拭样品室，以防液体对部件或光路系统的腐蚀。

③不得随意调整仪器参数，更不得拆卸零部件，尤其不能随意擦拭及碰伤光学镜面。

④强腐蚀、易挥发试样测定时比色杯必须加盖。

以下为市场上应用比较广泛的几种分光光度计，各自具体的操作规程可扫描二维码获得。

(1)723C 可见分光光度计操作规程

(2)TU-1810 紫外—可见分光光度计操作规程

(3)T6 紫外—可见分光光度计操作规程

4.3.2　比色皿的选择、使用和清洗

(1)比色皿的选择

比色皿透光面是由能够透过所使用的波长范围的光面材料制成。根据测定波长选择合适的比色皿，波长在紫外区(190~400 nm)，必须选择石英比色皿，波长在可见区(400~900 nm)，一般选择普通玻璃比色皿，也可以选择石英比色皿。石英比色皿既可用于紫外区又可用于可见区，但是价格一般比较贵。

将仪器检测波长设置为实际使用需要的波长，将一套比色皿都注入蒸馏水，其中一只的透光率调至100%，测量其他各只的透光率，凡透光率之差不大于0.5%，即可配套使用。

(2)比色皿的正确使用及注意事项

在使用比色皿时，两个透光面要完全平行，并垂直置于比色皿架中，以保证在测量时，入射光垂直于透光面，避免光的反射损失，保证光程固定。

比色皿一般为长方体，其底及两侧为磨毛玻璃，另两面为光学玻璃制成的透光面采用熔融一体、玻璃粉高温烧结和胶黏合而成。所以使用时应注意几点：

①拿取比色皿时，只能用手指接触两侧的毛玻璃，避免接触透光面。同时注意轻拿轻放，防止外力对比色皿的影响，产生应力后破损。

②凡含有腐蚀玻璃物质的溶液，不得长期盛放在比色皿中。

③不能将比色皿放在火焰或电炉上进行加热或干燥箱内烘烤。

④比色皿在使用后，应立即用水冲洗干净。当发现比色皿里面被污染后，应用无水乙醇等清洗，及时擦拭干净，必要时可用 1:1 的盐酸浸泡，然后用水冲洗干净。不可用碱液洗涤，也不能用硬布、毛刷刷洗。

⑤不得将比色皿的透光面与硬物或脏物接触。盛装溶液时，高度为比色皿的 2/3 处即可，光学面如有残液可先用滤纸轻轻吸附，然后再用镜头纸或丝绸擦拭。

(3)比色皿的洗涤方法

分光光度法中比色皿洁净与否是影响测定准确度的因素之一。因此，必须重视选择正确的洗涤方法。比色皿进行清洗的基本原则是不能损坏比色皿的结构和透光性能，一般采用中和溶解的方法来清洗。常用的清洗方式有：

①选择比色皿洗涤液的原则是去污效果好，不损坏比色皿，同时又不影响测定。

②一般情况，测定溶液是酸，就用弱碱溶液洗；要是测定溶液是碱，就用弱酸溶液洗；要是测定溶液是有机物质就用有机溶剂(如酒精等溶液)洗。

③分析常用的铬酸洗液不宜用于洗涤比色皿，这是因为带水的比色皿在该洗液中有时会局部发热，致使比色皿胶接面裂开而损坏。同时经洗液洗涤后的比色皿还很可能残存微量铬，其在紫外区有吸收，因此会影响铬及其他有关元素的测定。一般使用硝酸和过氧化氢(5:1)的混合溶液泡洗，然后用水冲洗干净。

④对一般方法难以洗净的比色皿，还可先将比色皿浸入含有少量阴离子表面活性剂的碳酸钠(20 g/L)溶液泡洗，经水冲洗后，再于过氧化氢和硝酸(5:1)混合溶液中浸泡半小时，或者在通风橱中用盐酸、水和甲醇(1:3:4)混合溶液泡洗，一般不超过 10 min。

4.3.3 分光光度计的日常维护

①分光光度计可做定量分析、纯度分析、结构分析和定性分析，在制药、食品行业中的产品质量控制、各级药检系统的产品质量检查中更是必备的分析仪器。经常对仪器进行维护和测试，以保证仪器在最佳工作状态。

②温度和湿度是影响仪器性能的重要因素，它们可以引起机械部件的锈蚀，使金属镜面的光洁度下降，引起仪器机械部分的误差或性能下降，造成光学部件如光栅、反射镜、聚焦镜等的铝膜锈蚀，产生光能不足、杂散光、噪声等，甚至仪器停止工作，从而影响仪器寿命，维护保养时应定期加以校正。实验室应具备四季恒湿的仪器室，配置恒温设备，特别是

地处南方地区的实验室。

③环境中的尘埃和腐蚀性气体也可以影响机械系统的灵活性、降低各种限位开关、按键、光电耦合器的可靠性,也是造成光学部件铝膜锈蚀的原因之一。因此必须定期清洁,保障环境和仪器室内卫生条件,防尘。

④仪器使用一定周期后,内部会积累一定量的尘埃,最好由维修工程师或在工程师指导下定期开启仪器外罩对内部进行除尘工作,同时将各发热元件的散热器重新紧固,对光学盒的密封窗口进行清洁,必要时对光路进行校准,对机械部分进行清洁和必要的润滑,最后,恢复原状,再进行一些必要的检测、调校与记录。

⑤每次使用后应检查仪器样品室是否有溢出的溶液,经常擦拭样品室,以防废液对部件或光路系统的腐蚀。

⑥仪器外表面需保持清洁,使用完毕后应盖好防尘罩,可在样品室及光源室内放置硅胶袋防潮,但开机时一定要取出。

4.4　实验

实验1　邻二氮菲分光光度法测定微量铁

【实验目的】

①了解723型分光光度计的构造和使用方法。

②掌握邻二氮菲分光光度法测定铁的原理和方法。

③学习如何选择分光光度分析的条件。

④了解铁元素对人体的作用与功效。

【实验原理】

邻二氮菲,又称邻二氮杂菲、邻菲罗啉(简写为phen),是一种常用的氧化还原指示剂,具有很强的螯合作用,会与大多数金属离子形成很稳定的配合物,是测定微量铁的一种较好的试剂。在pH 3~9的范围内,Fe^{2+}与邻二氮菲反应生成橘红色配合物,为邻二氮菲铁,稳定性较好,$\lg K_{稳}=21.3$(20℃)。邻二氮菲铁的最大吸收峰在510 nm处,摩尔吸收系数$\varepsilon_{510}=1.1\times10^4$ L/(mol·cm)。

Fe^{3+}与邻二氮菲也能生成3:1的淡蓝色配合物,其稳定性较差,$\lg K_{稳}=14.1$,因此在显色之前应预先用盐酸羟胺将Fe^{3+}还原为Fe^{2+},反应如下:

$$2Fe^{3+}+2NH_2OH\cdot HCl\rightarrow 2Fe^{2+}+N_2\uparrow+2H_2O+4H^++2Cl^-$$

测定时,控制溶液的pH在5左右较为适宜。酸度高,反应进行较慢;酸度低,则Fe^{2+}水解,影响显色。

此测定法不仅灵敏度高、稳定性好,而且选择性也高。相当于含铁5倍的Co^{2+}、Cu^{2+},20倍的Cr^{3+}、Mn^{2+}、PO_4^{3-},40倍的Sn^{2+}、Al^{3+}、Ca^{2+}、Mg^{2+}、Zn^{2+}、SiO_3^{2-}都不干扰测定。

分光光度法测定微量铁时，一般选择最大吸收波长，因为在此波长下摩尔吸收系数最大，测定的灵敏度也最高。通常对待测物质进行光谱扫描，找出该物质的最大吸收波长。采用标准曲线法进行定量分析，即先配制一系列不同浓度的标准溶液，在选定的反应条件下使被测物质显色，测得相应的吸光度，以浓度为横坐标，吸光度为纵坐标绘制标准曲线。本实验要经过取样、显色及测量等步骤，为了使测定有较高的灵敏度和准确度，必须选择合适的显色反应条件和测量吸光度的条件。通常研究显色反应的条件有溶液的酸度、显色剂用量、显色时间、温度、溶剂，以及共存离子干扰及其消除方法等。测量吸光度的条件主要是测量波长、吸光度范围和参比溶液的选择。

【仪器与试剂】

①仪器：紫外—可见分光光度计，电子天平。

②试剂：6 mol/L HCl 溶液，10%盐酸羟胺溶液，0. 15%邻二氮菲溶液（溶解时需加热），1 mol/L NaAc 溶液。

【实验步骤】

①铁标准溶液（10 mg/L）的配制：准确称取 0. 2159 g 分析纯 $NH_4Fe(SO_4)_2 \cdot 12H_2O$，加入少量蒸馏水及 20. 00 mL 6 mol/L HCl，使其溶解后，转移至 250 mL 容量瓶中，用蒸馏水稀释至刻度，摇匀。此溶液 Fe^{3+} 浓度为 100 mg/L。吸取此溶液 25. 00 mL 于 250 mL 容量瓶中，用蒸馏水稀释至刻度，摇匀，此溶液 Fe^{3+} 浓度为 10 mg/L。

②标准工作曲线的绘制：取 50 mL 容量瓶 6 只，分别吸取铁标准溶液 0. 00 mL、4. 00 mL、6. 00 mL、8. 00 mL、10. 00 mL、12. 00 mL 于 6 只容量瓶中。然后各加入 1. 00 mL 盐酸羟胺，摇匀，再各加 5. 00 mL 1mol/L NaAc 溶液和 2. 00 mL 0. 15%邻二氮菲溶液，以蒸馏水稀释至刻度，摇匀。用 1 cm 比色皿在最大吸收波长 510 nm 处，测各溶液的吸光度记录在表 4-2 中。以 Fe^{3+} 浓度为横坐标、吸光度为纵坐标，绘制标准工作曲线，得到标准工作曲线方程及相关系数。

表 4-2　标准系列溶液及其吸光度

编号	1	2	3	4	5	6
添加铁标准溶液体积/mL	0	4. 00	6. 00	8. 00	10. 00	12. 00
盐酸羟胺	各加入 1 mL，摇匀					
NaAc 溶液	各加入 5. 00 mL					
邻二氮菲	各加入 2. 00 mL，摇匀					
吸光度						

③总铁含量的测定：吸取 2. 00 mL 未知样代替标准溶液，其他步骤均同上，测定吸光度。根据未知液的吸光度和标准工作曲线方程，计算出未知液中的铁含量，以 mg/L 表示结果。

④Fe^{2+}的测定：操作步骤与总铁相同，但不加盐酸羟胺。根据所测的吸光度和标准曲线方程，计算出未知液中的 Fe^{2+} 含量，以 mg/L 表示结果。则未知液中的 Fe^{3+} 含量为总铁的

含量与 Fe^{2+}的含量之差。

【思考题】

①邻二氮菲法测定铁时，为什么在测定前加入盐酸羟胺？如用配制已久的盐酸羟胺溶液，对测定结果将带来什么影响？

②还原剂、缓冲溶液和显色剂的加入顺序是否可以颠倒？为什么？

③参比溶液的作用是什么？

④标准曲线的绘制过程中，哪些试剂的体积要准确量度，而哪些试剂的加入量则不必准确量度？

⑤测量铁元素的方法还有哪些，了解各自的优缺点。

【注意事项】

铁在人体内属于微量元素，并且是人体含量最多的微量元素。铁元素进入人体内大部分被运至骨髓，参与血红蛋白的合成，而血红蛋白中的铁属于二价铁离子，参与氧的运输。小部分的铁参与合成铁蛋白与含铁血黄素，两者储存在肝、脾、骨髓及小肠黏膜等器官，铁蛋白与含铁血黄素是储备铁的存在形式，一旦人体需要就会被释放，参与血红蛋白的合成，如大量失血时血红蛋白急剧减少就会动员储备铁。人体在缺铁时血蛋白合成减少，血液中红细胞体积会变小，可导致人体患有小细胞低色素性贫血。

实验 2　有机化合物的紫外吸收光谱及溶剂对其吸收光谱的影响

【实验目的】

①学习并掌握紫外—可见分光光度计的使用。

②了解不同助色团对苯的紫外吸收光谱的影响。

③观察酸碱性对苯酚吸收光谱的影响。

④了解苯及其同系物对人体、生物和环境的危害，自觉践行环境友好和可持续发展的观念。

【实验原理】

具有不饱和结构的有机化合物，特别是芳香族化合物，在近紫外区（200～400nm）有特征的吸收，给鉴定有机化合物提供了有用的信息。苯有三个吸收带，它们都是由跃迁引起的，分别为 E_1 带、E_2 带和 B 带。E_1 带：$\lambda_{max}=180$ nm[$\varepsilon=60000$ L/(cm·mol)]，E_2 带：$\lambda_{max}=204$ nm[$\varepsilon=8000$ L/(cm·mol)]，两者都属于强吸收带；B 带出现在 230～270 nm，其$\lambda_{max}=254$ nm[$\varepsilon=200$ L/(cm·mol)]。在气态或非极性溶剂中，苯及其许多同系物的 B 带有许多精细结构，这是振动跃迁在基态电子跃迁上叠加的结果。在极性溶剂中，这些精细结构消失。当苯环上有取代基时，苯的三个吸收带都将发生显著的变化，苯的 B 带显著红移，并且吸收强度增大。

溶剂的极性对有机物的紫外吸收光谱有一定的影响。当溶剂极性由非极性变为极性时，B 带的精细结构消失，吸收带变平滑。显然，这是由于未成键电子对的溶剂化作用降低了 n 轨道的能量使跃迁产生的吸收带发生紫移，而跃迁产生的吸收带则发生红移。

影响有机化合物的紫外吸收光谱的因素有:内因(共轭效应、空间位阻、助色效应)和外因(溶剂的极性和酸碱性)。

【仪器与试剂】

①仪器:紫外—可见分光光度计。

②试剂:环己烷,苯的环己烷溶液(1:250),甲苯的环己烷溶液(1:250),苯酚的环己烷溶液(0.3 g/L),苯酚的水溶液(0.4 g/L),0.1 mol/L HCl,0.1 mol/L NaOH。

【实验步骤】

①助色团对苯的紫外吸收光谱的影响:在 3 个 10 mL 具塞比色管中,分别加入苯、甲苯、苯酚的环己烷溶液 1.00 mL,用环己烷稀释至刻度,摇匀。在带盖的石英比色皿中,以环己烷作参比,200~350 nm 进行光谱扫描。

②溶剂的酸碱性对苯酚吸收光谱的影响:在 2 个 10 mL 具塞比色管中,各加入苯酚的水溶液 0.50 mL,分别用 0.1 mol/L HCl、0.1 mol/L NaOH 溶液稀释至刻度,摇匀。在带盖的石英比色皿中,以纯水作参比,200~350 nm 进行光谱扫描。

【数据处理】

①观察各吸收光谱的图形,找出其λ_{max},判断是否发生红移?如果发生红移,计算出红移了多少纳米?

②比较吸收光谱λ_{max}的变化。

备注:本实验主要研究的是苯及其许多同系物的 B 带,其出现在 230~270 nm,实验中需要找出的λ_{max}是指 B 带的最大吸收波长。由于红移的原因,强吸收带 E_1 和 E_2 也会出现在扫描的图谱中,这会干扰判定吸收光谱λ_{max}。

【思考题】

①何为助色团、生色团?举例说明?何为红移、紫移?

②何为吸收光谱曲线?

③在本实验中,实验步骤"①"中能否用蒸馏水代替环己烷作参比溶液,或者实验步骤"②"中能否用环己烷代替水作参比溶液,为什么?

④苯系物对环境的危害及测定苯系物的意义?

【注意事项】

①苯系物在自然环境中是不存在的,主要通过化工生产的废水和废气进入水环境和大气环境。由于苯系物微溶于水,降水可从大气中凝集挥发性苯系物,直接或间接地进入地表水中。因此,苯系物的测定可在一定程度上反映原水、废水与工业生产用水的水质污染状况,测定对掌握区域内河流污染、饮用水质量、保障区域人民用水安全等具有重要的理论和科学依据。

②苯系物中苯为世界卫生组织公布的具有致癌、致畸、致突变作用的有害污染物,其他化合物对人体和生物都有不同程度的毒性。因此实验中务必按规范操作,防止对人体和环境造成危害。

实验3 饮料中苯甲酸钠的测定

【实验目的】

①掌握紫外—可见分光光度法的分析原理。

②熟悉紫外—可见分光光度计的结构、特点,掌握其使用方法。

③掌握紫外—可见分光光度技术定量测定物质含量的方法。

④了解苯甲酸钠的作用与功效。

【实验原理】

苯甲酸,俗称安息香酸,是食品卫生标准允许使用的主要防腐剂之一。在我国,苯甲酸及其钠盐常用于酱菜类、罐头类和一些饮料类等食品中。苯甲酸及其钠盐的过量摄入会对人体产生很大危害,所以监测食品中苯甲酸及其钠盐的含量,对保障人们身体健康有着重要意义。由于苯甲酸钠在200~350 nm有吸收,因此可利用紫外—可见分光光度法测定饮料中的苯甲酸钠含量。

【仪器与试剂】

①仪器:紫外—可见分光光度计。

②试剂:0.1 mol/L NaOH溶液,6.0×10^{-3} mol/L标准苯甲酸钠溶液。

【实验步骤】

①确定检测波长:移取6.0×10^{-3} mol/L标准苯甲酸钠溶液1.00 mL于10.0 mL容量瓶中,加入0.60 mL 0.1 mol/L NaOH溶液,用去离子水定容,摇匀,以空白试剂为参比,在200~350 nm进行光谱扫描。

②标准工作曲线的绘制:分别移取0.00 mL、0.50 mL、1.00 mL、1.50 mL、2.00 mL、2.50 mL、3.00 mL、3.50 mL苯甲酸钠标准溶液于8个10 mL容量瓶中,各加入0.60 mL 0.1 mol/L NaOH溶液,用蒸馏水定容至刻度。在定量测定模式下,以空白为参比,在已选的检测波长处测定各溶液的吸光度,并将其记录在表4-3中。

③样品的测定:分别移取0.50 mL可乐、雪碧于2个10 mL容量瓶中,用超声波脱气5 min以除去二氧化碳,加入0.60 mL 0.1 mol/L NaOH溶液,用蒸馏水定容至刻度。以空白为参比,在已选的检测波长处测定各溶液的吸光度。

【数据处理】

①在吸收光谱图中寻找最大吸收波长λ_{max},以此λ_{max}为检测波长。

②将步骤②中测定的结果填在表4-3中,并以苯甲酸钠浓度为横坐标、吸光度为纵坐标,绘制标准工作曲线,得到标准工作曲线方程及相关系数。

表4-3 苯甲酸钠标准系列溶液及其吸光度

编号	1	2	3	4	5	6	7	8
苯甲酸钠浓度/($\times10^{-3}$ mol·L^{-1})								
吸光度								

③根据待测样品的吸光度和稀释倍数,利用标准工作曲线方程分别计算出可乐、雪碧中苯甲酸钠的含量。

【思考题】

①实验中为什么要在最大吸收波长处进行定量测定?

②苯甲酸和山梨酸以及它们的钠盐、钾盐是食品卫生标准允许使用的两类主要防腐剂,若样品中同时含有其他防腐剂(山梨酸),是否可以不经过分离直接测定它们的含量?请设计一个方案。

【注意事项】

苯甲酸类防腐剂是以其未离解的分子发生作用的,未离解的苯甲酸亲油性强,易通过细胞膜,进入细胞内,干扰霉菌和细菌等微生物细胞膜的通透性,阻碍细胞膜对氨基酸的吸收,进入细胞内的苯甲酸分子,酸化细胞内的储碱,抑制微生物细胞内的呼吸酶系的活性,从而起到防腐作用。苯甲酸是一种广谱抗微生物试剂,对酵母菌、霉菌、部分细菌作用效果很好,对各种菌都有抑制作用。

实验 4　紫外—可见分光光度法测定番茄中维生素 C 含量

【实验原理】

维生素 C 又称抗坏血酸,是所有具有抗坏血酸生物活性的化合物的统称。它在人体内不能合成,必须依靠膳食供给。维生素 C 不仅具有广泛的生理功能,能防治坏血病、关节肿,促进外伤愈合,使机体增强抵抗能力,而且在食品工业上常用作抗氧化剂、酸味剂及强化剂。因此,测定食品中维生素 C 的含量是评价食品品质,了解食品加工过程中维生素 C 变化情况的重要过程之一。

维生素 C 为无色晶体,熔点在 190~192℃,易溶于水,微溶于丙酮,在乙醇中溶解度更低,不溶于油剂。它在空气中稳定,但在水溶液中易被空气和其他氧化剂氧化,生成脱氢抗坏血酸;在碱性条件下易分解,见光加速分解;在弱酸条件下较稳定。本实验利用维生素 C 具有对紫外光吸收的特性,采用紫外—可见分光光度法对果蔬中维生素 C 的含量进行测定。

【样品的制备及测定】

将番茄洗净、擦干,称取具有代表性的可食部分 100 g,放入家用果蔬搅碎机中,加入 25 mL 浸提剂,迅速捣成匀浆。称取 10~50 g 浆状样品,用浸提剂将样品移入 100 mL 容量瓶中,并稀释至刻度,摇匀。若样品液澄清透明,则可直接取样测定;若有浑浊现象,可通过离心来消除。准确移取澄清透明的 2.00 mL 样品液,置于 25 mL 的比色管中,用浸提剂[2%草酸+1%盐酸混合液(体积比 1:2)]稀释至刻度后摇匀,待用。以浸提剂为参比溶液,测定待测样品溶液在维生素 C 的最大吸收波长处的吸光度。

实验思路可参考实验 3,具体操作可依据样品性质而定。

实验5　紫外—可见分光光度法测定可口可乐中咖啡因含量

【实验原理】

咖啡因是一种生物碱，化学名为1,3,7-三甲基黄嘌呤，存在于多种植物的叶子、种子和果实中。咖啡因的少量食入能起到提神、消除疲劳的作用，大量食入能使呼吸加快、血压升高，过量食入能引起呕吐等症状，所以饮料中咖啡因的含量有限定。本实验将利用咖啡因在紫外光区有吸收的特点，采用紫外—可见分光光度法测定可乐型饮料中咖啡因的含量，方法简单、快速、易掌握，便于推广应用。

【样品的制备及测定】

取可口可乐20.00 mL，置于250 mL的分液漏斗中，加入5.00 mL 0.1 mol/L高锰酸钾溶液，摇匀，静置5 min。加入10.00 mL亚硫酸钠和硫氰酸钾混合溶液，摇匀；加入1.00 mL 15%磷酸溶液，摇匀；加入2.00 mL 2.5 mol/L氢氧化钠溶液，摇匀；加入三氯甲烷50.00 mL，振摇100次，静置分层，收集三氯甲烷。水层再加入40 mL三氯甲烷，振摇100次，静置分层。合并两次三氯甲烷萃取液于100 mL容量瓶中，并用三氯甲烷稀释定容，摇匀，待用。

取20.00 mL待测样品的三氯甲烷制备液，加入5 g无水Na_2SO_4，摇匀，静置。以三氯甲烷为参比，测定待测样品溶液在咖啡因的最大吸收波长处的吸光度。

实验思路可参考实验3，具体操作可依据样品性质而定。

实验6　胡椒碱的提取和含量的测定

【实验原理】

胡椒又名古月、黑川、白川河，分为黑胡椒、白胡椒两种。胡椒有温中下气、消痰解毒的功效，能健胃、进食温中散寒止痛，治疗脾胃虚寒、呕吐、腹泻。胡椒在医药和食品方面都有应用。目前，市售胡椒掺杂使假者较多，其测定方法多为定性方法。关于胡椒中胡椒碱的定量分析曾经有薄层紫外扫描法和比色法，前者受仪器条件的限制，一些基层单位尚难普及，后者较前者繁杂。本文介绍一种容易推广的方法，即通过紫外分光光度法测定胡椒中主要成分胡椒碱的含量。该方法简单、快速、准确，可以用于控制胡椒的质量。

【样品的制备及测定】

将市售胡椒干燥后粉碎，过100目筛制得胡椒样品。准确称取0.1 g左右（精确至0.1 mg）胡椒样品于50 mL小烧杯中，加入0.1 g活性炭后，再加入少量无水乙醇，在电炉上小心加热至沸腾。分次过滤于100 mL容量瓶中，以无水乙醇少量多次淋洗，定容至刻度，混匀。然后吸取10.00 mL于25 mL容量瓶中，用无水乙醇稀释至刻度，摇匀。以无水乙醇为参比，在最大吸收波长处测定此待测样品溶液的吸光度。

实验思路可参考实验3，具体操作可依据样品性质而定。

实验7　紫外吸收光谱测定蒽醌粗品中蒽醌的含量和摩尔吸光系数ε

【实验目的】

①掌握苯衍生物及多环芳香化合物的紫外吸收光谱的特点。

②学习紫外光谱法测定有机物含量的定量方法。

③学会求有机物的摩尔吸光系数 ε。

【实验原理】

蒽醌分子式如图 4-6 所示，由此可见它会产生 $\pi \rightarrow \pi^*$ 跃迁。蒽醌在波长 251 nm 处有一强吸收峰[$\varepsilon = 4.6 \times 10^4$ L/(mol · cm)]，在波长 323 nm 处还有一中等强度吸收峰[$\varepsilon = 4.7 \times 10^3$ L/(mol · cm)]。工业生产的蒽醌中常常混有副产品邻苯二甲酸酐，它们的紫外吸收光谱如图 4-7 所示。若选择在 251 nm 处测定蒽醌，邻苯二甲酸酐将产生严重干扰。因此实际定量测定时选择的波长是 323 nm，由此可避免干扰。

图 4-6　蒽醌分子式

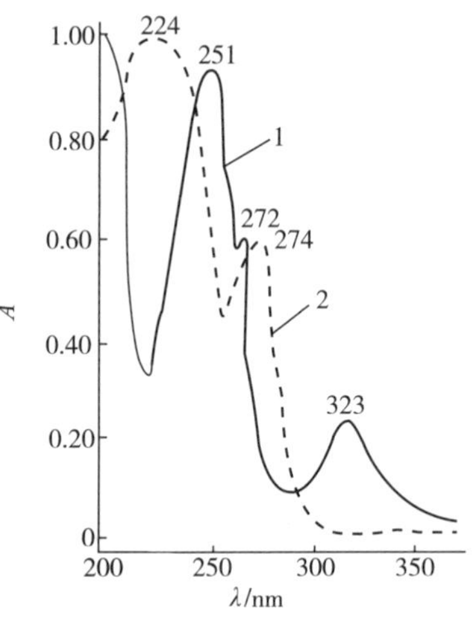

图 4-7　蒽醌(曲线 1)和邻苯二甲酸酐(曲线 2)在乙醇中的紫外吸收光谱

【仪器与试剂】

①仪器：紫外—可见分光光度计，电子天平。

②试剂：蒽醌标准溶液，邻苯二甲酸酐乙醇溶液，无水乙醇，蒽醌粗品。

【实验步骤】

①最佳吸收波长的确定：准确移取 1.00 mL 蒽醌标准溶液(10 mg/L)于 10 mL 容量瓶中，用无水乙醇稀释至刻度，摇匀。以无水乙醇为参比，用 1 cm 石英比色皿，200～400 nm 进行光谱扫描，得到蒽醌的吸收光谱曲线；移取 10 mL 邻苯二甲酸酐乙醇溶液(100 mg/L)，以无水乙醇为参比，用 1.0 cm 石英比色皿，200～400 nm 进行光谱扫描，得到邻苯二甲酸酐的吸收光谱曲线。

②标准系列溶液的配制及测定：用移液管分别移取 2.00 mL、4.00 mL、6.00 mL、8.00 mL、10.00 mL 蒽醌标准溶液(10 mg/L)于 5 只 10 mL 容量瓶中，用无水乙醇稀释至刻度，摇匀。以无水乙醇为参比，用 1 cm 石英比色皿，在最佳吸收波长处测定此标准系列溶液的吸光度，记录在表 4-4 中。

③未知样品的测定：精确称取 10~15 mg 蒽醌粗品，以无水乙醇溶解，并转移至 100 mL 容量瓶中，用无水乙醇稀释至刻度，摇匀。以无水乙醇为参比，用 1 cm 石英比色皿，在最佳吸收波长处测定此溶液的吸光度。

【数据处理】

①比较蒽醌及邻苯二甲酸酐的吸收光谱曲线，确定蒽醌的最佳吸收波长 λ_Z。

②将蒽醌标准系列溶液在最佳吸收波长 λ_Z 处的吸光度与其所对应的浓度填写在表 4-4 中，根据朗伯—比尔定律，计算出蒽醌的摩尔吸光系数 ε，同时求出其平均值。

表 4-4　蒽醌标准系列溶液及其吸光度

编号	1	2	3	4	5
蒽醌浓度/($mg \cdot L^{-1}$)					
吸光度					
摩尔吸光系数 ε/($L \cdot mol^{-1} \cdot cm^{-1}$)					
ε 的平均值/($L \cdot mol^{-1} \cdot cm^{-1}$)					

③以蒽醌浓度为横坐标、吸光度为纵坐标，绘制标准工作曲线，得到标准工作曲线方程及相关系数。

④根据待测未知样品的吸光度和定容体积，利用标准工作曲线计算出所测蒽醌粗品中蒽醌的质量分数。

【思考题】

①为什么用紫外吸收光谱定量测定时没有加显色剂？

②若既要测蒽醌质量分数又要测出杂质邻苯二甲酸酐的质量分数，该如何测定？

③为什么以无水乙醇作参比？

实验 8　肉制品中亚硝酸盐含量的测定

【实验目的】

①明确亚硝酸盐的测定与控制成品质量的关系。

②明确与掌握盐酸萘乙二胺法的基本原理与操作方法。

③了解亚硝酸盐对人体的危害。

【实验原理】

样品经沉淀蛋白质，除去脂肪后，在弱酸条件下硝酸盐与对氨基苯磺酸重氮化后，生成的重氮化合物，再与萘基盐酸二氨乙烯偶联成紫红色的重氮染料，在 538 nm 波长下测定其吸光度，根据朗伯—比尔定律，用标准曲线法测定亚硝酸盐含量。

【仪器与试剂】

①仪器：紫外—可见分光光度计，电子天平，水浴锅，组织绞碎机。

②试剂：硫酸锌，硼砂，对氨基苯磺酸，盐酸萘乙二胺，亚硝酸钠。

硫酸锌溶液(300 g/L)：将 30 g 的硫酸锌($ZnSO_4 \cdot 7H_2O$)溶于水中，稀释至 100 mL。

饱和硼砂溶液(50 g/L):称取5.0 g 硼酸钠,溶于100 mL 热水中,冷却后备用。

对氨基苯磺酸溶液(4 g/L):称取0.4 g 对氨基苯磺酸,溶于100 mL 20%(*V/V*)盐酸中,置棕色瓶中混匀,避光保存。

盐酸萘乙二胺溶液(2 g/L):称取0.2 g 盐酸萘乙二胺,溶于100 mL 水中,混匀后,置棕色瓶中,避光保存。

亚硝酸钠标准溶液(200 μg/mL):准确称取0.1000 g 于110~120℃干燥恒重的亚硝酸钠,加水溶解移入500 mL 容量瓶中,加水稀释至刻度,混匀。

亚硝酸钠标准使用液(5.0 μg/mL):临用前,准确移取2.50 mL 亚硝酸钠标准溶液(200 μg/mL)置于100 mL 容量瓶中,加水稀释至刻度。

【实验步骤】

①样品处理:用四分法称取适量或全部香肠等肉制品,用食物粉碎机制成匀浆备用。称取2 g(精确至0.01 g)制成匀浆的试样,置于50 mL 烧杯中,加6.3 mL 饱和硼砂溶液,搅拌均匀,以70℃左右的水约150 mL 将试样洗入250 mL 容量瓶中,于沸水浴中加热15 min,取出置冷水浴中冷却,并放置至室温。再加入1.3 mL 硫酸锌溶液,放置30 min,上清液用滤纸过滤,弃去初滤液30 mL,滤液备用。

②标准工作曲线的绘制:准确移取0.00 mL、0.40 mL、0.80 mL、1.20 mL、1.60 mL、2.00 mL 亚硝酸钠标准使用液(5.0 μg/mL,相当于0.0 μg、2.0 μg、4.0 μg、6.0 μg、8.0 μg、10.0 μg 亚硝酸钠),分别置于50 mL 容量瓶中。再分别加入2 mL 对氨基苯磺酸溶液,混匀,静置3~5 min 后各加入1 mL 盐酸萘乙二胺溶液,加水至刻度,混匀,静置15 min,用1 cm 比色杯,于波长538 nm 处测吸光度,并将其记录在表4-5中。

③样品的测定:准确移取20.0 mL 上述滤液于50 mL 容量瓶中,加入2 mL 对氨基苯磺酸溶液,混匀,静置3~5 min 后各加入1 mL 盐酸萘乙二胺溶液,加水至刻度,混匀,静置15 min,用1 cm 比色杯,于波长538 nm 处测吸光度,并将其记录在表4-5中。

表4-5 标准系列溶液及其吸光度

编号	1	2	3	4	5	6	7(样品)
亚硝酸钠/μg	0	2	4	6	8	10	
吸光度							
回归方程							

【数据处理】

①标准曲线的绘制:以亚硝酸钠的质量为横坐标,吸光度为纵坐标绘制标准工作曲线,得到标准工作曲线方程及相关系数。

②根据样品的吸光度和标准工作曲线方程计算出待测样品中亚硝酸盐的含量A_1。

③根据式(4-1)计算肉制品中亚硝酸盐的含量(以亚硝酸钠计)。

$$X = \frac{A_1 \times 1000}{m \times \frac{V_1}{V_0} \times 1000} \tag{4-1}$$

式中：X——试样中亚硝酸钠的含量，mg/kg；

A_1——测定用样液中亚硝酸钠的质量，μg；

m——试样质量，g；

V_1——测定用样液体积，mL；

V_0——试样处理液总体积，mL。

【思考题】

实验中加入饱和硼酸的作用是什么？

【注意事项】

亚硝酸盐具有防腐性，可与肉品中的肌红素结合而更稳定，所以常在食品加工业中被添加至香肠和腊肉中以作保色剂，以维持良好外观；此外，它可以防止肉毒梭状芽孢杆菌的产生，提高食用肉制品的安全性。但是，人体吸收过量亚硝酸盐，会影响红细胞的运作，令血液不能运送氧气，口唇、指尖会变成蓝色，即俗称的"蓝血病"，严重时会令脑部缺氧，甚至死亡。亚硝酸盐本身并不致癌，但在烹调或其他条件下，肉品内的亚硝酸盐可与氨基酸降解反应，生成有强致癌性的亚硝胺。

实验 9　双波长法同时测定维生素 C 和维生素 E 的含量

【实验目的】

①了解多组分体系中元素的测定方法。

②掌握用双波长法同时测定维生素 C 和维生素 E 含量的原理和方法。

③了解维生素 C 和维生素 E 的作用与功效。

【实验原理】

根据朗伯—比尔定律，用紫外分光光度法可方便地测定在该光谱区域内有简单吸收峰的某一物质含量。若有两种不同成分的混合物共存，且一种物质的存在并不影响另一共存物的光吸收性质，则可以利用朗伯—比尔定律及吸光度的加合性，通过解联立方程组的方法对共存混合物分别测定。双组分混合物的吸收光谱示意图如图 4-8 所示。

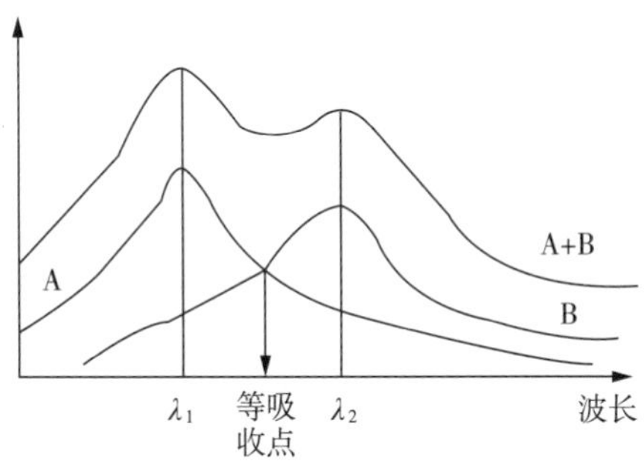

图 4-8　双组分混合物的吸收光谱示意图

由图4-8可以看出，混合组分在 λ_1 的吸收等于A组分和B组分分别在 λ_1 的吸光度之和，即：

$$\begin{cases} A_{\lambda_1}=\varepsilon_{\lambda_1}^{A}c_A b+\varepsilon_{\lambda_1}^{B}c_B b \\ A_{\lambda_2}=\varepsilon_{\lambda_2}^{A}c_A b+\varepsilon_{\lambda_2}^{B}c_B b \end{cases}$$

其中，$\varepsilon_{\lambda_1}^{A}$、$\varepsilon_{\lambda_1}^{B}$、$\varepsilon_{\lambda_2}^{A}$、$\varepsilon_{\lambda_2}^{B}$ 分别为在波长 λ_1 和 λ_2 时，组分A和B的摩尔吸收系数，可通过已知浓度的纯组分溶液求得。

首先测定A、B两组分标样（浓度已知）在 λ_1 和 λ_2 处的吸光度，通过解上面的二元一次方程组，即可求出A、B两组分在 λ_1 和 λ_2 处的摩尔吸收系数 $\varepsilon_{\lambda_1}^{A}$、$\varepsilon_{\lambda_1}^{B}$、$\varepsilon_{\lambda_2}^{A}$、$\varepsilon_{\lambda_2}^{B}$，然后再测定未知试样在 λ_1 和 λ_2 处的吸光度后，通过解上面的二元一次方程组，即可求出A、B两组分各自的浓度 c_A、c_B。

一般来说，为了提高测定的灵敏度，λ_1 和 λ_2 应分别选在A、B两组分最大吸收峰处或其附近。

维生素C（抗坏血酸）和维生素E（α-生育酚）起抗氧剂作用，即它们在一定时间内能防止油脂变质。两者结合在一起比单独使用的效果更佳，因为它们在抗氧剂性能方面是"协同的"。因此，它们常作为一种有用的组合试剂用于各种食品中。

抗坏血酸是水溶性的，α-生育酚是脂溶性的，但它们都能溶于无水乙醇，因此，可依据同一溶液中双组分的测定原理来检测。

【仪器与试剂】

①仪器：紫外—可见分光光度计，带盖石英比色皿（1 cm）。

②试剂：无水乙醇，抗坏血酸，α-生育酚。

抗坏血酸贮备液（7.50×10^{-5} mol/L）：称取0.0132 g抗坏血酸溶于无水乙醇中，并用无水乙醇定容至1000 mL。

α-生育酚贮备液（1.13×10^{-4} mol/L）：称取0.0488 g α-生育酚溶于无水乙醇中，并用无水乙醇定容至1000 mL。

【实验步骤】

①最大吸收波长的确定：分别取5.00 mL抗坏血酸贮备液和α-生育酚贮备液于2只50 mL容量瓶中，用无水乙醇稀释定容，摇匀。以无水乙醇为参比，200~350 nm范围内进行光谱扫描，确定各自最大吸收波长，即 λ_1 和 λ_2。

②抗坏血酸标准系列溶液的配制及测定：分别移取抗坏血酸贮备液2.00 mL、4.00 mL、6.00 mL、8.00 mL、10.00 mL于5只50 mL容量瓶中，用无水乙醇稀释至刻度，摇匀。以无水乙醇为参比，在波长 λ_1 和 λ_2 处分别测定抗坏血酸标准系列溶液的吸光度，并将其记录在表4-6中。

③α-生育酚标准系列溶液的配制及测定：分别移取α-生育酚贮备液2.00 mL、4.00 mL、6.00 mL、8.00 mL、10.00 mL于5只50 mL容量瓶中，用无水乙醇稀释至刻度，摇

匀。以无水乙醇为参比，在波长 λ_1 和 λ_2 处分别测定 α-生育酚标准系列溶液的吸光度，并将其记录在表 4-6 中。

④未知溶液的测定：移取未知溶液 5.00 mL 于 50 mL 容量瓶中，用无水乙醇稀释至刻度，摇匀。以无水乙醇为参比，在波长 λ_1 和 λ_2 处分别测定未知待测溶液的吸光度。

【数据处理】

①将抗坏血酸和 α-生育酚标准系列溶液在 λ_1 和 λ_2 处的吸光度与其所对应的浓度填在表 4-6 中。

表 4-6　标准系列溶液及其吸光度

编号	1	2	3	4	5
抗坏血酸浓度/($\times10^{-5}$ mol · L^{-1})					
λ_1 处的吸光度					
λ_2 处的吸光度					
α-生育酚浓度/($\times10^{-5}$ mol · L^{-1})					
λ_1 处的吸光度					
λ_2 处的吸光度					

②以浓度为横坐标、吸光度为纵坐标，绘制标准工作曲线，得到标准工作曲线方程（校正曲线）及相关系数，这 4 条标准曲线的斜率为 $\varepsilon_{\lambda_1}^{C}$、$\varepsilon_{\lambda_2}^{C}$、$\varepsilon_{\lambda_1}^{E}$、$\varepsilon_{\lambda_2}^{E}$。

③根据未知待测溶液在 λ_1 和 λ_2 处的吸光度及稀释倍数，解上面的二元一次方程组，求出未知溶液中抗坏血酸和 α-生育酚的含量。

【思考题】

①写出抗坏血酸和 α-生育酚的结构式，并解释一个是“水溶性”、一个是“脂溶性”的原因。

②使用本方法测定抗坏血酸和 α-生育酚是否灵敏？解释其原因。

【注意事项】

①抗坏血酸会缓慢地氧化成脱氢抗坏血酸，所以必须每次实验时配制新鲜溶液。

②维生素 C，又称维他命 C，是一种多羟基化合物。结构类似葡萄糖，其分子中第 2 及第 3 位上两个相邻的烯醇式羟基极易解离而释出 H^+，故具有酸的性质，又称 L-抗坏血酸。维生素 C 具有很强的还原性，很容易被氧化成脱氢维生素 C，但其反应是可逆的，并且抗坏血酸和脱氢抗坏血酸具有同样的生理功能，但脱氢抗坏血酸若进一步水解，生成二酮古乐糖酸，则反应不可逆而完全失去生理效能。

③维生素 E 是有 8 种形式的脂溶性维生素，为一重要的抗氧化剂。维生素 E 包括生育酚和三烯生育酚两类，共 8 种化合物，即 α、β、γ、δ 生育酚和 α、β、γ、δ 三烯生育酚，α-生育酚是自然界中分布最广泛、含量最丰富、活性最高的维生素 E 形式。

4.5 知识拓展与典型应用

4.5.1 紫外—可见分光光度法发展史话

分光光度法始于牛顿，早在 1665 年牛顿(Newton)让太阳光透过暗室窗上的小圆孔，在室内形成很细的太阳光束，该光束经棱镜色散后，在墙壁上呈现红、橙、黄、绿、蓝、靛、紫的色带，这色带就称为“光谱”。1815 年，夫琅和费(J. Fraunhofer)仔细观察了太阳光谱，发现太阳光谱中有 600 多条暗线，这就是人们最早知道的吸收光谱线，被称为“夫琅和费线”。1859 年，本生(R. Bunsen)和基尔霍夫(G. Kirchhoff)发现由食盐发出的黄色谱线的波长和“夫琅和费线”中的 D 线波长完全一致，才知一种物质所发射的光波长(或频率)，与它所能吸收的波长(或频率)是一致的。

1862 年密勒(Miller)应用石英摄谱仪测定了一百多种物质的紫外吸收光谱，他把光谱图表从可见区扩展到了紫外区，并指出吸收光谱与组成物质的基团质有关。接着，哈托莱(Hartolay)和贝利(Balley)等人研究了各种溶液对不同波段的截止波长，并发现吸收光谱相似的有机物质，它们的结构也相似。并且可以解释用化学方法所不能说明的分子结构问题，初步建立了分光光度法的理论基础，以此推动了分光光度计的发展。1918 年美国国家标准局研制成了世界第一台紫外—可见分光光度计(不是商品仪器，很不成熟)。此后，紫外—可见分光光度法很快在各个领域的分析工作中得到应用。

朗伯(Lambert)早在 1760 年就发现物质对光的吸收与物质的厚度成正比，后被人们称之为朗伯定律；比尔(Beer)在 1852 年又发现物质对光的吸收与物质浓度成正比，后被人们称之为比耳定律。在应用中，人们把朗伯定律和比耳定律联合起来，又称之为朗伯—比尔定律。随后，人们开始重视研究物质对光的吸收，并试图在物质的定性、定量分析方面予以使用。因此，许多科学家开始研究以比尔定律为理论基础的仪器装置，经过一个漫长的时期后，美国 Beckman 公司于 1945 年，推出世界上第一台成熟的紫外—可见分光光度计商品仪器，从此紫外—可见分光光度计的仪器和应用开始得到飞速发展。

4.5.2 紫外—可见分光光度法的应用

紫外—可见分光光度计可做定量分析、纯度分析，参与结构分析和定性分析。广泛应用在制药、食品、农业、化学化工、计量等行业，其中定量分析是其最主要的应用。

(1)定量分析

紫外—可见分光光度法定量分析的依据是朗伯—比尔定律，即在一定波长处被测定物质的吸光度与它的溶度呈线性关系。因此，通过测定溶液对一定波长入射光的吸光度可求出被测物质在溶液中的浓度。常用的测定方法有：单组分定量法、多组分定量法、双波长法、示差分光光度法和导数光谱法。

(2)化合物的鉴定

利用紫外光谱可以推导有机化合物的分子骨架中是否含有共轭结构系统,如 C ═ C—C ═ C、C ═ C—C ═ O、苯环等。

(3)定性分析

紫外—可见分光光度法对无机元素的定性分析应用较少,无机元素的定性分析可用原子发射光谱法或化学分析的方法。在有机化合物的定性鉴定和结构分析中,由于紫外—可见光谱较简单,特征性不强,因此该法的应用也有一定的局限性。但是它适用于不饱和有机化合物,尤其是共轭体系的鉴定,以此推断未知物的骨架结构。此外,可配合红外光谱、核磁共振波谱法和质谱法进行定性鉴定和结构分析,因此它仍不失为是一种有用的辅助方法。一般有两种定性分析方法,比较吸收光谱曲线和用经验规则计算最大吸收波长 λ_{max},然后与实测值进行比较。

(4)配合物组成及其稳定常数的测定

测量配合物组成的常用方法有两种:摩尔比法(又称饱和法)和等摩尔连续变化法(又称 Job 法)。

(5)酸碱离解常数的测定

紫外—可见分光光度法是测定分析化学中应用的指示剂或显色剂离解常数的常用方法,该法特别适用于溶解度较小的弱酸或弱碱。

第 5 章　荧光光谱分析法

荧光光谱分析法(Fluorescence Spectroscopy,FS)也叫荧光分析法,具有灵敏度高、选择性强、所需样品量少等特点。分子吸收光能而被激发到较高能态,在返回基态时,发射出与吸收光波长相等或不等的辐射,这种现象称为光致发光,分子荧光分析就是基于这类光致发光现象而建立起来的分析方法。但由于只有有限数量的化合物才能产生荧光,导致其应用不如分光光度法广泛,目前可用荧光法测定的元素已达 60 多种。

5.1　仪器组成与工作原理

荧光分光光度计由光源、激发单色器、样品池、发射单色器及检测器等组成。如图 5-1 所示。

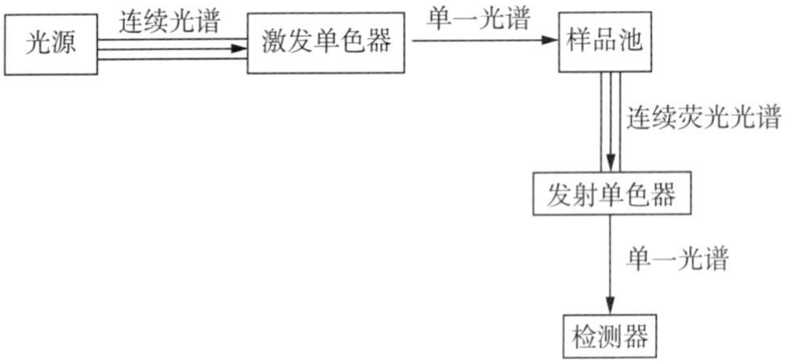

图 5-1　荧光分光光度计示意图

由光源发出的光经激发单色器分光后得到所需波长的激发光,然后通过样品池使荧光物质激发产生荧光。荧光是向四面八方发射的,为了消除入射光和散射光的影响,荧光的测量通常在与激发光成直角的方向上进行。同时,为了消除溶液中可能共存的其他光线的干扰(如由激发光所产生的反射光和散射光,以及溶液中的杂质荧光等),以获得所需要的荧光,在样品池和检测器之间设置了发射单色器。经过发射单色器的荧光作用于检测器上,转换后得到相应的电信号,经放大后再记录下来。

①光源:目前大部分荧光分光光度计都采用高压氙灯作为光源。这种光源是一种短弧气体放电灯,外套为石英,内充氙气,室温时其压力为 506. 5 kPa,工作时压力约为 2026 kPa。氙灯需要用优质电源,以便保持氙灯的稳定性和延长其使用寿命。

②单色器:荧光分光光度计有两个单色器:激发单色器和发射单色器。前者用于荧光激发光谱的扫描及选择激发波长,后者用于扫描荧光发射光谱及分离荧光发射波长。

③样品池:荧光分析用的样品池需用低荧光的材料制成,通常用石英或合成石英制成,形状以方形或长方形为宜。玻璃样品池因能吸收波长短于 323 nm 的射线而不适用于荧光分析。

④检测器:荧光分光光度计中普遍采用光电倍增管作为检测器。

5.2　实验技术与条件优化

5.2.1　荧光参数

荧光参数主要包括荧光强度、荧光激发光谱、荧光发射光谱和荧光量子产率(Φ)。

①荧光强度:是指在一定条件下仪器所测的荧光物质发射荧光相对强弱的一种量度。

②荧光激发光谱和荧光发射光谱:荧光激发光谱是引起荧光的激发辐射在不同波长下的相对效率。荧光发射光谱与激发光谱密切相关,是分子吸收辐射后再发射的结果。

③荧光量子产率:荧光量子产率(Φ)也称荧光效率或量子效率,它表示物质发射荧光的能力,通常表示为:

$$\Phi = \frac{\text{发出荧光的量子数}}{\text{吸收激发光的量子数}} \quad \text{或} \quad \Phi = \frac{\text{发射荧光的分子数}}{\text{激发分子总数}}$$

5.2.2　荧光分析的常用方法

荧光分析的常用方法主要有定性分析和定量分析。

定性分析方法是指将待测样品的荧光激发光谱和荧光发射光谱与标准荧光光谱图进行比较来鉴定样品成分。定量分析,一般以激发光谱最大峰值波长作为激发光波长,以荧光发射光谱最大峰值波长作为发射波长,通过测定样品溶液的荧光强度求得待测物质的浓度。定量分析方法包括标准曲线法和直接比较法两种。

5.2.3　荧光分析技术

(1)时间分辨荧光光谱

时间分辨荧光光谱技术可实现对光谱重叠但发光寿命不同的组分进行分辨和分别测定,或者固定激发波长与发射波长,对门控时间扫描,得到发光强度随时间的衰减曲线,从而实现发光寿命的测量。另外,时间分辨技术还能利用不同发光体形成速率的不同进行选择性测定。

(2)荧光偏振和各向异性荧光光谱

此项分析技术在生化领域中应用广泛。例如,蛋白质的衰变和转动速度的研究、荧光免疫分析等,若采用脉冲偏振光激发荧光体,还可以进行荧光偏振及各向异性的时间分辨测量。

(3)同步扫描荧光光谱

根据激发和发射单色器在扫描过程中彼此间所保持的关系,同步扫描技术可分为固定波长差、固定能量差和可变角(可变波长)同步扫描。同步扫描技术具有使光谱简化、谱带窄化、提高分辨率、减少光谱重叠、提高选择性、减少散射光影响等诸多优点。

(4)三维荧光光谱

三维荧(磷)光光谱(也称总发光光谱或激发—发射矩阵图)技术与常规荧(磷)光分析的主要区别是能获得激发波长和发射波长同时变化时的荧(磷)光强度信息。三维光谱技术能获得完整的光谱信息,是一种很有价值的光谱指纹技术。可在石油勘采中用于油气显示和矿源判定;在环境监测和法庭判证中用于类似可疑物的鉴别;临床医学中用于癌细胞的辅助诊断和不同细菌的表征和鉴别;另外,作为一种快速检测技术,对化学反应的多组分动力学研究具有独特的优点。

5.2.4 荧光强度的影响因素

分子结构和化学环境是影响物质发射荧光和荧光强度的重要因素。

(1)分子结构对荧光强度的影响

①共轭效应:物质分子必须具有能吸收一定频率紫外光的特定结构才能产生荧光。至少具有一个芳环或具有多个共轭双键的有机化合物容易产生荧光,稠环化合物也会产生荧光。因为这些化合物都具有易发生 $\pi\rightarrow\pi^*$ 或 $n\rightarrow\pi^*$ 跃迁的电子共轭结构,π 电子的非定域性越大,就越容易被激发,分子的荧光效率越大,因此凡能提高 π 电子共轭程度的结构,如对一苯基化、间一苯基化、乙烯化的作用都会增大荧光的强度。饱和的或只有一个双键的化合物,不呈现显著的荧光。最简单的杂环化合物,如吡啶、呋喃、噻吩和吡咯等,不产生荧光。

②苯环上取代基的影响:取代基的性质对荧光体的荧光特性和强度均有强烈影响。苯环上的取代基会引起最大吸收波长的位移及相应荧光峰的改变。通常给电子基团,如—NH_2、—OH、—OCH_3、—$NHCH_3$ 和—$N(CH_3)_2$ 等,使荧光增强;吸电子基团,如—Cl、—Br、—I、—$NHCOCH_3$、—N═N—、—CHO、—NO_2 和—COOH,使荧光减弱甚至熄灭;与单电子体系互相作用较小的取代基,如—SO_3H 对分子荧光影响不明显;高原子序数原子,增加体系间跨越的发生,使荧光减弱甚至熄灭,如 Br、I。

③刚性结构和平面效应:刚性的不饱和平面结构具有较高的荧光效率,分子刚性及共平面性越大,荧光效率越高。例如:酚酞和荧光素比较,荧光素中多一个氧桥,使分子的三个环呈一个平面,其共平面性增加,使单电子的共轭度增加,因而荧光素有强烈荧光,而酚酞分子由于不易保持平面结构,故荧光很弱。大多数无机盐类金属离子不能产生荧光,而某些情况下,金属螯合物却能产生很强的荧光。

④高的荧光效率 Φ:物质分子在吸收了一定频率的紫外能之后,必须具有较高的荧光效率。效率越高,荧光发射强度越大,无辐射跃迁的概率就越小;荧光效率等于零时就意味着不能发出荧光。

(2)化学环境对荧光强度的影响

①激发光源:一般选用最大激发波长。但对某些易感光、易分解的荧光物质,尽量采用长波长、低电流及短时间光照,防止发生光漂白现象。

②温度：温度改变并不影响辐射过程，但非辐射去活的效率将随温度升高而增强，因此当温度升高时荧光强度通常会下降。大多数分子在温度升高时，分子与分子之间、分子与溶剂分子之间的碰撞频率升高，非辐射能量转移过程升高，Φ 降低，因此，降低温度有利于提高荧光效率。一般说来，温度升高 1℃，荧光强度下降 1%～10%。因此测定时，温度必须保持恒定。

③溶液的 pH：当荧光物质是弱酸或弱碱时，溶液的 pH 对荧光强度有较大影响。因为弱酸或弱碱在不同酸度中，分子和离子的电离平衡会发生改变，而荧光物质的荧光强度会因其离解状态发生改变。以苯胺为例，在 pH 为 7～12 的溶液中产生蓝色荧光，在 pH<2 或 pH>13 的溶液中都不产生荧光。

④溶剂：随溶剂极性的增加，荧光物质的 $\pi-\pi^*$ 跃迁概率增加，荧光强度将增加。溶剂黏度减小，可以增加分子间的碰撞机会，使无辐射跃迁概率增加而使荧光强度减弱。若溶剂和荧光物质形成氢键或溶剂使荧光物质的电离状态改变，则荧光波长与荧光强度也会发生改变。

⑤内滤：当荧光波长与荧光物质或其他物质的吸收峰相重叠时，将发生自吸收使荧光物质的荧光强度下降，此现象称“内滤”。

⑥散射光的影响（溶剂的两种散射）：物质（溶剂或其他分子）分子吸收光能后，跃迁到基态的较高振动能级，在极短时间（10^{-2} s）内返回到原来的振动能级，并发出和原来吸收光相同波长的光，这种光称为瑞利散射光。物质分子吸收光能后，若电子返回到比原来能级稍高（或稍低）的振动能级而发射的光称为拉曼散射光。瑞利散射光波长与激发光波长相同，拉曼散射与激发光波长不同，而荧光物质波长与激发光波长无关，因此可以通过选择适当的激发波长将拉曼散射光与荧光分开。

⑦荧光猝灭剂的影响：荧光分子与溶剂或其他溶质分子之间互相作用，使荧光强度减弱的现象，称作荧光猝灭。引起荧光强度降低的物质称为荧光猝灭剂，如卤素、重金属离子、氧分子、硝基化物质、重氮化合物等。尤其是溶液中的溶解氧能引起几乎所有的荧光物质产生不同程度的荧光猝灭现象，因此，在较严格的荧光实验中必须除 O_2。当荧光物质浓度过大时，会产生自猝灭现象。

⑧表面活性剂的影响：表面活性剂形成的胶束使发色团所处的微环境发生改变，可以对荧光强度起到增敏、增稳的作用，可提高荧光强度。

⑨光分解对荧光测定的影响：荧光物质吸收紫外可见光后，发生光化学反应，导致荧光强度下降。因此，荧光分析仪要采用高灵敏度的检测器，而不是用增强光源来提高灵敏度。测定时用较窄的激发光部分的狭缝，以减弱激发光，同时用较宽的发射狭缝引导荧光。荧光分析应尽量在暗环境中进行。

5.3 操作规程与日常维护

5.3.1 荧光分光光度计操作规程

①开机:根据仪器要求依次打开电脑、荧光主机、启动工作站,系统初始化(约需5 min)。

②测量:初始化后进入操作界面。进行测量模式、仪器参数和扫描参数、波长扫描范围的参数设置,设置好荧光激发光谱(excitation)和扫描荧光发射光谱(emission)参数后,点击“确定”。设定保存路径和需保存图谱的文件名,参数设置好后,放入待测样品,开始测量,窗口在线出现扫描谱图。

③数据处理:根据仪器的菜单栏,可进行图谱分析功能,拉动指示线,对图谱的波长及其相对荧光强度进行具体分析,确定最佳激发光波长。依此操作步骤,可以设定最佳发射波长等参数,进行读数并寻峰等操作,测绘、分析并打印荧光光谱。

④定量分析:根据波谱曲线分析确定的最佳激发波长和最佳发射波长等参数,设置合适的波长和测量方式。将待测溶液放入样品池即可进行测量。

⑤关机:实验完毕,依次关闭计算机、主机、氙灯和稳压电源。填写仪器使用记录。

常用荧光分光光度计的具体操作规程可通过扫描二维码获得。

(1)970CRT 荧光分光光度计操作规程

(2)日立 F-2700 荧光分光光度计操作规程

5.3.2 荧光分光光度计的日常维护

①定期打扫仪器室和仪器,保持仪器的清洁(每周打扫一次)。

②仪器长时间不用,每隔一月要启动一次仪器。

③注意开关机的顺序步骤,否则可能出现程序抓取不到主机信号现象。

④使用前后需检查试样室及仪器表面是否有遗漏溶液,如果有请立即擦拭干净。

⑤比色皿的使用及清洗:荧光分光光度计的比色皿为四面透光的石英池,拿取时用手

指掐住池体棱边,不能用手触摸样品池的透光面。用后应立即清洗,依次用溶剂(自己测试样品时的溶剂)、自来水、去离子水(所用溶剂不亲水的话此步可以省略),然后放在比色杯盒内,不用盖上让其自然挥干,洗好的比色皿应当是透明、没有水迹的。如果常规方法洗不干净,则可以选用盐酸:乙醇(2:1)或者醋酸浸泡一段时间,然后再按上面的方法依次清洗。

5.4　实验

实验1　荧光分光光度法测定维生素 B_2 的含量

【实验目的】

①了解荧光分析法的基本原理。

②熟悉荧光分光光度计的结构、性能及操作。

③树立绿色化学和实事求是的科学探究精神。

【实验原理】

某些物质被某种波长的光(如紫外光)照射后,会在极短时间内,发射出较入射光波长长的光,这种光称为荧光。吸收什么波长范围的光和发射什么波长范围的光,这与被照射的物质有关。在稀溶液中,当实验条件一定时(入射光强度、样品池厚度、仪器工作条件等),荧光强度与荧光物质的浓度呈线性关系,这是荧光光谱法定量分析的理论依据。

维生素 B_2 是橘黄色无臭的针状结晶,维生素 B_2 易溶于水而不溶于乙醚等有机溶剂,在中性或酸性溶液中稳定,光照易分解,对热稳定。在 230~490 nm 波长的光照下,激发出峰值在 526 nm 左右的绿色荧光,在 pH 6~7 荧光强度最大,在 pH 为 11 时荧光消失。基于上述性质建立维生素 B_2 的荧光分析法,选择合适的激发波长、荧光波长和实验条件,即可进行定量测定。维生素 B_2 在碱性溶液中经光线照射会发生分解而转化为光黄素,光黄素的荧光比维生素 B_2 的荧光强得多,故测维生素 B_2 的荧光时,溶液要控制在酸性范围内,且在避光条件下进行。

【仪器与试剂】

①仪器:荧光分光光度计。

②试剂:维生素 B_2 标样,乙酸。

10.0 μg/mL 维生素 B_2 标准溶液:称取 10.0 mg 维生素 B_2,1%乙酸溶液溶解,并定容至 1000 mL。溶液应该保存在棕色瓶中,置于阴凉处。

【实验步骤】

①标准系列溶液的配置:取 6 个 25 mL 容量瓶,分别加入 0.00 mL、0.50 mL、1.00 mL、1.50 mL、2.00 mL 及 2.50 mL 维生素 B_2 标准溶液(10.0 μg/mL),蒸馏水稀释至刻度,摇匀,浓度从低到高依次编号 1~6。

②激发波长和发射波长的选择：取上述第 3 号标准系列溶液，测定激发光谱和发射光谱。先固定发射波长为 525 nm，在 400～500 nm 内进行激发波长扫描，获得溶液的激发光谱和荧光最大激发波长 λ_{ex}；再固定激发波长为 λ_{ex}，在 480～600 nm 内进行发射波长扫描，获得溶液的发射光谱和荧光最大发射波长 λ_{em}。

③标准曲线的绘制：根据激发波长和发射波长扫描确定的 λ_{ex} 和 λ_{em} 值。用 1 号标准溶液将荧光强度“调零”，然后分别测定 2～6 号标准溶液的荧光强度。再由荧光强度与样品浓度做标准曲线。

④未知试样的测定：取维生素 B_2 药片 5～10 片，研细。准确称取维生素 B_2 药片粉末约 10 mg，置于 100 mL 容量瓶中，用 1%乙酸溶液溶解（若有不溶杂质，过滤即可）。吸取滤液 10.00 mL 于 50 mL 容量瓶中，用 1%乙酸溶液稀释至刻度，摇匀。测定此溶液的荧光强度。

⑤酸度的影响：于一组 25 mL 容量瓶中各加入 1.00 mL 维生素 B_2 标准溶液（10.0 μg/mL），然后分别用 1:1 盐酸、1%乙酸、5%乙酸和 10%氢氧化钠溶液稀释至刻度，摇匀后用酸度计或 pH 试纸测定溶液的 pH，并于荧光分光光度计上测出相应的荧光强度，考察酸度对荧光强度的影响，从中确定最佳调节 pH 的溶液。

【数据处理】

①根据维生素 B_2 的激发光谱和发射光谱曲线，确定其最大激发波长 λ_{ex} 和最大发射波长 λ_{em}。

②绘制维生素 B_2 的标准曲线，并从标准曲线上确定原始样品中维生素 B_2 的含量。

③测定不同溶液的 pH 值及相应的荧光强度，分析酸度对荧光强度的影响。

【思考题】

①什么是荧光激发光谱和荧光发射光谱？如何绘制？

②维生素 B_2 在 pH＝6～7 时荧光强度最强，本实验为何在酸性溶液中测定？

③测定荧光强度时，为什么不需要参比溶液？

【注意事项】

①维生素 B_2 水溶液遇光易变质，标准溶液应新鲜配制，维生素 B_2 的碱性水溶液也易变质。

②测定顺序要从稀到浓，以减少测量误差。

③实验所用的样品池是四面透光的石英池，拿取时用手指掐住池体棱边，不能接触到透光面，清洗样品池后应用擦镜纸对其四个面进行轻轻擦拭。

④在测试样品时，应注意样品的浓度不能太高，否则由于存在荧光猝灭效应，样品浓度与荧光强度不呈线性关系，造成定量工作出现误差。

实验 2　荧光分光光度法测定乙酰水杨酸和水杨酸

【实验目的】

①掌握用荧光法测定药物中乙酰水杨酸和水杨酸的方法。

②掌握荧光分光光度计的使用方法。

【实验原理】

乙酰水杨酸(ASA,阿司匹林)水解能生成水杨酸(SA),而在阿司匹林中,都或多或少存在一些水杨酸,以氯仿作溶剂,用荧光法可以分别测定。加少许乙酸可以增加二者的荧光强度。在1%乙酸—氯仿中,乙酰水杨酸和水杨酸的激发光谱和荧光光谱如图5-2所示。

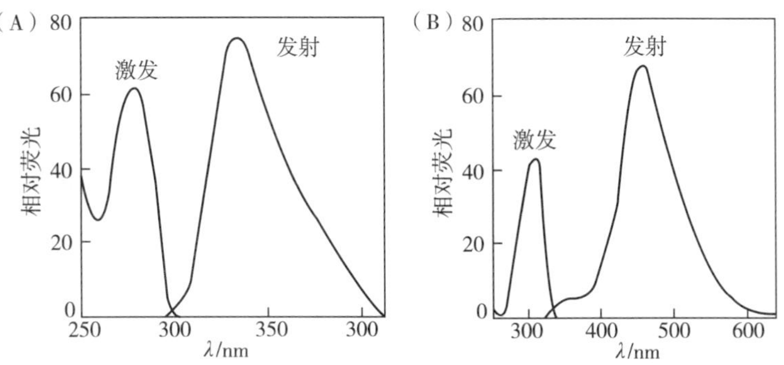

图5-2　在1%乙酸—氯仿中乙酰水杨酸(A)和水杨酸(B)的激发光谱和荧光光谱

为了消除药片之间的差异,可以取几个药片一起研磨成粉末,然后取一定量的粉末试样用于分析。

【仪器与试剂】

①仪器:荧光分光光度计。

②试剂:乙酰水杨酸,水杨酸,乙酸,氯仿,阿司匹林药片。

乙酰水杨酸储备液(400 μg/mL):称取0.4000 g乙酰水杨酸溶于1%乙酸—氯仿溶液中,用1%乙酸—氯仿溶液定容于1000 mL容量瓶中,摇匀。

水杨酸储备液(750 μg/mL):称取0.7500 g水杨酸溶于1%乙酸—氯仿溶液中,用1%乙酸—氯仿溶液定容于1000 mL容量瓶中,摇匀。

【实验步骤】

①标准溶液的配制:实验前分别将乙酰水杨酸储备液(400 μg/mL)和水杨酸储备液(750 μg/mL)前稀释100倍(每次稀释10倍,分两次完成)得到乙酰水杨酸标准溶液(4.00 μg/mL)和水杨酸标准溶液(7.50 μg/mL)。

②ASA和SA的荧光激发光谱和发射光谱的绘制:用ASA标准溶液(4.00 μg/mL)和SA标准溶液(7.50 μg/mL)分别绘制ASA和SA的荧光激发光谱和发射光谱曲线,并分别找到它们的最大激发波长和最大发射波长。

③标准曲线的绘制。

A.乙酰水杨酸标准曲线:在5只50 mL容量瓶中,分别加入2.00 mL、4.00 mL、6.00 mL、8.00 mL、10.00 mL ASA标准溶液,用1%乙酸—氯仿溶液稀释至刻度,摇匀。在确定的最佳条件下测量荧光强度。

B.水杨酸标准曲线:在5只50 mL容量瓶中,分别加入2.00 mL、4.00 mL、6.00 mL、

8.00 mL、10.00 mL SA 标准溶液,用1%乙酸—氯仿溶液稀释至刻度,摇匀。在确定的最佳条件下测量荧光强度。

④阿司匹林药片中乙酰水杨酸和水杨酸的测定:将 5 片阿司匹林药片称量后磨成粉末,称取 400.0 mg 用1%乙酸—氯仿溶液溶解,全部转移至 100 mL 容量瓶中,用1%乙酸—氯仿溶液稀释至刻度。迅速通过定量滤纸过滤,用该滤液在与标准溶液同样条件下测量 SA 荧光强度。再将滤液稀释 1000 倍(用三次稀释来完成),与标准溶液同样条件测量 ASA 荧光强度。

【数据处理】

①根据 ASA 和 SA 的激发光谱和发射光谱曲线,确定它们的最大激发波长和最大发射波长。

②分别绘制 ASA 和 SA 的标准曲线。

③根据标准曲线确定试样溶液中 ASA 和 SA 的浓度,同时计算每片阿司匹林药片中的含量,并与说明书上的值比较。

【思考题】

①标准曲线是直线吗?若不是,从何处开始弯曲?请解释原因。

②如何绘制激发光谱和荧光光谱?

③根据 ASA 和 SA 的激发光谱曲线和发射光谱曲线,解释本实验分析测定的基本原理。

【注意事项】

阿司匹林药片溶解后,1 h 内要完成测定,否则乙酰水杨酸的量将会降低。

5.5 知识拓展与典型应用

5.5.1 荧光光谱仪发展史话

当紫外线照射到某些物质的时候,这些物质会发射出各种颜色和不同强度的可见光,而当紫外线停止照射时,所发射的光线也随之很快地消失,这种光线被称为荧光。第一次记录荧光现象的是西班牙的医生和植物学家 N. Monardes,1575 年他发现在含有一种被称为“Ligum Nephriticum”的木头切片水溶液中呈现出可爱的天蓝色(图 5-3)。

17 世纪,Boyle 和 Newton 等著名科学家再次观察到荧光现象。17 世纪和 18 世纪,又陆续发现了其他一些发荧光的材料和溶液,但是在荧光现象的解释方面却没有什么进展。1852 年,英国的数学家和物理学家 Stokes(图 5-4)在考察奎宁和叶绿素的荧光时,用分光光度计观察到其荧光的波长比入射光的波长稍长,才判明这种现象是这些物质在吸收光能后重新发射不同波长的光,而不是由光的漫射所引起的,从而导入了荧光是光发射的概念。同时,他由发荧光的矿物“萤石”推演而提出“荧光”这一术语。1867 年,Coppelsroder 进行了历史上首次的荧光分析工作，应用铝—桑色素配合物的荧光进行铝的测定。1880 年，Liebeman 提出了最早的关于荧光与化学结构关系的经验法则。到 19 世纪末，人们已经知道了 600 种以上的荧光化合物。20 世纪以来，荧光现象被研究得更多了。例如，1905 年 Wood 发现了共振荧光；1914 年 Frank 和 Hertz 利用电子冲击发光进行定量研究；1922 年 Frank 和 Cario 发现了增感应光；1924 年 Wawillow 进行了荧光产率的绝对测定；1926 年 Gaviola 进行了荧光寿命的直接测定等。

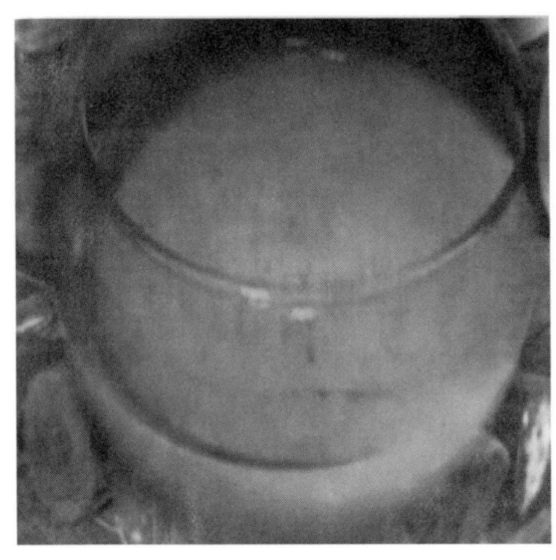
图 5-3　发蓝色荧光的木头切片水溶液

图 5-4　英国科学家 Stokes（斯托克斯）

荧光分析方法的发展离不开仪器应用的发展。19 世纪以前，荧光的观察是靠肉眼进行的，直到 1928 年，才由 Jette 和 West 研制出第一台光电荧光计。早期的光电荧光计的灵敏度是有限的，1939 年 Zworykin 和 Rajchman 发明光电倍增管以后，在增加灵敏度和允许使用分辨率更高的单色器等方面，荧光计发展到一个非常重要的阶段。1943 年 Dutton 和 Bailey 提出了一种荧光光谱的手工校正步骤，1948 年 Studer 推出了第一台自动光谱校正装置，到 1952 年才出现商品化的校正光谱仪器。70 年代以来，荧光分析法在仪器、方法、试剂等方面的发展都非常迅速。激光荧光法的建立使荧光分析又有进一步的提高。70 年代曾提出同步激发技术，从而得到同步激发荧光光谱。此后又将同步激发与导数光谱两种技术结合起来，大大提高了多组分混合物荧光分析的选择性，成为多组分混合物定性及定量分析的有效手段之一。

近年来，发展了各种新型荧光分析技术，如荧光探针法、光化学荧光法、时间分辨荧光法、三维荧光法、偏振荧光法、荧光免疫测定法、荧光成像技术、荧光光纤传感器等。这些技术的应用加速了各种新型荧光分析仪器的研制，使荧光分析不断朝着高效、痕量、微观和自动化方向发展。

5.5.2　荧光光谱的应用

由于荧光分析的高灵敏度、高选择性，使它在医学检验、卫生检验、药物分析、环境检测及食品分析等方面有广泛的应用。

(1)有机物的荧光分析

芳香族及具有芳香结构的物质,在紫外光照射下能产生荧光。因此,荧光分析法可直接用于这类有机物的测定,如多环胺类、萘酚类、嘌呤类、吲哚类、多环芳烃类、具有芳环或芳杂环结构的氨基酸及蛋白质等,约有 200 多种。食品中维生素含量的测定是食品分析的常规项目,几乎所有种类的维生素都可以用荧光法进行分析。多环芳烃普遍存在于大气、水、土壤、动植物及加工食品中,大家所熟知的苯并芘是致癌活性最强的一种,通过萃取或色谱分离后,可采用荧光法进行测定。该方法准确可靠,测定最低浓度可达 0.1 g/mL。

石油中的多环芳香烃和非烃可引起发光,只要溶剂中含有十万分之一石油或者沥青物质,即可发光。因此,在油气勘探工作中,常用荧光分析来鉴定岩样中是否含油,并粗略确定其组分和含量。这个方法简便快速、经济实用,大庆油田就是这么被发现的。

(2)无机元素的荧光分析

能产生荧光的无机物较少,对其进行分析通常是将待测元素与荧光试剂反应,生成具有荧光特性的配合物,进行间接测定。目前利用该法可进行荧光分析的无机元素已近 70 种。常见的有铬、铝、铍、硒、锗、镉等及部分稀土元素。例如,Al^{3+}与桑色素或 8-羟基喹啉的配合物就可产生荧光,从而用于铝的测定。有些元素虽不能与有机试剂形成能产生荧光的配合物,但它可使荧光物质的荧光熄灭。例如,F^-在一定 pH 的溶液中,能从 Al^{3+}与桑色素的荧光配合物中夺取 Al^{3+},从而导致荧光配合物的荧光强度降低,其荧光强度与 F^-的浓度成反比,利用这一性质可间接测定样品中的氟离子含量。

(3)分子荧光探针

由于生物分子自身的荧光较弱,目前多采用荧光探针法检测,荧光探针法较传统的同位素检测快速、重复性好、用样量少、无辐射,在 DNA 自动测序、抗体免疫分析、疾病诊断、抗癌药物分析等方面已得到广泛应用。DNA 分子荧光探针可分为吖啶、菲啶类,菁类染料,荧光素和罗丹明类,稀土元素探针和量子点荧光探针。目前,DNA 荧光探针要解决的问题是提高灵敏度、增强光稳定性、降低合成成本。不同的 DNA 荧光探针各有优缺点,在光电、有机类染料中近红外染料具有一定的优势,尤其是近红外菁类染料将会更多地应用于生物分子的检测,其光稳定性有待提高。量子点探针作为一个新兴领域,必将受到越来越多的重视。相信不久的将来,随着新型、性能优异的荧光探针的开发,人类将能够实现对一些生物过程运用多种方法、多种参数进行实时观测、动态研究,这将极大地推动基因组学及相关学科的发展。

近年来在特定蛋白质的光学标记方面,尤其是小分子、高量子效率、荧光探针分子设计与应用方面的研究取得了较大进展。但仍存在着许多有待解决的问题,如小分子标记对于细胞内存在的各种复杂情形而言,其标记的特异性目前仍旧具有挑战性,尚未在真正意义上实现运用多种参数对生物活体内各类蛋白质进行实时观测和动态研究。

第6章　红外光谱法

红外光谱(Infrared Spectroscopy,IR)是分子振动转动光谱,也是一种分子吸收光谱。当样品受到频率连续变化的红外光照射时,分子吸收了某些频率的辐射,并由其振动或转动运动引起偶极矩的净变化,产生分子振动和转动能级从基态到激发态的跃迁,使相应于这些吸收区域的透射光强度减弱。记录红外光的百分透射比与波数或波长关系的曲线,就得到红外光谱。从分子的特征吸收可以鉴定化合物和分子结构,进行定性和定量分析。红外光谱法在有机化学、高分子材料化学、食品分析、环境化学、药物化学等领域有着广泛的应用。

6.1　仪器组成与工作原理

红外光谱仪主要分两种:色散型红外光谱仪和傅里叶变换红外光谱仪。目前傅里叶红外光谱仪已逐渐取代色散型红外光谱仪,且有着微型化、模块化的发展趋势。

色散型红外光谱仪的组成部件与紫外—可见分光光度计相似,但它们的排列顺序略有不同,红外光谱仪的样品是放在光源和单色器之间,而紫外—可见分光光度计的样品是放在单色器之后。

傅里叶变换红外光谱仪没有色散元件,主要由光源(硅碳棒、高压汞灯)、迈克尔逊(Michelson)干涉仪、检测器、计算机和记录仪组成。核心部分为 Michelson 干涉仪,它将光源发来的信号以干涉图的形式送往计算机进行 Fourier 变换的数学处理,最后将干涉图还原成光谱图。它与色散型红外光度计的主要区别在于干涉仪和电子计算机两部分。

傅里叶变换红外光谱仪是根据光的相干性原理设计的,因此是一种干涉型光谱仪,它主要由光源(硅碳棒,高压汞灯)、干涉仪、检测器、计算机和记录系统组成,大多傅里叶变换红外光谱仪使用了迈克尔逊(Michelson)干涉仪,因此实验测量的原始光谱图是光源的干涉图,然后通过计算机对干涉图进行快速傅里叶变换计算,从而得到以波长或波数为函数的光谱图,因此,谱图称为傅里叶变换红外光谱,仪器称为傅里叶变换红外光谱仪。

图 6-1 是傅里叶变换红外光谱仪的典型光路系统,来自红外光源的辐射,经过凹面反射镜形成平行光后进入迈克尔逊干涉仪,离开干涉仪的脉动光束投射到一摆动的反射镜 B,使光束交替通过样品池或参比池,再经摆动反射镜 C(与 B 同步),使光束聚焦到检测器上。

傅里叶变换红外光谱仪无色散元件,没有夹缝,故来自光源的光有足够的能量经过干涉后照射到样品上然后到达检测器,傅里叶变换红外光谱仪测量部分的主要核心部件是干涉仪,图 6-2 是单束光照射迈克尔逊干涉仪时的工作原理图。干涉仪是由固定不动的反射镜 M_1(定镜),可移动的反射镜 M_2(动镜)及分光束器 B 组成,M_1 和 M_2 是互相垂直的平面反射镜。B 以 45°角置于 M_1 和 M_2 之间,B 能将来自光源的光束分成相等的两部分,一半光束经 B 后被反射,另一半光束则透射通过 B。在迈克尔逊干涉仪中,当来自光源的入射光经光分束器分成两束光,经过两反射镜反射后又汇聚在一起,再投射到检测器上,由于动镜的移动,使两束光产生了光程差,当光程差为半波长的偶数倍时,发生相长干涉,产生明线;为半波长的奇数倍时,发生相消干涉,产生暗线。若光程差既不是半波长的偶数倍,也不是奇数倍时,则相干光强度介于前两种情况之间,当动镜连续移动,在检测器上记录的信号余弦变化,每移动四分之一波长的距离,信号则从明到暗周期性地改变一次。

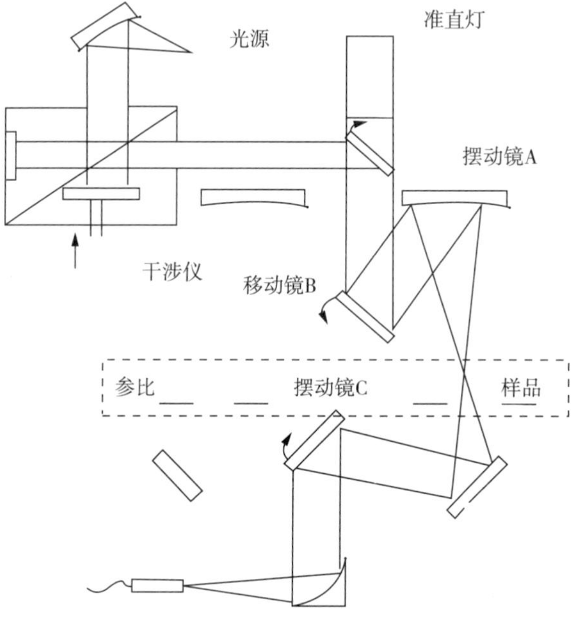

图 6-1　傅里叶变换红外光谱仪的典型光路系统

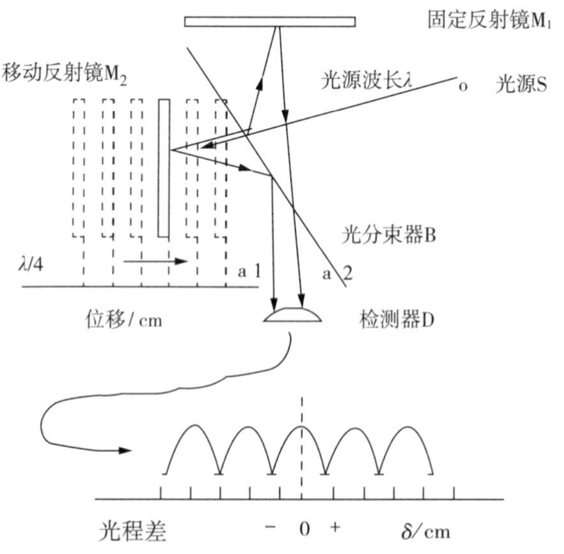

图 6-2　单束光照射迈克尔逊干涉仪时的工作原理图

注:a 表示照射到检测器上的光束;o 表示光源 S 发出的入射光。

迈克尔逊干涉仪原理的虚拟仿真视频可通过二维码获取。

红外光谱仪工作原理的虚拟仿真视频可通过二维码获取。

6.2　实验技术与条件优化

6.2.1　样品处理

要获得一张高质量红外光谱图，除了仪器本身的因素外，还必须有合适的样品制备方法。

(1)红外光谱法对试样的要求

红外光谱的试样可以是液体、固体或气体，一般应要求：

①试样应该是单一组分的纯物质，纯度应>98%或符合商业规格才便于与纯物质的标准光谱进行对照。多组分试样应在测定前尽量预先用分馏、萃取、重结晶或色谱法进行分离提纯，否则各组分光谱相互重叠，难于判断。

②试样中不应含有游离水。水本身有红外吸收，会严重干扰样品图谱，而且会侵蚀吸收池的盐窗。

③试样的浓度和测试厚度应选择适当，以使光谱图中的大多数吸收峰的透射比处于10%~80%范围内。

(2)载样材料的选择

目前以中红外区(4000~400 cm^{-1})应用最为广泛，一般的光学载样材料为氯化钠(4000~600 cm^{-1})、溴化钾(4000~40 cm^{-1})，这些晶体很容易吸水使表面发乌，影响红外光的透过。因此，所用的载样材料应放在干燥器内，要在湿度小的环境下操作。

(3)样品制样

①固体样品：针对不同的固体样品，制样方法可以分为压片法、粉末法、薄膜法、糊剂法等。

压片法：压片法是固体样品红外光谱分析最常用的制样方法，凡易于粉碎的固体试样都可以采用此法。样品的用量随模具容量大小而异，样品与 KBr 的混合比例一般为 0.5：

100~2:100。压片时先将固体试样置于玛瑙研钵中研细，然后加 KBr 粉末，研磨混合均匀后移入压片模具，抽真空，加压几分钟。混合物在压力下形成一透明小圆片，便可进行测试。

粉末法：粉末法通常是把固体样品放在玛瑙研钵中研细至 2 μm 左右，然后把粉末悬浮在易挥发的液体中。把悬浮液移至盐窗上并赶走溶剂即形成一均匀的薄层，再进行扫描。粉末法常出现的问题是粒子散射，即红外光照射到样品颗粒上，入射光发生散射。这种杂乱无章的散射降低了样品光束到达检测器上的能量，使谱图基线升高。散射现象在短波区尤为严重，甚至无吸收峰出现。为了降低散射现象，通常应使样品粒子直径小于入射光的波长。由于中红外区是从 2 μm 开始，所以样品研磨到 2 μm 大小是必要的。

薄膜法：选择适当溶剂溶解试样，将试样溶液倒在玻璃片上或 KBr 窗片上，待溶剂挥发后生成一均匀薄膜即可测试。薄膜厚度一般控制在 0.001~0.01 mm。薄膜法要求溶剂对试样溶解度好，挥发性适当。若溶剂难挥发则不易从试样膜中去除干净，若挥发性太大，则会使试样在成膜过程中变得不透明。

糊剂法：对于无适当溶剂又不能成膜的固体样品可采用此法。将 2~5 mg 试样研磨成粉末（颗粒<20 μm），加一滴液体分散剂，研成糊状，类似牙膏，然后将其均匀涂于 KBr 盐片上。常用液体分散介质有液体石蜡、氟油和六氯丁二烯三种。由于液体分散介质在 4000~400 cm^{-1} 光谱范围内有吸收，所以采用此法应注意到分散介质的干扰。此法虽然简单迅速，能适用于大多数固体试样，但是由于分散介质的干扰，尤其是试样和分散介质折光系数相差很大或试样颗粒不够细时，会严重影响光谱质量，故此不适于用作定量分析。

②液体样品：液体样品分为纯液体和溶液两种。一般尽量不用溶液，以免带入溶剂的吸收干扰。只有试样的吸收很强，液膜法无法制成很薄的吸收层，或为了要避免试样分子间相互缔合的影响，才采用溶液法测试。选用溶液测试时，常用的溶剂为四氯化碳、二硫化碳、二氯甲烷、丙酮等。各种溶剂本身在红外区域内或多或少有吸收，所以要得到一张光谱较宽的试样溶液光谱图，必须选用两种或两种以上溶剂分段联用。

配制溶液浓度一般为 3%~5%。根据不同用途和试样量的多少，选用不同类型的液体试样池。在定量分析时，液体试样池的厚度必须进行校正。常用的校正方法有两种：干涉条纹法和光密度比较法。在进行固体池操作过程中，要注意以下几点：灌样时要防止气泡、样品要充分溶解，不应有不溶物进入池内；池的清洗过程中或清洗完毕时，不要因溶剂挥发而使窗片受潮，装池时不要将样品溶液溢到窗片上。对于纯液体试样，通常是制成 0.001~0.05 mm 极薄的膜，只有这样小的光程才能获得满意的光谱，一般将一滴纯液体压在两块盐窗片之间，然后放入光路中测试。这种方法简单、快速又无溶剂干扰，但对易挥发液体试样不适用，而且这种方法不能获得很重复的光谱数据，所以不适用于定量分析。

6.2.2 影响红外光谱谱图质量的因素

（1）扫描次数对红外谱图的影响

傅里叶变换红外光谱仪测量物质的光谱时，检测器在接受样品光谱信号的同时也接收了噪声信号，输出的光谱既包括样品的信号也包括噪声信号。信噪比与扫描次数的平方成正比，增加扫描次数可以减少噪声、增加谱图的光滑性。

(2)扫描速度对红外谱图的影响

扫描速度减慢，检测器接收能量增加；反之，扫描速度加快，检测器接收能量减小。当测量信号小时(包括使用某些附件时)应降低动镜移动速度，而在需要快速测量时，提高速度。扫描速度降低，对操作环境要求更高，因此应选择适当的值。采用某一动镜移动速度下的背景，测定不同扫描速度下样品的吸收谱图，随扫描速度的加快，谱图基线向上位移，用透射谱图表示时，趋势相反。所以在实验中测量背景的扫描速度与测量样品的扫描速度要一致。

(3)分辨率对红外谱图的影响

红外光谱的分辨率等于最大光程差的倒数，是由干涉仪动镜移动的距离决定的，确切地说是由光程差计算出来的。分辨率提高可改善峰形，但达到一定数值后，再提高分辨率峰形变化不大，反而噪声增加。分辨率降低可提高光谱的信噪比，降低水汽吸收峰的影响，使谱图的光滑性增加。样品对红外光的吸收与样品的吸光系数有关，如果样品对红外光有很强的吸收，就需要用较高的分辨率以获得较丰富的光谱信息；如果样品对红光外有较弱的吸收，就必须降低光谱的分辨率、提高扫描次数以便得到较好的信噪比。

(4)数据处理对红外谱图的影响

①平滑处理：红外光谱实验中谱图常常不光滑，影响谱图质量。不光滑的原因除了样品吸潮以外还有环境的潮湿和噪声。平滑是减少来自各方面因素所产生的噪声信号，但实际是降低了分辨率，会影响峰位和峰强，在定量分析时需特别注意。

②基线校正：在溴化钾压片制样中，由于颗粒研磨得不够细或者不够均匀，压出的锭片不够透明而出现红外光散射，所以不管是用透射法测得的红外光谱，还是用反射法测得的光谱，其光谱基线不可能在零基线上，这将使光谱的基线出现漂移和倾斜现象。需要基线校正时，首先判断引起基线变化的原因，能否进行校正。基线校正后会影响峰面积，定量分析要慎重。

(5)分子内、分子外对红外谱图的影响

常见的影响因素：溶剂、振动频率、溶剂极性、介电常数、引起溶质分子振动频率等。氢键的形成使振动频率向低波数移动、谱带加宽和强度增强(分子间氢键可以用稀释的办法消除，分子内氢键不随溶液的浓度而改变)。

(6)其他因素对红外谱图的影响

影响吸收谱带的其他因素还有共轭效应、张力效应、诱导效应和振动耦合效应。

共轭效应：由于大 π 键的形成，使振动频率降低。

张力效应：当环状化合物的环中有张力时，环内伸缩振动降低，环外增强。

诱导效应：由于取代基具有不同的电负性，通过静电诱导作用，引起分子中电子分布的变化及键力常数的变化，从而改变了基团的特征频率。

振动耦合效应：当两个相邻的基团振动频率相等或接近时，两个基团发生共振，结果使一个频率升高，另一个频率降低。

6.3 操作规程与日常维护

6.3.1 红外光谱仪操作规程

①准备：开机前检查实验室电源、温度和湿度等环境条件，当电压稳定，室温在15~25℃、湿度≤60%时，才能开机。

②开机：首先打开仪器的外置电源，稳定半小时，使仪器能量达到最佳状态。开启电源，并打开仪器操作平台软件，运行诊断菜单，检查仪器稳定性。

③制样：根据样品特性和状态，制定相应的制样方法，并制样。固体粉末样品用溴化钾压片法制成透明的薄片；液体样品用液膜法、涂膜法或直接注入液体池内进行测定。

④扫描和输出红外光谱图：将制好的溴化钾薄片轻轻放在样品架内，插入样品池并拉紧盖子，在软件设置好的模式和参数下测试红外光谱图。先扫描空光路背景信号（或不放样品时的溴化钾薄片，有4个可扣除空气背景的方法可供选择），再扫描样品信号，经转换输出傅里叶变换转化成样品红外光谱图。根据需要，打印或者保存红外光谱图。

⑤关机：先关闭软件，再关闭仪器电源，盖上仪器防尘罩。使用后在记录本上如实填写使用记录。

⑥清洗压片磨具和玛瑙研钵：溴化钾对钢制磨具的平滑表面会产生极强的腐蚀性，因此模具用后应立即用水冲洗，再用去离子水冲洗三遍，用脱脂棉蘸乙醇或丙酮擦洗各个部分，然后用电吹风吹干，保存在干燥箱内备用。玛瑙研钵的清洗与模具相同。

常用红外光谱仪的具体操作规程可扫描二维码获得。

（1）Bruker ALPHA 红外光谱仪操作规程

（2）Nicolet is5 红外光谱仪操作规程

（3）Perkin Elmer 红外光谱仪操作规程

6.3.2　压片机操作规程

(1)使用方法

如图6-3所示,先将注油孔螺钉13旋松,顺时针拧紧放油阀7,将模具置于工作台9的中央,用丝杠2拧紧后,前后摇动手动压把11,达到所需压力,保压后,逆时针松开放油阀7,取下模具即可。

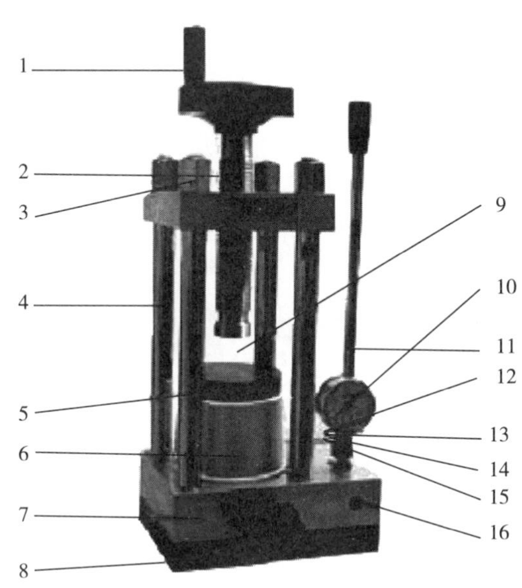

图6-3　(769YP-15A型)手动压片机及各部件的名称

1—手轮　2—丝杠　3—螺母　4—立柱　5—顶盖　6—大油缸　7—油阀　8—油池　9—工作台　10—压力表　11—手动压把　12—柱塞泵　13—注油孔螺钉　14—限位螺钉　15—吸油阀　16—出油阀

(2)使用注意事项

①使用前必须先松开注油孔螺钉13,压片机才能正常工作。

②定期在丝杠2及柱塞泵12处加润滑油,使用清洁的46号机油为宜。

③加压决不允许超过机器的压力范围,否则会发生危险。

④加压时感觉手动压把11有力,但压力表10无指示,应立即卸荷检查压力表10。

⑤新仪器或较长一段时间没有使用时,在用之前稍紧放油阀,加压到20~25 MPa时即卸荷,连续重复2~3次,即可正常使用。

⑥大油缸6不要超过行程20 mm。

6.3.3　红外光谱仪的日常维护

①室温保持在15~25℃之间,湿度≤60%,仪器才能开机使用,温度可以利用空调来控制,湿度利用除湿机来控制,定期将除湿机中的水倒掉并定期清洗除湿机的滤网,否则影响

除湿机的正常工作。

②干燥剂的更换。从 H_2O 的红外光谱图中可以看出光谱仪内部的湿度。如果在仪器内部放置干燥剂,可以降低 H_2O 的红外吸收。ALPHA 光谱仪的样品腔及光学腔的干燥可以依靠反复使用的小包干燥剂维持。当性能检测时出现“Humidity is out of range”时,先检查是否是仪器所处环境的湿度超过 60%,如果不是,则需要更换干燥剂,更换干燥剂的具体步骤是:

A. 切断供电电源。

B. 旋松光谱仪后盖的 4 个 TORX 螺丝,取下后盖。旋松螺丝需要 TORXTX20 起子。

C. 取下后盖。

D. 取出失活的干燥剂,更换活化的干燥剂。

E. 盖上光谱仪的后盖,并用 4 个 TORX 螺丝固定住。

F. 插上电源线,打开仪器开关。

③清洁和更换窗片。如图 6-4 所示,ALPHA 基本模块有两个端口:一个是红外光的入口,一个是红外光的出口。红外光从出口处进入测量模块,然后光经过入口进入基本模块内。这两个端口用可更换的透明窗片覆盖。清洁两块窗片时只能选用干燥的脱脂棉,擦拭时要小心以免损坏窗片。

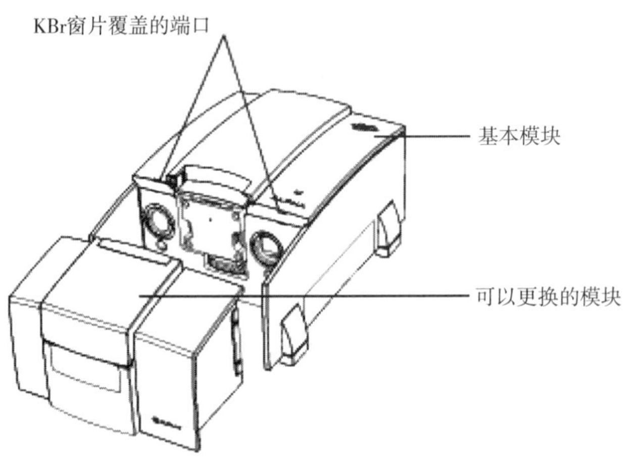

图 6-4　窗片位置

6.4　实验

实验 1　常见有机物的红外光谱分析

【实验目的】

①掌握涂膜法和压片法测量液体和固体样品红外光谱的方法。

②掌握醛、酮红外光谱的特征吸收频率及其与分子结构的关系。

③熟悉仪器的构造,感悟仪器构造背后科研工作者的智慧与汗水。

【实验原理】

醛和酮在 1870～1540 cm^{-1} 范围内出现强吸收峰,这是 C ═ O 的伸缩振动吸收带。其位置相对固定且强度大,很容易识别。而 C ═ O 的伸缩振动受到样品的状态、相邻取代基团、共轭效应、氢键、环张力等因素的影响,其吸收带实际位置有所差别。

脂肪醛在 1740～1720 cm^{-1} 范围有吸收,电负性取代基会增加谱带吸收频率。例如,乙醛在 1730 cm^{-1} 处吸收,而三氯乙醛在 1768 cm^{-1} 处吸收。双键与羰基的共轭效应,会降低 C ═ O 的吸收频率。芳香醛在低频处吸收,分子内氢键也使吸收向低频方向移动。

酮的羰基比相应醛的羰基在稍低的频率处吸收。饱和脂肪酮在 1715 cm^{-1} 左右有吸收。同样,双键的共轭会造成吸收向低频移动,酮与溶剂之间的氢键也将降低羰基的吸收频率。

分子的基本振动形式的虚拟仿真视频可扫二维码获取。

【仪器与试剂】

①仪器:傅里叶变换红外光谱仪,压片机(包括压模)。

②试剂:苯甲醛,肉桂醛,正丁醛,香草醛,环己酮,苯乙酮等均为分析纯。

【实验步骤】

①准备:检查实验室电源、温度和湿度等环境条件,当电压稳定,室温在 15～25℃,湿度≤60%才能开机。

②开机:首先打开仪器的外置电源,稳定 20 min 后,使得仪器能量达到最佳状态。开启电脑,打开红外操作软件,运行诊断菜单,检查仪器稳定性。

③背景扫描:将 200～400 mg 干燥的 KBr 放入研钵中研磨至细。用压片机进行压片(压力 15 MPa 左右维持 1 min)。放气卸压后,取出模具脱模,得一圆形空白样品片。将空白样品片放于样品支架并盖上盖子,点击测量选择扫描背景。

④醛类化合物红外光谱的测定。

A. 固体压片法:将 2～4 mg 香草醛放入玛瑙研钵内,然后加入 200～400 mg 干燥的 KBr,研磨至颗粒直径小于 2 μm。将适量研磨好的样品装于干净的模具内,用压片机进行压片。样品压好后,将样品片快速放于样品支架上并迅速盖上盖子,点击测量选择测量样品,得到香草醛的红外光谱图。

B. 液体涂膜法:按照步骤③压制一空白样品片,然后用毛细管取出少量的苯甲醛滴入空白样品片上,待样品渗入空白片以后,将样品片快速放于样品支架上并迅速盖上盖子,点击测量选择测量样品,得到苯甲醛的红外吸收光谱图。

将研钵、模具清洗净烘干后，再用同样的制样方法测得肉桂醛和正丁醛的红外光谱图。

⑤酮类化合物红外光谱的测定。采用液体涂膜法操作方法，分别测量环己酮和苯乙酮的红外光谱图。

⑥清洗：测量完毕后，收拾整理仪器，用蘸有乙醇的脱脂棉擦洗压模和玛瑙研钵，干燥后放入干燥器内。填写仪器使用记录。

【数据处理】

①确定各化合物的羰基吸收频率，根据各化合物的光谱写出它们的结构式。

②比较苯甲醛、肉桂醛、正丁醛、香草醛的红外谱图，分析取代基对羰基吸收频率的影响。

③比较环己酮、苯乙酮的红外谱图，分析差异及其原因。

【思考题】

①用氯原子取代烷基，羰基频率会发生位移的原因？

②红外光谱中，影响羰基位移的因素主要有哪些？各因素对羰基的吸收位移产生怎样的影响？

【注意事项】

①红外光谱的试样可以是气体、液体或固体，但是必须满足试样应该是单一组分的纯物质，纯度应大于98%或符合商业规格，这样才便于与纯化合物的标准光谱进行对照。多组分试样应在测定前尽量预先用分离、萃取、重结晶、区域熔融或色谱法进行分离提纯，否则多组分光谱重叠，难于分析。

②试样中不应有游离水。水本身有红外吸收，会严重干扰样品谱，而且会侵蚀吸收池的盐窗。

③试样的浓度和测试厚度应选择适当，以使光谱中的大多数吸收峰的透射比处于10%~80%范围内。

④固体样品经研磨（在红外灯下）后仍应随时注意防止吸水，否则压出的片子容易粘在模具上。

⑤压片模具每次测定前后均应反复用蘸有无水乙醇的脱脂棉擦拭干净，切勿用水洗。

实验2　红外光谱法分析未知化合物的官能团

【实验目的】

①掌握两种基本样品制备技术及傅里叶变换光谱仪器的使用方法。

②学习通过红外光谱鉴定未知物的一般步骤及方法，树立不畏困难、大胆创新、勇于担当的精神。

【实验原理】

红外光谱是研究结构与性能关系的基本手段之一，可用于研究有机物和部分无机化合物，具有分析速度快、试样用量少，能分析各种状态下试样的特点，主要用于定性分析和准确度不高的定量研究。现将分析红外光谱图中涉及的知识简单介绍如下：

（1）红外谱图的分析步骤

①首先依据谱图推出化合物碳架类型，根据分子式计算不饱和度。不饱和度 = $F+1+(T-O)/2$，其中：F 为化合价为 4 的原子个数（主要是 C 原子）；T 为化合价为 3 的原子个数（主要是 N 原子）；O 为化合价为 1 的原子个数（主要是 H 原子）。例如，苯（C_6H_6）不饱和度 = 6+1+(0-6)/2 = 4，3 个双键加 1 个环，正好为 4 个不饱和度。

②分析 3300~2800 cm^{-1} 区域 C—H 伸缩振动吸收，以 3000 cm^{-1} 为界，高于 3000 cm^{-1} 为不饱和碳 C—H 伸缩振动吸收，有可能为烯、炔、芳香化合物，而低于 3000 cm^{-1} 时一般为饱和 C—H 伸缩振动吸收。若在稍高于 3000 cm^{-1} 处有吸收，则应在 2250~1450 cm^{-1} 频区。分析不饱和碳键的伸缩振动吸收特征峰，其中：炔的吸收特征谱带为 2200~2100 cm^{-1}；烯的吸收特征谱带为 1680~1640 cm^{-1}；芳环的吸收特征谱带为 1600、1580、1500、1450 cm^{-1}。

若已确定为烯或芳香化合物，则应进一步解析指纹区，即 1000~650cm^{-1} 的频区，以确定取代基个数和位置（顺反，邻、间、对）。

③碳骨架类型确定后，再依据其他官能团，如 C ═ O、O—H、C—N 等特征吸收来判定化合物的官能团。

④解析时应注意把描述各官能团的相关峰联系起来，以准确判定官能团的存在。如 2820、2720 和 1750~1700 cm^{-1} 的三个峰，说明醛基的存在。

（2）主要官能团的特征吸收范围

①烷烃：3000~2850 cm^{-1} 为 C—H 伸缩振动吸收带；1465~1340 cm^{-1} 为 C—H 弯曲振动吸收带。一般饱和 C—H 伸缩吸收带均在 3000 cm^{-1} 以下，接近 3000 cm^{-1} 的频率吸收。

②烯烃：3100~3010 cm^{-1} 为烯烃 C—H 伸缩振动吸收带；1675~1640 cm^{-1} 为 C ═ C 伸缩振动吸收带；1000~675 cm^{-1} 为烯烃 C—H 面外弯曲振动吸收带。

③炔烃：2250~2100 cm^{-1} 为 C ═ C 伸缩振动吸收带；3300 cm^{-1} 附近为炔烃 C—H 伸缩振动吸收带。

④芳烃：3100~3000 cm^{-1} 为芳环上 C—H 伸缩振动吸收带；1600~1450 cm^{-1} 为 C ═ C 骨架振动吸收带。芳香化合物重要特征：一般在 1600、1580、1500 和 1450cm^{-1} 可能出现强度不等的 4 个峰；880~680 cm^{-1} 为 C—H 面外弯曲振动吸收带，依苯环上取代基个数和位置不同而发生变化，在芳香化合物红外谱图分析中，常常用此频区的吸收判别异构体。

⑤醇和酚：主要特征吸收是 O—H 和 C—O 的伸缩振动吸收。3650~3600 cm^{-1} 为自由羟基 O—H 尖锐的伸缩振动吸收峰；3500~3200 cm^{-1} 为分子间氢键 O—H 伸缩振动，为宽的吸收峰；1300~1000 cm^{-1} 为 C—O 伸缩振动吸收带；769~659 cm^{-1} 为 O—H 面外弯曲吸收带。

⑥醚：1300~1000 cm^{-1} 为 C—O—C 的不对称伸缩振动吸收带；1150~1060 cm^{-1} 处有一个强的吸收峰为脂肪醚；1270~1230 cm^{-1} 为 Ar—O 伸缩振动；1050~1000 cm^{-1} 为 R—O

伸缩振动吸收带。

⑦醛和酮：1750~1700 cm^{-1} 为醛基 C ═ O 的伸缩振动吸收带（特征吸收）；2820 cm^{-1} 和 2720 cm^{-1} 两处为醛基 C—H 的伸缩振动吸收带；1715 cm^{-1} 为强的 C ═ O 伸缩振动吸收，如果羰基与烯键或芳环共轭会使吸收频率降低。

⑧羧酸：3300~2500 cm^{-1}（宽且强）为 O—H 伸缩振动吸收带；1720~1706 cm^{-1} 为 C ═ O 的伸缩振动吸收带；1320~1210 cm^{-1} 为 C—O 的伸缩振动吸收带；920 cm^{-1} 为 O—H 键的面外弯曲振动吸收带。

⑨酯：1750~1735 cm^{-1} 为饱和脂肪族酯（除甲酸酯外）的 C ═ O 伸缩振动吸收带；1210~1163 cm^{-1} 为饱和酯 $-\overset{\overset{\displaystyle C}{\|}}{C}-O-$ 的伸缩振动吸收带（为强吸收）。

⑩胺：3500~3100 cm^{-1} 为 N—H 伸缩振动吸收带；1350~1000 cm^{-1} 为 C—N 伸缩振动吸收；N—H 变形振动相当于 CH_2 的剪式振动方式，其吸收带在 1640~1560 cm^{-1}；面外弯曲振动吸收带在 900~650 cm^{-1}。

⑪腈：腈类的光谱特征为 C ≡ N 三键伸缩振动区域，有弱到中等的吸收。脂肪族腈 C ≡ N 的伸缩振动吸收带为 2260~2240 cm^{-1}；芳香族腈 C ≡ N 的伸缩振动吸收带为 2240~2222 cm^{-1}。

⑫酰胺：3500~3100 cm^{-1} 为 N—H 伸缩振动；1680~1630 cm^{-1} 为 C ═ O 伸缩振动；1655~1590 cm^{-1} 为 N—H 弯曲振动；1420~1400 cm^{-1} 为 C—N 伸缩。

⑬有机卤化物：脂肪族 C—X 伸缩、C—F 的伸缩振动吸收带为 1400~730 cm^{-1}；C—Cl 的伸缩振动吸收带为 850~800 cm^{-1}；C—Br 的伸缩振动吸收带为 690~515 cm^{-1}；C—I 的伸缩振动吸收带为 600~500 cm^{-1}。

【仪器与试剂】

①仪器：傅里叶变换红外光谱仪，压片机（包括压模），玛瑙研钵，红外烤箱。

②试剂：水杨酸、水杨醛等（分析纯）。

【实验步骤】

①固体样品水杨酸红外光谱的测定：取已干燥的水杨酸 1~2 mg，在玛瑙研钵中充分磨细后，再加入 200 mg 的 KBr，继续研磨至完全混匀。颗粒的直径约为 2 μm，取出约 100 mg 混合物装于干净的压模内（均匀铺洒在压模内），于压片机上在 10 MPa 压力下压制 10 s，制成透明薄片。先用空白 KBr 扫描背景后，将此薄片装于样品架上，置于红外光谱仪的样品池中，即可进行扫谱。

②纯液体样品水杨醛红外光谱的测定：加入 200 mg 的 KBr，继续研磨至完全混匀。颗粒的直径约为 2 μm，取出约 100 mg 装于干净的压模内（均匀铺洒在压模内），于压片机上在 10 MPa 压力下压制 10 s，制成透明薄片。然后用毛细管蘸取少量水杨醛液体，小心均匀地涂在 KBr 薄片上。先用空白 KBr 扫描背景后，将此薄片装于样品架上，置于红外光谱仪的样品池处，即可进行扫谱。

③未知样品的红外光谱的测定:按照上述方法,测定未知样品的红外光谱,打印图谱,进行图谱分析,推测未知样品的结构。

【数据处理】

①归属出水杨醛和水杨酸中—CHO 和—COOH 的特征吸收峰。

②根据已学知识判断未知化合物的结构。

【思考题】

①在制样过程中,样品的加入质量对红外光谱的测量有哪些影响?

②简述官能团区和指纹区的主要区别?

【注意事项】

①压片用的 KBr、KCl、CsI 等的规格必须是分析纯以上,不能含其他杂质;KBr、KCl、CsI 等在粉末状态很容易吸水、潮解,应放在干燥器中保存(应定期在干燥箱中 110℃ 或在真空烘箱中恒温干燥 2 h)。

②为了避免散射,样品颗粒研磨至 2 μm 以下,研磨样品一定要用玛瑙研钵,研磨时必须把样品均匀地分散在 KBr 中,并且尽可能将它们研细,以便得到很尖锐的吸收峰。

③和稀释剂起反应或进行离子交换的样品不能使用压片法。

④易吸水、潮解样品不宜用压片法。

⑤要掌握好样品与 KBr 的比例及锭片的厚度,以得到一个质量好的透明的锭片。

实验 3 不同种类食用油的红外光谱分析

【实验目的】

①掌握利用红外光谱仪分析食用油的方法。

②了解利用红外光谱仪分析食用油品质的意义,树立正确的人生观、价值观和诚实守信的品德。

【实验原理】

目前对食用油的成分分析主要是采用化学的方法,而通常的成分分析需要对样品分离提取,各种化学提取的方法总会改变样品,不能准确地反映出样品所含成分的化学信息,且操作复杂。傅里叶变换红外光谱技术具有不破坏样品、用量少、操作简单的特点,已经广泛地用于许多领域。脂肪是食用油的主要成分。各种食用油含的脂肪酸品种不同,但都分别属于饱和脂肪酸、单不饱和脂肪酸及多不饱和脂肪酸三类。其红外吸收峰的主要特点包括以下几方面:游离脂肪酸羟基伸缩振动吸收峰、芳环的 C—H 伸缩振动区、亚甲基的 C—H 伸缩振动、亚甲基的 C—H 不对称伸缩振动、亚甲基的 C—H 对称伸缩振动吸收峰都在 3000 cm^{-1} 左右具有吸收;2700 cm^{-1} 附近有中等强度的吸收峰,是含有 P—OH 基的有机磷酸中的羟基伸缩振动区(由于较强的氢键作用);在 1100~950 cm^{-1} 处是 P—O 的伸缩振动区;在 1747 cm^{-1} 处存在的吸收是羧酸中 C ═ O 的伸缩振动吸收;在 1400 cm^{-1} 附近分别是甲基弯曲振动区、C—H 非对称弯曲振动、脂肪烃基的 C—H 弯曲振动、甲基的 C—H 对称弯曲振动；亚磺酸酯的 S ═ O 基的振动在 1100 cm^{-1} 左右出现强峰；只有一个取代基的苯环的 C—H 面外弯曲振动在 700 cm^{-1} 附近有一个强峰；氟原子与芳环直接相接时，C—F 伸缩振动在 1163 cm^{-1} 处出现一个强峰；顺式—O—NO—在 586 cm^{-1} 附近出现的中峰。

【仪器与试剂】

①仪器：傅里叶变换红外光谱仪，压片机（包括压模），玛瑙研钵，红外烤箱。

②试剂：溴化钾（分析纯）。

③样品：花生油，芝麻油，橄榄油，调和油。

【实验步骤】

①将干燥的溴化钾压片后，用毛细管滴 1~2 滴油在溴化钾压片上。

②用同样的方法制得样品后，利用红外光谱仪扫出不同种类食用油的红外光谱图。

【数据处理】

归属出不同种类油的红外吸收中 C—C、C ═ C 伸缩振动吸收峰的位置，并比较差异。

【思考题】

简述饱和脂肪酸、单不饱和脂肪酸及多不饱和脂肪酸的红外吸收的差异？

【注意事项】

对挥发性小、沸点较高且黏度较大的液体样品，可用一不锈钢样品刮刀取少量样品直接均匀地涂在空白的溴化钾片上，用红外灯或电吹风驱除溶剂后测定，方法非常简单。对于吸收弱或黏度低而涂层薄的样品，要在片上反复几次涂上样品后再进行测定，才能得到高质量的光谱。由于涂膜的厚度难以掌握故涂片法，一般只用于定性分析。

6.5 知识拓展与典型应用

6.5.1 红外光谱发展史话

雨后天空出现的彩虹，是人类经常观测到的自然光谱。而真正意义上对光谱的研究是从英国科学家牛顿（Newton）开始的。1666 年牛顿证明一束白光可分为一系列不同颜色的可见光，而这一系列的光投影到一个屏幕上出现了一条从紫色到红色的光带。牛顿导入“光谱”（spectrum）一词来描述这一现象。牛顿的研究是光谱科学开端的标志。

从牛顿之后人类对光的认识逐渐从可见光区扩展到红外区和紫外区。1800 年英国科学家 W. Herschel 将来自太阳的辐射构成一幅与牛顿大致相同的光谱，然后将一支温度计通过不同颜色的光，并且用另外一支不在光谱中的温度计作为参考。他发现当温度计从光谱的紫色末端向红色末端移动时，温度计的读数逐渐上升。特别令人吃惊的是，当温度计移动到红色末端之外的区域时，温度计上的读数达到最高。这个试验的结果有两重含义，首先是可见光区域红色末端之外还有看不见的其他辐射区域存在，其次是这种辐射能够产生热。由于这种射线存在的区域在可见光区末端以外而被称为红外线。1801 年，德国科学家 J. W. Ritter 考察太阳光谱的另外一端,即紫色端时发现超出紫色端的区域内有某种能量存在并且能使 AgCl 产生化学反应,该试验导致了紫外线的发现。

1881 年 Abney 和 Festing 第一次将红外线用于分子结构的研究。他们用 Hilger 光谱仪拍下了 46 个有机液体在 0.7~1.2 μm 区域的红外吸收光谱。由于检测器的限制,所能够记录下的光谱波长范围十分有限,随后的重大突破是辐射热仪的发明。1880 年天文学家 Langley 在研究太阳和其他星球发出的热辐射时发明一种检测装置。该装置由一根细导线和一个线圈相连,当热辐射抵达导线时能够引起导线电阻非常微小的变化,而这种变化的大小与抵达辐射的大小成正比,这就是测辐射热仪的核心部分。该仪器突破了照相的限制,能够在更宽的波长范围检测分子的红外光谱。采用 NaCl 作为棱镜和测辐射热仪作为检测器,瑞典科学家 Angstrem 第一次记录了分子的基本振动(从基态到第一激发态)频率。1889 年 Angstrem 首次证实尽管 CO 和 CO_2 都是由碳原子和氧原子组成,但因为是不同的气体分子而具有不同的红外光谱图。这个试验最根本的意义在于它表明了红外吸收产生的根源是分子而不是原子,而整个分子光谱学科就是建立在这个基础上的。不久 Julius 发表了 20 个有机液体的红外光谱图,并且将在 3000 cm^{-1} 的吸收带指认为甲基的特征吸收峰。这是科学家们第一次将分子的结构特征和光谱吸收峰的位置直接联系起来。

红外光谱仪的研制可追溯到 20 世纪初期。1908 年 Coblentz 制备和应用了以氯化钠晶体为棱镜的红外光谱仪;1910 年 Wood 和 Trowbridge 研制了小阶梯光栅红外光谱仪;1918 年 Sleator 和 Randall 研制出高分辨仪器。20 世纪 40 年代开始研究双光束红外光谱仪。1950 年由美国 PE 公司开始商业化生产名为 Perkin-Elmer 21 的双光束红外光谱仪(图 6-5)。与单光束光谱仪相比,双光束红外光谱议不需要由经过专门训练的光谱学家进行操作,能够很快地得到光谱图,因此 Perkin-Elmer 21 很快在美国畅销。Perkin-Elmer 21 的问世极大促进了红外光谱仪的普及。

现代红外光谱仪是以傅里叶变换为基础的仪器。该类仪器不用棱镜或者光栅分光,而是用干涉仪得到干涉图,采用傅里叶变换将以时间为变量的干涉图变换为以频率为变量的光谱图。傅里叶红外光谱仪的产生是一次革命性的飞跃,与传统的仪器相比,傅里叶红外光谱仪具有快速、高信噪比和高分辨率等特点(图 6-6),更重要的是傅里叶变换催生了许多新技术,例如步进扫描、时间分辨和红外成像等。这些新技术极大拓宽了红外的应用领域,使得红外技术的发展产生了质的飞跃。如果采用分光的办法,这些技术是不可能实现的。这些技术的产生,极大拓宽了红外技术的应用领域。

红外光谱的理论解释建立在量子力学和群论的基础上。1900 年 Plank 在研究黑体辐射问题时,给出了著名的 Plank 常数 h,表示能量的不连续性,量子力学从此走上历史舞台。1911 年 W Nernst 指出分子振动和转动的运动形态的不连续性是量子理论的必然结果。1912 年丹麦物理化学家 Niels Bjerrum 提出 HCl 分子的振动是带负电的 Cl 原子核与带正电的 H 原子之间的相对位移。这种认为分子的能量由平动、转动和振动组成,且转动能量是量子化的理论被称为旧量子理论或者半经典量子理论。后来随着现代科学的不断发展，矩阵、群论等数学和物理方法被应用于分子光谱，分子光谱的理论也随之不断发展和完善。

图 6-5　Perkin-Elmer21 双光束红外光谱仪

图 6-6　FTS-14 型傅里叶变换红外光谱仪

6.5.2　红外光谱的应用

红外光谱对样品的适用性相当广泛，固态、液态或气态样品都能应用，无机、有机、高分子化合物都可检测。此外，红外光谱还具有测试迅速、操作方便、重复性好、灵敏度高、试样用量少、仪器结构简单等特点，因此，它已成为现代结构化学和分析化学最常用和不可缺少的工具。红外光谱在高聚物的构型、构象、力学性质的研究，以及物理、天文、气象、遥感、生物、医学等领域也有广泛的应用。

红外吸收峰的位置与强度反映了分子结构上的特点，可以用来鉴别未知物的结构组成或确定其化学基团；而吸收谱带的吸收强度与化学基团的含量有关，可用于进行定量分析和纯度鉴定。另外，在化学反应的机理研究上，红外光谱也发挥了一定的作用，但其应用最广的还是未知化合物的结构鉴定。

(1)定性分析

红外光谱是物质定性的重要方法之一。它的解析能够提供许多关于官能团的信息，可以帮助确定部分乃至全部分子的类型及结构。其定性分析有特征性高、分析时间短、需要的试样量少、不破坏试样、测定方便等优点。传统的利用红外光谱法鉴定物质通常采用比较法，即与标准物质对照和查阅标准谱图的方法，但是该方法对于样品的要求较高并且依赖于谱图库的大小。如果在谱图库中无法检索到一致的谱图，则可以用人工解谱的方法进行分析，这就需要有大量的红外知识及经验积累。大多数化合物的红外谱图是复杂的，即便是有经验的专家，也不能保证从一张孤立的红外谱图上得到全部分子结构信息，如果需要确定分子结构信息，就要借助其他的分析测试手段，如核磁、质谱、紫外光谱等。尽管如此，红外谱图仍是提供官能团信息最方便、快捷的方法。

近年来，利用计算机方法解析红外光谱，在国内外已有了比较广泛的研究，新的成果不断涌现，不仅提高了解谱的速度，而且成功率较高。随着计算机技术的不断进步和解谱思路的不断完善，计算机辅助红外解谱必将对教学、科研的工作效率产生更加积极的影响。

（2）定量分析

红外光谱定量分析法的依据是朗伯—比尔定律。红外光谱定量分析法与其他定量分析方法相比，存在一些缺点，因此只在特殊的情况下使用。它要求所选择的定量分析峰应有足够的强度，即摩尔吸光系数大的峰，且不与其他峰相重叠。红外光谱的定量方法主要有直接计算法、工作曲线法、吸收度比较法和内标法等，常常用于异构体的分析。

随着化学计量学和计算机技术等的发展，利用各种方法对红外光谱进行定量分析也取得了较好的结果，如最小二乘回归、相关分析、因子分析、遗传算法、人工神经网络等的引入，使红外光谱对于复杂多组分体系的定量分析成为可能。

第 7 章　原子发射光谱法

原子发射光谱法(Atomic Emission Spectroscopy,AES)是利用物质受电能或热能作用,产生气态的原子或离子,利用其价电子跃迁所产生的特征光谱线来研究物质组成的分析方法。不同物质由不同元素的原子所组成,原子被激发后,其外层电子有不同的跃迁,但这些跃迁遵循“光谱选律”,因此特定元素的原子产生一系列不同波长的特征光谱线。识别这些元素的特征光谱线即可鉴别元素的存在,由于这些光谱线的强度与该元素的含量有关,利用其谱线强度即可测定元素的含量。一般情况下,适用于 1%以下含量的组分测定,检出限可达 10^{-6},精密度为±10%,线性范围约 2 个数量级。

7.1　仪器组成与工作原理

原子发射光谱仪主要包括光源、光谱仪和光谱观测设备。

(1)光源

光源使试样蒸发、解离、原子化、激发、跃迁产生光辐射的作用。目前常用的光源有直流电弧、交流电弧、电火花及电感耦合高频等离子体(inductively coupled plasma,ICP)。

①直流电弧:电源一般为可控硅整流器。常用高频电压引燃直流电弧。直流电弧的最大优点是电极头温度高、蒸发能力强,缺点是放电不稳定,且弧较厚,自吸现象严重,故不适宜用于高含量定量分析,但可很好地应用于矿石等的定性、半定量及痕量元素的定量分析。

②交流电弧:因为电极间没有导电的电子和离子,普通的 220 V 交流电直接连接在两个电极间是不可能形成弧焰的,可以采用高频高压引火装置。交流电弧是介于直流电弧和电火花之间的一种光源,与直流相比,交流电弧的电极头温度稍低一些,但由于有控制放电装置,故电弧较稳定。这种电源常用于金属、合金中低含量元素的定量分析。

③电火花:通常使用 10000 V 以上的高压交流电,通过间隙放电,产生电火花。由于高压火花放电时间极短,在这一瞬间内通过分析间隙的电流密度很大,弧焰瞬间温度很高,可达 10000 K 以上,故激发能量大,可激发电离电位高的元素。由于电火花是以间隙方式进行工作的,平均电流密度并不高,所以电极头温度较低,且弧焰半径较小。这种光源主要用于易熔金属合金试样的分析及高含量元素的定量分析。

④等离子体光源:是指由电子、离子、原子、分子组成的在总体上显中性的物质状态,当有高频电流通过线圈时,产生轴向磁场,这时若用高频点火装置产生火花,形成的载流子(离子与电子)在电磁场作用下,与原子碰撞并使之电离,形成更多的载流子,当载流子多到足以使气体有足够的导电率时,在垂直于磁场方向的截面上就会感生出流经闭合圆形路径的涡流,强大的电流产生高热又将气体加热,瞬间使气体形成最高温度可达 10000 K 的

稳定的等离子炬。感应线圈将能量耦合给等离子体,并维持等离子炬。当载气载带试样气溶胶通过等离子体时,被后者加热至 6000~7000 K,并被原子化和激发产生发射光谱。ICP 样品引入系统示意图,如图 7-1 所示。

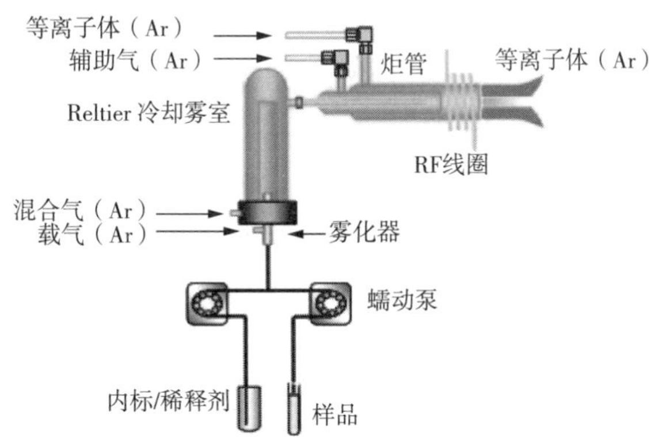

图 7-1　ICP 样品引入系统示意图

(2)光谱仪

光谱仪通常由照明系统、准光系统、色散系统和投影记录系统组成。其工作过程是:由光源发出的光,经照明系统后均匀地照在狭缝上,然后经准光系统的准直物镜变成平行光,照射到色散原件上,色散后各种波长的平行光由聚焦物镜聚焦投影在其焦面上,获得按波长次序排列的光谱,并进行记录或检测。光谱仪根据使用色散元件的不同,分为棱镜光谱仪和光栅光谱仪;按照检测方法的不同,又可以分为照相式光谱仪和光电直读光谱仪。

(3)光谱观测设备

光谱投影仪是发射光谱定性和半定量分析的主要工具,它把光谱感光板上的谱线放大,以便查找元素的特征谱线。

7.2　实验技术与条件优化

7.2.1　样品预处理

(1)固体金属及合金等导电材料的处理

①块状金属及合金试样处理:用金刚砂纸将金属表面打磨成均匀光滑表面。表面不应有氧化层,试样应有足够的质量和大小(至少应大于燃斑直径 3~5 mm)。

②棒状金属及合金试样处理:用车床加工成直径 8~10 mm 的棒,顶端成直径 2 mm 的平面,若加工成锥体,放电更加稳定。圆柱形棒状金属也不应有氧化层,以免影响导电。

③丝状金属及合金试样处理:细金属丝可做卷置于石墨电极孔中,或者重新熔化成金属块,较粗的金属丝可卷成直径 8~10 nm 的棒状。

④碎金属屑试样处理:首先用酸或丙酮洗去表面污物,烘干后磨成粉状,用石墨电极全燃烧法测定,或者将粉末混入石墨粉末后压成片状进行分析。

(2)非导电固体试样

非金属氧化物、陶瓷、土壤等试样在400℃烧20~30 min后,磨细,加入缓冲剂及内标,置于石墨电极孔用电弧激发。

(3)等离子体光源法的试样前处理

电感耦合等离子体光谱法一般采用溶液样品。各类样品均应转化为溶液进行分析(个别仪器有固体进样器,可分析块状金属试样)。转化成液体样品的方法常用酸溶解法,极个别用碱熔融法。等离子体光谱用试样处理的原则是尽量不引入盐类或其他成盐的试剂,以免增加溶液中固体物的量,含盐量高会造成进样雾化器的堵塞及雾化效率的改变,引入误差。一般尽量采用硝酸或盐酸等处理,尽量不用硫酸或高氯酸等黏稠度较大的浓酸溶解样品。处理后的试样中残余酸不宜过高,一般为5%~10%。样品溶液的酸度和标准溶液的酸度应一致。

7.2.2 测定方法

(1)光谱定性分析

在光源的激发作用下,试样中每种元素都发射自己的特征光谱。试样中所含元素只要达到一定的含量,都可以有谱线摄谱在感光板上,是元素定性检出的常用方法。

(2)光谱半定量分析

光谱半定量分析常采用摄谱法中的比较黑度法,配制一个基体与试样组成近似的被测元素的标准系列。在相同条件下,在同一块感光板上标准系列与试样并列摄谱,然后在映谱仪上用目视法直接比较试样与标准系列中被测元素分析线的黑度。

(3)光谱定量分析

光谱定量分析主要是根据谱线强度与被测元素浓度的关系来进行的。当温度一定时,谱线强度与被测元素浓度 c 成正比,即

$$I=ac$$

当考虑到谱线自吸时,有如下关系式

$$I=ac^b$$

此式为光谱定量分析的基本关系式。其中,b 为自吸系数,b 随浓度 c 增加而减小,当浓度很小无自吸时,$b=1$,因此,在定量分析中,选择合适的分析线十分重要。a 值受试样组成、形态及放电条件等的影响,在实验中很难保持为常数,故通常不采用谱线的绝对强度来进行光谱定量分析,而采用“内标法”。

7.2.3 背景干扰及扣除

光谱背景是指在线状光谱上,叠加着由于连续光谱和分子带状光谱等造成的谱线强度。

①光谱背景来源。分子辐射是指在光源作用下，试样与空气作用生成的分子氧化物、氮化物等分子发射的带状光谱。连续辐射是指在经典光源中炽热的电极头，或蒸发过程中被带到弧焰中去的固体质点等炽热的固体发射的连续光谱。分析线附近有其他元素的强扩散性谱线（即谱线宽度较大），如 Zn、Sb、Pb、Bi、Mg 等元素含量较高时，会有很强的扩散线。仪器的杂散光也会造成不同程度的背景。

②背景的扣除。可以用摄谱法扣除。测出背景的黑度 S_B，然后测出被测元素谱线黑度为分析线与背景相加的黑度 $S_{(L+B)}$。由乳剂特征曲线查出 $\lg I_{(L+B)}$ 与 $\lg I_B$，再计算出 $I_{(L+B)}$ 与 I_B，两者相减，即可得出 I_L，同样方法可得出内标线谱线强度 $I_{(IS)}$。注意：背景的扣除不能用黑度值直接相减，必须用谱线强度相减。光电直读光谱仪由于其检测器将谱线强度积分的同时也将背景积分，因此需要扣除背景。ICP 光电直读光谱仪中都带有自动校正背景的装置。

7.2.4　光谱定量分析测定条件的选择

①光源。可根据被测元素的含量、元素的特征及分析要求等选择合适的光源。

②内标元素和内标线。金属光谱分析中的内标元素，一般采用基体元素。对于组分变化很大的样品，一般不用基体元素作内标，而是加入定量的其他元素。加入的内标元素应符合下列几个条件：内标元素与被测元素在光源作用下应有相近的蒸发性质；内标元素若是外加的，必须是试样中不含或含量极少可以忽略的；分析线对选择需匹配，分析线对两条谱线的激发电位相近，分析线对波长应尽可能接近，分析线对两条谱线应没有自吸或自吸很小，并不受其他谱线的干扰；内标元素含量一定。

③光谱缓冲剂。为了减少试样成分对弧焰温度的影响，使弧焰温度稳定，试样中加入一种或几种辅助物质，用来抵偿试样组成变化的影响，这种物质称为光谱缓冲剂。此外，缓冲剂还可以稀释试样，这样可减少试样与标样在组成及性质上的差别。

④光谱载体。进行光谱定量分析时，在样品中加入一些有利于分析的高纯度物质称为光谱载体。它们多为一些化合物、盐类、碳粉等。载体的作用主要是增加谱线强度，提高分析的灵敏度，并且提高准确度和消除干扰等。

7.3　操作规程与日常维护

7.3.1　电感耦合等离子体发射光谱仪操作规程

①观察氩气钢瓶压力是否能满足此次检测的用量需求（1 MPa 大约可以支持 24 min）；开启水冷机，观察水冷机运行情况。

②打开排风设备，如做样时间较长，必须开启窗户。

③安装进样管和废液管。点击等离子体图标，点击泵，检查进液排液是否正常。

④点击等离子体气，观察氩气压力表上压力是否发生变化；如无法维持稳定压力，检查

气路。

⑤点燃等离子体,等离子体点燃后观察等离子情况。

⑥根据试样情况,首先在方法选择界面选择合适的方法。

⑦准备就绪后,开始样品分析。

⑧样品检测完成后,吸入去离子水 5 min 对进样系统及矩管进行清洗。

⑨关闭等离子体火焰。注意,火焰虽然熄灭但氩气仍然不断,大约 1 min 后氩气关闭。

⑩开启泵,将进样系统中液体排尽。松开泵管,关闭循环水冷机,关闭排风设备。

7.3.2 原子发射光谱仪的日常维护

①等离子体无法点燃,80%与氩气有直接关系。

②检测样品必须是无悬浮物的清澈透明水溶液;如无法判断样品中是否有颗粒,必须使用 0.45 μm 滤膜进行过滤后检测。

③样品最好是微酸性样品,检测顺序最好是从低到高顺序,避免记忆效应造成分析结果不准确。如无法确定含量,检测下一个样品后通入去离子水 5 min 以上,以保证把进样系统清洗干净。

④同一样品多次检测结果漂移过大时,观察进样泵管是否已老化;观察矩管洁净程度。

⑤废液桶废液不得超过 1/2。

⑥当仪器出现故障时,一定要注意截屏保存故障画面。

⑦仪器进样系统及矩管的清洗周期为三个月,日常维护为一月一次。

7.4 实验

实验 1 金属或合金中杂质元素的原子发射光谱定性分析

【实验目的】

①学习原子发射光谱分析的基本原理和定性分析方法。

②掌握发射光谱分析方法的电极制作、摄谱、冲洗感光板等基本操作。

③学会正确使用摄谱仪和投影仪。

④掌握铁光谱比较法定性判别未知试样中所含杂质元素。

【实验原理】

各种元素的原子被激发后,因原子结构不同,可发射许多波长不同的特征光谱谱线,因此可根据特征光谱线是否出现,来确定某种元素是否存在。但在光谱定性分析中,不必检查所有谱线,而只需根据待测元素 2~3 条最后线或特征谱线组,即可判断该元素存在与否。所谓元素的最后线是指当试样中元素含量降低至最低可检出量时,仍能观察到的少数几条谱线。元素的最后线往往也是该元素的最灵敏线。而特征线组往往是一些元素的双重线、三重线、四重线或五重线等，它们并不是最后线。例如，镁的最后线是 285.2 nm 一条谱线，而最易于辨认的却是在 277.6~278.2 nm 之间的五重线。此五重线由于不是最后线，在低含量时，在光谱中不能找到。但由于特征谱线组易于辨认，当试样中某些元素含量较高时，就不一定依靠其最后线，而只用它的特征谱线组就足以判断了。但必须注意，判定某元素时，如果最后线不出现，而较次灵敏线出现，则可能是由其他元素谱线的干扰而引起的。

在光谱定性分析中，除了需要元素分析谱线表外，还需要一套与所用的摄谱仪具有相同色散率的元素标准光谱图。图 7-2 为波长范围在 301.0~312.4 nm 的元素标准光谱图。在该图下方，标有按已知波长顺序排列的标准铁谱线和波长标尺，图的上方是各元素在此波段范围内可能出现的分析线。

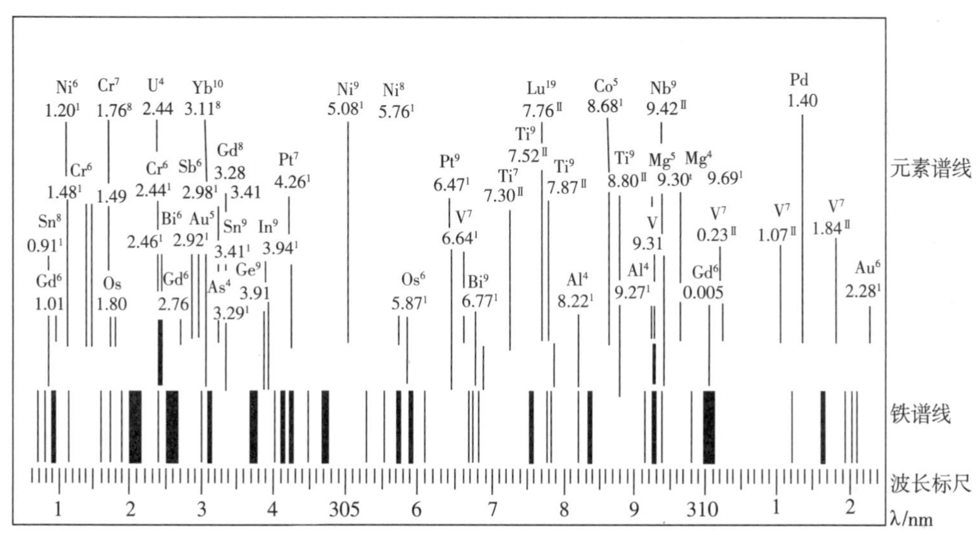

图 7-2 元素标准光谱图

在元素符号下方标有该元素谱线波长，在元素符号的右上角，标有灵敏度的强度级别。灵敏度的强度一般分为 10 级，数字越大，表示灵敏度越高，通常可利用灵敏度的强度级别来估计元素含量（表 7-1）和判别有无干扰存在。

表 7-1 定性分析结果的表示方法

谱线强度级别	含量/%（估计范围）	含量等级
1	100~10	主
2~3	10~1	大
4~5	1~0.1	中
6~7	0.1~0.01	小
8~9	0.01~0.001	微
10	<0.001	痕

实验时用哈特曼（Hartman）光栏把试样和纯铁并列摄谱于感光板上，感光板经显影、定

影、阴干后，置于光谱投影仪工作台上，并投影于投影屏，谱线被放大 20 倍，然后用元素标准光谱图进行对照比较，判定试样中有哪些元素存在，并通过其谱线强度级别，估计该元素的百分含量。若仅需了解某个或某几个元素是否存在时，可先查出这些元素的分析线波长，再在光谱投影仪上与元素标准光谱图对照判断是否有指定元素存在。

【仪器与试剂】

①仪器：平面光栅摄谱仪，光谱投影仪，光谱纯石墨电极，铁电极，紫外Ⅱ型感光板。

②试剂：显影液（按感光板附配方配制），F5 酸性坚膜定影液，稀醋酸溶液，粉末试样。

【实验步骤】

（1）准备电极与试样

①一对铁电极：将棒状铁电极在砂轮上打磨成顶端带直径为 2 mm 的平面锥体，要求表面光滑、无氧化层。

②四对光谱纯石墨电极：将直径为 6 mm 的光谱纯石墨棒切成约 40 mm 长的小段，四支上电极用卷铅笔刀制成圆锥形，四支下电极在专用车具上制成孔穴内径为 3.5 mm、深 4 mm、壁厚 1 mm 凹形状。加工后的电极应直立在电极盒内。

③试样：把屑状的低合金钢试样、丝状锡合金试样、铝粉（或镁粉）试样分别装入下电极孔穴中，试样应压紧并露出碳孔边缘。

（2）装感光板

在暗室红灯下（勿直接光照感光板）取出感光板，找出其乳剂面（粗糙面）。如需裁制，将乳剂面朝下，放在洁净纸上，以金刚刀刻划玻璃面，然后上下对板。将裁好的感光板乳剂面朝下放入暗盒内，盖上后盖并拧紧后盖固定，装到摄谱仪上。

（3）设置摄谱仪工作条件

狭缝 5 μm；中间光栏 5 mm；狭缝调焦、狭缝倾角、光栅转角置于仪器说明书规定数据。

（4）安装电极

分别将电极插入电板架上调整电极间距（3 mm 左右）。对光，点燃电弧，调节电极头成像在中间光栏两侧，光线均匀照明狭缝前的十字对中盖，电极安装完毕。

（5）准备摄谱

选择适当光源；抽开暗盒挡板使感光板乳剂面对准光路；板移至合适高度；选择哈特曼光栏；拿掉狭缝前的对中盖，准备摄谱。

（6）摄谱顺序

采用哈特曼光栏摄谱。

①摄铁谱：将哈特曼光栏置 2、5、8 处，控制电流 5 A 左右，曝光约 5 s。

②摄试样光谱：将哈特曼光栏置 1 处，控制电流 6 A 左右，曝光 30 s，然后升高电流至 8～10 A，至试样烧完为止（弧焰呈紫色，电流下降，发出吱吱声）。移动光栏在 3（或 4、6、7、9）位置依次增加曝光时间拍摄试样光谱。金属自电极试样用火花光源激发，曝光 2～3 min；石墨电极孔穴中粉末试样用交流电弧激发，应使试样烧完为止。注意观察电弧颜色

变化，并随时调整电极间距。做好摄谱记录，包括感光板移动位置、光栏、试样、光源种类、电流大小及曝光时间等。

（7）暗室处理

摄谱完毕后，推上挡板，取下暗盒，在暗室里用红色安全灯下取出感光板进行显影、停影、定影、水洗、干燥、备用。

①显影：显影液按天津外Ⅱ型感光板附方配制。18～20℃时，显影 4～6 min。显影操作时先将适量的显影液倒入瓷盘，把感光板先在水中稍加润湿。然后，乳剂面向上浸没在显影液中，并轻轻晃动瓷盘，以克服局部浓度的不均匀。

②停影：为了保护定影液，显影后的感光板可先在稀醋酸溶液（每升含冰醋酸 15 mL）中漂洗，或用清水漂洗，使显影停止。然后，浸入定影液中。停影操作也应在暗灯下进行，在 18～20℃时，漂洗 1 min 左右。

③定影：用 F5 酸性坚膜定影液，温度为（20±4）℃。将适量的定影液倒入另一瓷盘，乳剂面向上浸入其中。定影开始应在暗红灯下进行，15 s 后可开白炽灯观察。新鲜配制的定影液约 5 min 就能观察到乳剂通透（即感光板变得透明）。

④水洗：定影后的感光板需在室温的流水中淋洗 15 min 以上。淋洗时，乳剂面向上，充分洗除残留的定影液。否则谱片在保存过程会发黄而损坏。

⑤干燥：谱片应在干净架上自然晾干。如果快速干燥，可在酒精中浸一下，再用冷风机吹干，乳剂面不宜用热风吹，30℃以上的温度会使乳剂软化起皱而损坏。

⑥显影、定影完毕后，随即把显影液和定影倒回储存瓶内。

（8）识谱

①将待观察的感光板乳剂面朝上（短波在右边，长波在左边）置于光谱投影仪上，调整投影仪手轮使谱线达到清晰，然后用“标准谱线图”进行比较。

②认识铁光谱，将谱板从短波向长波移动，即自 240 nm 左右，每隔 10 nm 记忆铁光谱的特征线。

③大量元素的检查，凡试样谱带上的粗黑谱线，均用“谱线图”查对，以确定试样中哪些元素大量存在。

④杂质元素的检查，在波长表上查出待测元素的分析线，根据其分析线所在的波段用图谱与谱板进行比较。如果某元素的分析线出现，则可确定该元素存在。但应注意试样中大量元素和其他杂质元素谱线的干扰。一般应找 2～3 条分析线进行检查，根据这 2～3 条分析线均已出现，才能确定此元素的存在。实验数据记录到表 7-2。

【结果处理】

表 7-2　元素分析结果

所含元素	所查波长/nm	含量级别

【思考题】

①在定性分析中,拍摄铁光谱及试样光谱为什么要固定感光板的板移位置而移动光栏,而不是固定光栏而移动感光板?

②试样光谱旁为什么要摄一条铁光谱?

③你是如何确定样品组成的?样品中有哪些可疑元素?为什么可疑?举例说明。

【注意事项】

①激发光源为高压高电流装置,应注意操作安全。

②实验中使用的光学仪器不能用手擦拭光学表面,室内应保持干燥、清洁。

③开始摄谱前先打开通风设备。

④定性分析时用哈特曼光栏实验并列摄谱。

⑤粉末样品必须燃尽。

实验 2　原子发射光谱法测定蜂蜜中钾、钠、钙、铁、锌、铝、镁等元素的含量

【实验目的】

①掌握 ICP 光谱定量、定性过程。

②进一步熟悉 ICP 仪器的操作过程。

③了解国家标准方法中 ICP 方法测定的一般过程,强化诚实守信的品德素养。

【实验原理】

原子发射光谱法是根据处于激发态的待测元素原子回到基态时发射的特征谱线对待测元素进行分析的方法。在室温下,物质中的原子处于基态(E_0)当受外能(热能、电能)作用时,核外电子跃迁至较高的能级(E_n),即处于激发态,激发态原子是十分不稳定的,其寿命大约为 10^{-8} s。当原子从高能级跃迁至较低能级或基态时,多余的能量以辐射形式释放出来。

其能量差与辐射波长之间的关系符合普朗克公式:

$$\Delta E = E_2 - E_1 = (hc)/\lambda$$

由于各种元素的原子能级结构不同,因此受激发后只能发射特征谱线,据此可对样品进行定性分析;光谱定量分析的基础是谱线强度和元素浓度符合罗马金公式:

$$I = ac^b$$

其中 I 是谱线强度;c 是元素含量;b 是自吸系数;a 是发射系数,与试样的蒸发、激发和发射的整个过程有关。在经典光源中自吸收比较显著,一般用其对数形式绘制校正曲线,而在等离子体光源中,在很宽的浓度范围内 $b=1$,所以谱线强度与浓度成正比。

电感耦合等离子体(ICP)是原子发射光谱的重要高效光源,在 ICP-AES 中,试液被雾化后形成气溶胶,由氩载气携带进入等离子体焰炬,在焰炬的高温下,溶质的气溶胶经历多种物理化学过程而被迅速原子化,成为原子蒸汽,并进而被激发,发射出元素特征光谱,经分光后进入摄谱仪而被记录下来,从而对待测元素进行定量分析。

蜂蜜中含有丰富的有机营养物质及多种微量元素,是营养价值较高的滋补佳品。本实

验利用 ICP-AES 法测定蜂蜜中的多种微量元素。试样以硝酸—过氧化氢在微波消化罐内消化分解,稀释至确定的体积后测量,采用标准曲线法计算元素的含量。

【仪器与试剂】

①仪器:电感耦合等离子体光谱仪(ICP-AES),氩气,微波消解器。

②试剂:各测定单元素(钾、磷、铁、钙、锌、铝、钠、镁)的标准储备液(1.0 mg/mL),硝酸、过氧化氢、盐酸均为优级纯,水为煮沸蒸馏水。

【实验步骤】

①标准混合使用液配制:准确移取 5.00 mL 钙、锌、铝、钠、镁标准储备液,7.50 mL 铁标准储备液,20.00 mL 磷标准储备液于 100 mL 容量瓶中,加 5%硝酸稀释至刻度,摇匀备用。

②混合标准系列溶液配制:分别移取 0.00 mL、2.00 mL、4.00 mL、6.00 mL、10.00 mL 混合标准使用液于 5 只 100 mL 容量瓶中,并按表 7-3 计算加入所需钾元素标准储备液的体积于该容量瓶中,以 5%硝酸稀释至刻度,摇匀备用。

表 7-3　标准溶液系列

元素	标准系列溶液浓度/($mg \cdot mL^{-1}$)				
	N1	N2	N3	N4	N5
K	0	14	28	56	70
P	0	4	8	16	20
Fe	0	1.5	3	6	7.5
Ca	0	1	2	4	5
Zn	0	1	2	4	5
Al	0	1	2	4	5
Na	0	1	2	4	5
Mg	0	1	2	4	5

③样品制备:准确称取 1.0~1.2 g 未结晶的蜂蜜样品,精确至 0.1 mg。置于微波消化罐内,分别加入 3.00 mL 的浓硝酸和过氧化氢,摇动消化罐混匀,放置 24 h 以上,其间不定时摇动消化罐 3~4 次。将微波消化罐放入微波消化装置中,设定消化程序:240 W 消化 1 min,360 W 消化 3 min,600 W 消化 5 min。待消化罐冷却到室温后,将溶液定量转入 25 mL 容量瓶中,5%硝酸稀释至刻度,混匀备用。

④平行实验:按步骤③,对同一试样进行平行实验测定。

⑤空白实验:除不称取样品外,均按步骤③进行。

⑥进行标准系列样品测定,绘制标准曲线。

⑦测定样品,打印分析报告。

⑧结果计算。

【数据处理】

按式(7-1)计算元素的含量:

$$X = \frac{(c_1 - c_0) \times V}{M} \tag{7-1}$$

式中：X——被测元素的含量，mg/kg；

c_1——从标准曲线上查得的试样溶液中被测元素的浓度，μg/mL；

c_0——从标准曲线上查得的空白溶液中被测元素的浓度，μg/mL；

V——被测试液的体积，mL；

M——试样质量，g。

【思考题】

①微波消化样品中应注意什么问题？

②如何确定标准溶液中各元素的浓度？

【注意事项】

①测试完毕后，进样系统用去离子水清洗 5 min 后，再关机，以免试样沉积在雾化器口和石英矩管口。

②先降高压，熄灭等离子体，再关冷却气。

7.5 知识拓展与典型应用

7.5.1 原子发射光谱发展史话

1825 年 Talbot（塔耳波特）将锶盐加到火焰中观察焰色的变化，认为可用于某些物质的检出，这是最早出现的火焰光度法，即火焰发射光谱（FAES）。

1835 年 Wheatston（惠特斯通）观察了电火花激发的光谱，根据光谱线来辨别金属元素，即为原子发射光谱分析的初始。

1861 年 Kirchoff（基尔霍夫）和 Bunsen（本生）研究了光源中的辐射是盐类中金属元素的发射光谱特性，先后发现了新元素铯和铷，成为现代光谱分析的先导。

1868 年 Andem Angtrom 发表了太阳光谱中的 1200 条谱线，其中约 800 条谱线属地球元素。据此人们对于不同谱线的波长以 10^{-8} cm 为单位埃，加以记录，沿用至今。在此后的年代里，原子发射光谱的研究在发现新元素填充门捷列夫元素周期表做出极大的贡献，在其发展史上留下一个辉煌的阶段。现在确定新元素虽已可以更好地应用质谱法，然而作为元素定性分析最强有力的常规方法，原子发射光谱法仍沿用至今，不可取代。

1883 年 Hartley 研究了金属元素发射光谱强度随浓度的变化，提出了“最后线”概念，成为发射光谱定性及半定量分析的依据。

1925 年 Gerlach（格拉奇）提出定量分析的内标原理，1931 年 Seheibe 和 Lomakin 分别提出定量关系经验式（赛伯—罗马金公式），为发射光谱定量分析奠定了理论和应用基础。

19 世纪后半叶，光谱学得到了更大的发展。原子发射光谱分析技术在化学分析方面的辉煌成就，导致19世纪末20世纪初原子光谱物理的重大进展，形成物理学中的重要分支学科。

20世纪30年代，火花放电、火花引燃的电弧等可控制激发条件光源的出现，为原子发射光谱（Spark-AES、Arc-AES）在化学分析上的应用准备了充分的物质基础。此后，发射光谱仪器的出现和发展，在材料科学和工业生产上获得极大的应用。

第二次世界大战期间，发射光谱分析技术获得极大的发展。围绕曼哈顿原子弹工程，以铀矿分析为代表的高分辨率光谱分析，取得了重大进展。战后，一批阐述光谱分析应用和光谱仪器的专著相继问世，光谱分析成为分析化学的前沿理论，成熟的商品光谱仪在光学分析上的不断完善和推广，使其在国民经济各领域发挥重要作用。到这个阶段为止，其他光谱分支都尚未达到瞩目的地位。这时所谓的光谱分析，实际仅包括原子光谱分析中的原子发射光谱分析。随后，各类激发光源的出现，推动了原子光谱分析技术的不断发展。

20世纪60年代，原子发射光谱分析出现了一系列的新型激发光源，首先是1961年T. B. Reed（里德）利用自行设计的高频放电炬管装置，获得大气压下电感耦合氩等离子体焰炬（inductively coupled plasma torch），并预言这种等离子体焰炬可作为原子光谱的激发光源。1964年英国S. Greenfield和1965年美国V. A. Fasse分别报道这种电感耦合等离子体（ICP）激发光源用于原子发射光谱分析。经过许多光谱分析家的努力，ICP-AES开始作为原子发射光谱的分析方法和仪器得到极大发展。至20世纪80年代，ICP-AES在理论、应用与仪器等方面迅速成熟，商品仪器开始占领市场，随后出现的微波等离子体发射光谱（MP-AES）仪器形成了等离子体原子发射光谱的分析技术。

1962年F. Brech（布莱克）在第10届国际光谱学会议上首次提出了采用红宝石微波激射器诱导产生等离子体用于的发射光谱分析，引发了激光诱导击穿光谱（laser-induced breakdown spectroscopy，LIBS）分析技术的出现，1967年诞生了第一台LIBS仪器。20世纪90年代，随着激光技术的进步，LIBS分析技术得到快速发展，开始进入实用领域。进入21世纪，LIBS被认为是最具发展前景的原子发射光谱分析仪器。

1968年，W. R. Grimm（格里姆）推出了辉光放电光源，很快发展为辉光放电光谱（GD-OES）和表面分析技术，用于材料及镀层金属的逐层分析。1978年，出现了第一台商品化GDS仪器。20世纪90年代以后，GD-OES在表面分析领域上得到迅速发展。

至此，原子发射光谱形成了由火花/电弧放电光谱、等离子体发射光谱、辉光放电光谱、激光诱导发射光谱等各类分析技术和仪器，成为无机元素分析的重要手段。

7.5.2　原子发射光谱仪的应用

（1）火花放电直读光谱仪（Spark-AES）的应用

以火花放电为激发光源的仪器，通常俗称为直读光谱仪。其分析技术及应用已相当成熟，在冶金行业的炉前分析、有色金属行业、机械及铸造行业，已成为生产过程及产品质量不可或缺的检控手段。可对绝大多数金属元素进行同时测定，对钢铁合金中碳、硅、磷、硫、硼等非金属元素，氮、氧等气体成分和非金属夹杂物相进行测定，还可以对金属材料中化学元素的分布、偏析度、疏松度、夹杂物形态等同时快速检测，具备宏观和微观的分析能力。由于分光元件的不断改进，结构紧凑的小型台式或便携式直读仪器的分析性能不断提高到接近实验室仪器的定量水平，已发展成为冶金、机械等行业中金属物料的现场分析工具，成为合金牌号鉴别、废旧金属分类上材料等级鉴别的快捷有效工具。

(2)电弧原子发射光谱仪(Arc-AES)的应用

电弧原子发射光谱仪(Arc-AES)可对固态粉末样品直接测定，有效解决了如耐火材料、陶瓷、难熔氧化物等无机固体材料及地质探矿、国土资源勘查样品等这类非导电固体材料中杂质成分的快速分析问题。如对于难熔物质，如氧化钨、氧化钼、碳化硅、陶瓷等无机产品，无须将样品溶解或熔融分解，用 Arc-AES 直接以粉末或屑状样品进行分析，填补了火花直读的不足，解决了 ICP、AAS 分析时样品消解的难点。这对于工业产品如高纯钨、钼，高纯镍、钴，以及高纯石墨等难溶(熔)解样品中痕量元素的测定，极大地提高了分析速度。特别是对地球化学填图样品、地质探矿样品、岩石、水系沉积物、土壤等大批次样品分析量的测定工作具有极大的实用价值。

(3)电感耦合等离子体发射光谱仪(ICP-AES)的应用

以电感耦合等离子体为激发光源的 ICP-AES 仪器，可以说是发展得最为完善的 AES 分析仪器，已发展成为各分析实验室的常规仪器。ICP-AES 仪器由于具有溶液进样的稳定性、多元素同时测定的优点，又具有可溯源性，已经在很多领域得到广泛应用，并被列入分析标准方法。通过氢化物发生以气态氢化物形式进样，可提高测定灵敏度。近年来激光剥蚀进样装置已实现商品化，成为可选标准配件，用于固体直接进样的 LA-ICP-AES 法。使 ICP-AES 仪器成为可分析溶液、气体和固体的多元素、宽含量范围的理想分析手段。

(4)微波等离子体发射光谱仪(MP-AES)的应用

以微波等离子体为激发源，始于我国金钦汉的微波等离子炬(MPT)技术，虽然激发源温度尚不及 ICP 高，分析能力稍逊于 ICP-AES 仪器，但优于火焰原子吸收仪器，不用乙炔等可燃性气体，可以用氮气或空气代替氩气为等离子体气工作，可降低运行成本，符合安全及适用性、节能环保的“绿色低碳”分析理念。除碱金属和碱土金属元素外，对贵金属、稀土元素及其他一些金属元素有良好的分析性能，并已在地质化学、食品、农产品、石油化工和化学制品等方面得到应用。用氦气的 He MP-AES 法可以检测周期表中几乎所有天然存在的、从痕量到常量的元素，具有“全元素全量程分析”能力。千瓦级 MPT 光谱仪的进一步的研发，将可为原子光谱的应用和研究提供一种新的分析技术，对大气污染物(包括 PM2.5)中有毒有害元素的实时连续监测和溯源、特种耐高温材料的质量控制、地质勘探中的多元素探查和“全元素分析”监控，药品、保健品、食品等生物医学材料的真伪和原产地鉴别等技术问题提供独特的解决方案。千瓦级微波等离子体仪的商品化是 MP-AES 分析实用化的突破。

(5)辉光放电光谱仪(GDS)的应用

辉光放电光谱仪由于是低气压下的辉光放电使原子发生溅射，样品不断地被逐层剥离，随着溅射过程的进行，光谱信息所反映的化学组成也由表及里，所以具有薄层及深度分析的功能。GDS 既可应用于材料的成分分析，又可应用于深度分析。如金属镀层分析、各种有机镀膜及薄层分析，具有分层取样的优点，可对样品进行整体成分分析和深度轮廓分析。现时 GDS 的深度分析分辨率可达到小于 1 nm 的水平，分析深度由 nm 级至 300 μm 以上，分析速度可以是 1～100 μm/min，成为材料领域表面深度和逐层分析的有力工具。

（6）激光诱导击穿光谱仪（LIBS）的应用

激光诱导击穿光谱是利用激光与物质（气体、固体、液体）直接相互作用，所产生的辐射强度超过了物质的解离阈值时，在局部产生等离子体（称作激光诱导等离子体），由此激发出元素的特征谱线进行光谱分析。分析时将高强度的激光束直接聚焦在样品上进行激发，操作简便快捷，无须烦琐的样品前处理过程，对样品尺寸、形状及物理性质要求不严格，可分析不规则样品，可分析导体、非导体材料，以及难熔材料；可测定固态样品，还可测定液态、气态样品，可进行现场分析及高温、恶劣环境下的远程分析。因此，可以在环境、地质、考古、冶金、燃料能源、核工业、材料、生物、医药等领域得到应用，在微小区域材料分析、薄膜分析、缺陷检测等方面，在原位分析、太空探测上的应用具有明显优势，被誉为“未来的化学分析之星”，将为分析领域带来革命性的创新应用。

第 8 章　原子吸收光谱法

原子吸收光谱法（Atomic Absorption Spectroscopy，AAS）是 20 世纪 50 年代出现的一种仪器分析方法，是基于气态的基态原子外层电子对紫外光和可见光范围的相对应原子共振辐射线的吸收强度，来定量被测元素含量的分析方法，是一种测量特定气态原子对光辐射吸收的方法。不需要进行复杂的分离操作就可以用来测定 70 余种金属和类金属元素的含量，既可以进行痕量分析，也可以进行微量甚至常量的测定，广泛应用于化学、物理、地质、环境、食品等领域。

8.1　仪器组成与工作原理

原子吸收分光光度计的基本结构如图 8-1 所示。

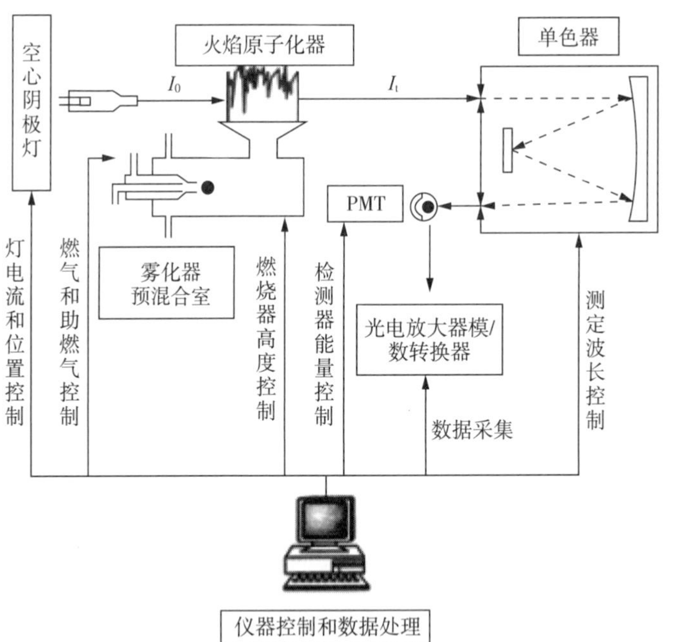

图 8-1　原子吸收分光光度计的基本结构

（1）光源

光源的作用是发射被测元素的特征共振辐射。基本要求：发射的共振辐射的半宽度要明显小于吸收线的半宽度；辐射线的强度大，背景低于特征共振辐射强度的 1%；辐射光强度稳定，30 min 之内漂移不超过 1%，且噪声小于 0.1%；使用寿命长等。

①空心阴极放电灯：空心阴极灯是符合上述要求的理想光源，应用最为广泛。包含一

个由被测元素材料制成的空心阴极和一个由钛、锆、钽或其他材料制作的阳极,阴极和阳极封闭在带有光学窗口的硬质玻璃管内,管内充有压强为 267~1333 Pa 的惰性气体氖或氩,其作用是产生离子撞击阴极,使阴极材料发光。空心阴极灯发射的光谱主要是阴极元素的光谱。

空心阴极灯放电是一种特殊形式的低压辉光放电,放电集中于阴极空腔内。常采用脉冲供电方式以改善放电特性,同时便于使原子吸收信号与原子化器的直流发射信号区分开,称为光源调制。在实际工作中,应选择合适的工作电流。如果使用的灯电流过小,放电不稳定;灯电流过大,溅射作用增加,原子蒸气密度增大,谱线变宽,甚至引起自吸,导致测定灵敏度降低,灯寿命缩短。

由于原子吸收分析中每测一种元素需换一种灯,很不方便,现已制成多元素空心阴极灯,但发射强度低于单元素灯,且如果金属组合不当,易产生光谱干扰,因此,使用尚不普遍。

②无极放电灯:对于 As、Sb 等元素的分析,为提高灵敏度,常用无极放电灯做光源。无极放电灯是由一个数厘米长、直径 5~12 cm 的石英玻璃圆管制成。管内装入数毫克待测元素或挥发性盐类,如金属、金属氯化物或碘化物等,抽成真空并充入压力为 67~200 Pa 的惰性气体氩或氖,制成放电管,将此管装在一个高频发生器的线圈内,并装在一个绝缘的外套里,然后放在一个微波发生器的同步空腔谐振器中。这种灯的强度比空心阴极灯大几个数量级,没有自吸,谱线更纯,但是需要与微波发生器同时使用,操作较为烦琐。

(2)原子化器

原子化器的功能是提供能量使试样干燥、蒸发和原子化。原子吸收分析中,试样中被测元素的原子化是整个分析过程的关键环节。入射光束在这里被基态原子吸收,因此也可把它视为"吸收池"。对原子化器的基本要求:必须具有足够高的原子化效率,具有良好的稳定性和重现性,操作简单而且干扰少等。

原子化最常用方法有火焰原子化法和非火焰原子化法。火焰原子化法是原子光谱分析中最早使用的原子化方法,至今仍在广泛地被应用;非火焰原子化法中应用最广的是石墨炉电热原子化法。另外,还有低温原子化器,仅限于某些元素可用。

①火焰原子化器:常用的有预混合型原子化器,其结构如图 8-2 所示。这种原子化器由雾化器、混合室和燃烧器组成。

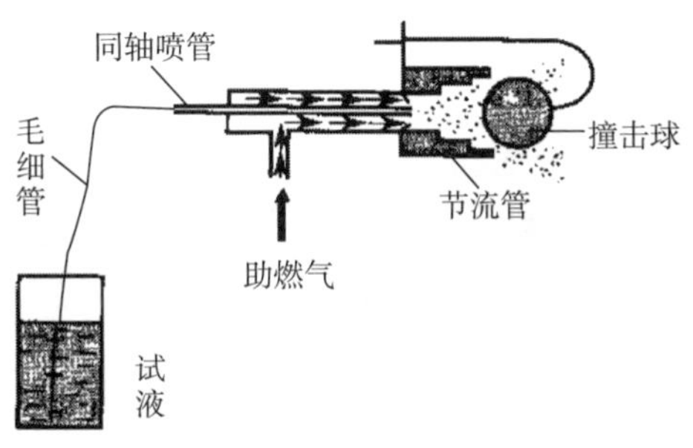

图 8-2 预混合型原子化器结构

原子吸收光谱法(火焰法)工作原理的虚拟仿真视频可扫描二维码获得。

雾化器是关键部件,其作用是将试液雾化,使之形成直径为微米级的气溶胶,雾粒越细、越多,在火焰中生成的基态自由原子就越多。混合室的作用是使较大的气溶胶在室内凝聚为大的溶珠沿室壁流入废液管排走,使进入火焰的气溶胶在混合室内充分混合均匀,以减少它们进入火焰时对火焰的扰动,并让气溶胶在室内部分蒸发脱溶。燃烧器最常用的是单缝燃烧器,其作用是产生火焰,使进入火焰的气溶胶蒸发和原子化。因此,原子吸收分析的火焰应有足够高的温度,能有效地蒸发和分解试样,并使被测元素原子化。此外,火焰应该稳定、背景发射和噪声低、燃烧安全。

原子吸收测定中最常用的火焰是乙炔—空气火焰,还有氢气—空气火焰和乙炔—氧化亚氮高温火焰。乙炔—空气火焰燃烧稳定、重现性好、噪声低,燃烧速度不是很快,温度足够高(约 2300℃),对大多数元素有足够的灵敏度;氢气—空气火焰是氧化性火焰,燃烧速度较乙炔—空气火焰快,但温度较低(约 2050℃),优点是背景发射较弱,透射性能好;乙炔—氧化亚氮火焰的特点是火焰温度高(约 2955℃),但燃烧速度并不快,是目前应用较为广泛的一种高温火焰,用它可测定 70 多种元素。

原子吸收光谱法(火焰法)分析过程的虚拟仿真视频可扫描二维码获得。

②非火焰原子化器:最常用的是管式石墨炉原子化器,如图 8-3 所示。

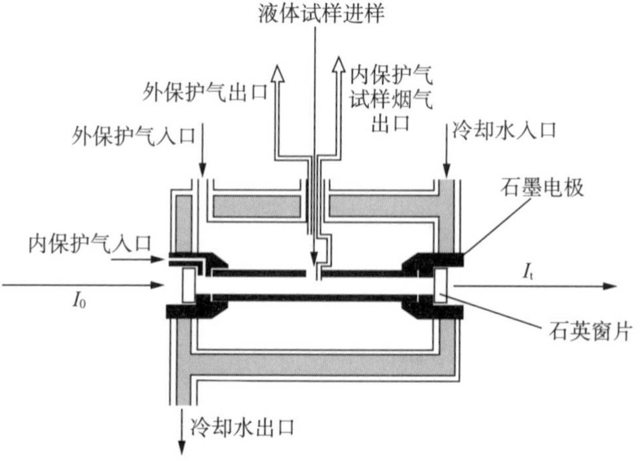

图 8-3　管式石墨炉原子化器结构

原子吸收光谱法(石墨炉法)工作原理的虚拟仿真视频可扫描二维码获得。

石墨炉原子化的过程是将试样注入石墨管的中间位置,用大电流通过石墨管以产生高达2000~3000℃的高温使试样经过干燥、灰化和原子化。与火焰原子化法相比,石墨炉原子化法的特点为:试样原子化是在惰性气体保护下、强还原性介质内进行的,有利于氧化物分解和自由原子的生成;原子化效率高,几乎100%;样品利用率高,原子在吸收区内平均停留时间较长,绝对灵敏度高;液体和固体试样均可直接进样。缺点是试样组成不均匀性影响较大,有较强的背景吸收,测定精密度不如火焰原子化法。

③低温原子化器:利用某些元素(如Hg)本身或元素的氢化物(如 AsH_3)在低温下的易挥发性,将其导入气体流动吸收池内进行原子化。目前通过该原子化方式测定的元素有Hg、As、Sb、Se、Sn、Bi、Ge、Pb、Te等。生成氢化物是一个氧化还原过程,所生成的氢化物是共价分子型化合物,沸点低、易挥发、易分离和易分解。以As为例,反应过程可表示如下:

$$AsCl_3+4NaBH_4+HCl+8H_2O=AsH_3\uparrow+4NaCl+4HBO_2+13H_2$$

AsH_3 在热力学上是不稳定的,950℃就能分解析出自由As原子,实现快速原子化。

(3)分光系统

原子吸收光谱仪中,元素灯发射的光谱,除了含有待测原子的共振线外,还包含有待测原子的其他谱线、元素灯填充其他材料发射的谱线,灯内杂质气体发射的分子光谱和其他杂质谱线等。分光系统的作用就是要把待测元素的共振线和其他谱线分开,以便进行测定。其中最关键部件是色散元件,现在普遍使用光栅。光栅放置在原子化器之后,以阻止来自原子化器内的所有不需要的辐射进入检测器。

(4)检测系统

检测系统包括光电转换元件、放大器和读数装置。广泛使用的检测器是光电倍增管,最近一些仪器也有采用电感耦合器件作为检测器的。

8.2　实验技术与条件优化

8.2.1　样品预处理

原子吸收光谱分析通常是溶液进样,被测样品需要事先转化为溶液样品。样品的处理方法和通常的化学分析相同,要求试样分解完全,在分解过程中不能引入污染和造成待测组分的损失,所用试剂及反应产物对后续测定应无干扰。

分解试样最常采用的方法是用酸溶解或碱熔融,近年来微波溶样法获得了广泛的应用。有机试样通常先进行灰化处理,以除去有机物基体。灰化处理主要有干法灰化和湿法消化两种。干法灰化是在较高的温度下将样品氧化,然后再用酸溶解,溶解时务必将残渣溶解完全,最后将溶液转移到容量瓶中定容。对于易挥发的元素(如 Hg、As、Pb、Sb、Se 等)不能采用干法灰化,因为这些元素在灰化过程中损失严重。湿法消化是将样品用合适的酸升温氧化溶解。最常采用的是盐酸+硝酸法、硝酸+高氯酸法或硫酸+硝酸法等混合酸法。微波溶样技术,可将样品放在聚四氟乙烯高压反应罐中,于专用微波炉中加热消化样品,至于采用何种混合酸消化样品,需要视样品类型来确定。

8.2.2 测定条件的选择

(1)吸收线的选择

每种元素都有若干条分析线,通常选择其中最灵敏线(共振吸收线)作为吸收线。但是,当测定元素的浓度很高,或是为了避免邻近光谱线的干扰等,也可选择次灵敏线(非共振吸收线)作为吸收线。

(2)通带宽度的选择

狭缝宽度直接影响光谱通带宽度与检测器接收的能量。选择通带宽度是以吸收线附近无干扰谱线存在,并且能够分开最靠近的非共振线为原则。适当放宽狭缝宽度,以增加检测的能量,提高信噪比和测定的稳定性。过小的光谱通带使可利用的光强度减弱,不利于测定,合适的狭缝宽度由实验确定,不引起吸光度减小的最大狭缝宽度即为合适的狭缝宽度。测定每一种元素都需要选择合适的通带,而谱线较为复杂的元素,如 Fe、Co、Ni 等,就要采用较窄的通带,否则会使工作曲线的线性范围变窄。

(3)灯电流的选择

空心阴极灯的发射特征与灯电流有关,一般要预热 10~30 min 才能达到稳定的输出。灯电流小,发射线半峰宽窄,放电不稳定,光谱输出强度小,灵敏度高;灯电流大,发射线强度大,发射线变宽,但谱线轮廓变坏,导致灵敏度下降,信噪比小,灯寿命缩短。因此必须选择合适的灯电流,其原则是在保证有足够强且稳定的光强输出条件下,尽量使用较低的工作电流。通常以空心阴极灯上标明的最大灯电流的一半至三分之二为工作电流。

(4)原子化条件

①火焰原子化法。选择适宜的火焰条件是一项重要的工作,可根据试样的具体情况,通过实验或查阅有关文献确定。一般选择火焰的温度应使待测元素恰能分解成基态自由原子为宜。若温度过高,会增加原子电离或激发,而使基态自由原子减少,导致分析灵敏度降低,如 K、Na 等易电离元素。选择火焰时,还应考虑火焰本身对光的吸收,如烃类火焰在短波区有较大的吸收,而氢火焰的透射性能则好得多。因此,对于分析线位于短波区的元素的测定,在选择火焰时应考虑火焰透射性能的影响。

测定不同的元素选择不同类型的火焰。对于低温、中温火焰,适合的元素可使用乙炔—空气火焰;在火焰中易生成难离解的化合物及难溶氧化物的元素,宜用乙炔—氧化亚氮高温火焰；分析线在 220 nm 以下的元素，可选用氢气—空气火焰。

燃气和助燃气的比例不同，火焰的特点也不同。易生成难离解氧化物的元素，用富燃火焰；氧化物不稳定的元素，宜用化学计量火焰或贫燃火焰。合适的燃助比应通过实验确定。

燃烧器高度也是影响火焰原子化效率的因素。调节燃烧器的高度，使测量光束从自由原子浓度大的区域内通过，可以得到较高的灵敏度。

燃烧器高度对火焰法测定的影响的虚拟仿真视频可扫描二维码获得。

②石墨炉原子化法。影响石墨炉原子化效率的因素较多，主要包括干燥、灰化、原子化及净化等阶段的温度和时间。干燥的主要作用是去除溶剂成分的干扰，一般在 105~125℃的条件下进行，干燥时间一般 10~30 s。灰化阶段温度和时间的选择要以尽可能除去试样中基体与其他组分而被测元素不损失为前提。原子化阶段是要使待测元素尽可能多地被原子化，应选择能使待测元素原子化的最低温度，原子化时间 5~10 s。净化阶段，温度应高于原子化温度，以便消除试样的残留物产生的记忆效应，一般时间为 5~10 s。

8.2.3　干扰及其消除技术

原子吸收光谱分析中的干扰可分为四种类型：物理干扰、化学干扰、电离干扰和光谱干扰。

(1)物理干扰的消除

物理干扰是由于试样溶液和标准溶液不同的物理性质，如黏度、表面张力、密度等，以及试样在转移、蒸发和原子化过程中的物理性质的变化而引起的原子吸收强度的变化，为非选择性干扰。消除物理干扰的主要方法是配制与试样溶液相似组成的标准溶液。在不知道试样组成和无法匹配试样时，可以采用标准加入法或稀释法来减小和消除物理干扰。

(2)化学干扰的消除

原子吸收分析中最普遍的干扰是化学干扰，它是一种选择性干扰，是由于液相或气相中被测原子与干扰物质的组分之间形成热力学更稳定的化合物，从而影响元素化合物的解离及其原子化。另外化学干扰与雾化器的性能、燃烧器的类型、火焰的性质，以及观测点的位置都有关系，所以原子吸收分析中的干扰对条件的依赖性很强，一定要具体情况具体分析，不能一概而论。

通常可以采用几种方法来克服或抑制化学干扰，如采用化学分离，使用高温火焰，在试液中加入释放剂、保护剂或基体改进剂等。

化学分离干扰物质，可以使用离子交换、沉淀分离、萃取等方法。

高温火焰具有更高的能量，会使在较低温度火焰中稳定的化合物解离。例如在乙炔—

空气火焰中测定钙时,存在 PO_4^{3-} 和 SO_4^{2-} 有时会有显著的干扰,但是,如果采用乙炔—氧化亚氮高温火焰,这种干扰就被消除了。

当一些元素生成热稳定或难解离的化合物时,可以加入一种试剂(释放剂),这种试剂优先与干扰组分反应,把待测元素释放出来,使之有利于原子化,从而消除干扰。例如,磷酸根的存在对钙的测定有严重干扰,当加入 $LaCl_3$ 或 $SrCl_2$ 后,干扰就会被消除。但是当加入过多的释放剂时,由于释放剂形成某种难熔的化合物,起到包裹作用,会使吸收信号下降。所以,在选择释放剂时,既要考虑置换反应中热化学的有利条件,又要考虑质量作用定律,还要避免包裹作用的发生,这往往需要通过反复试验,才能找到合适条件。

在以上这些方法中,有时可以单独使用,有时需要几种方法联用。

(3)电离干扰的消除

当火焰温度较高,能提供足够的能量使原子电离而形成离子时,就会发生电离干扰。电离干扰主要发生在电离电动势较低的元素上,如碱金属和部分碱土金属,因为这些元素被离解成基态原子之后,在火焰中还可以继续电离为正离子和自由电子,这样,就会使基态原子数减少,降低吸光度,导致灵敏度降低。通常可以采用加入电离电位更低的碱金属盐抑制此种干扰,例如,测定钙时,加入适量的钾盐可以消除钙的电离干扰。

(4)光谱干扰的消除

光谱干扰是由于分析元素的吸收线与其他吸收线或辐射不能完全分离所引起的一种干扰,包括谱线重叠,在光谱通带内多于一条吸收线,光谱通带内存在非吸收线、分子吸收、光散射等。其中,分子吸收和光散射是形成光谱背景的主要原因。由于引起光谱干扰的原因各不相同,所以消除其干扰的方法也不太一样,具体方法可参考有关资料。

8.3 操作规程与日常维护

8.3.1 原子吸收分光光度计操作规程

原子吸收分光光度计根据原子化器的不同主要包括火焰原子化法、石墨炉原子化法等。火焰原子吸收分光光度法的通用操作规程如下:

(1)实验准备

开通风→开启电脑→开主机电源→打开软件。

(2)设置参数

安装待测元素空心阴极灯,选择元素灯并设置灯电流与波长等参数。设置测量样品和标准样品。

(3)点火

①打开空压机(先开风机开关,再开工作开关),使压力位于 0.20~0.25 MPa。

②检查水封是否有水,否则加水。

③打开乙炔钢瓶(逆时针打开乙炔钢瓶总开关),使压力为0.05~0.08 MPa。

④设置燃气流量(一般为1500 mL/min),调整光斑位置和狭缝大小。

⑤点火,调零,火焰调为蓝色。

⑥火焰点燃后,把进样吸管放入去离子水中,调零后,用水冲洗5 min后开始样品分析。

(4)测定

①标准样品测量:把进样吸管放入空白溶液,"校零"2~3次使吸光度为零。然后吸入第一个标准样品开始测量,依次测完所有标样后,把进样吸管放入去离子水中。

②样品测量:空白溶液"校零",吸入第一个样品开始样品测量。一个样品测量完毕后需把进样管放入去离子水中清洗5~10 s再测下一个样品。测量超过5个样品时用去离子水清洗后,重新在空白溶液中校零再测。测量完成后用去离子水冲洗5~10 min。

需要测量其他元素时,可先关闭乙炔钢瓶,火焰熄灭,切换元素灯后,同上操作。

(5)关机

完成测量后,先关闭乙炔钢瓶(顺时针拧紧乙炔钢瓶总开关),等到乙炔钢瓶两个表指针都为零,火焰熄灭;再关闭空压机和工作开关,按下放水阀放水直到压力为零,关闭风机。

退出软件程序,关闭主机电源,罩上原子吸收仪器罩。关闭计算机电源、稳压器电源,15 min后再关闭抽风设备。填写仪器使用记录。

常用原子吸收分光光度计的具体操作规程可扫描二维码获得。

(1)TAS-990AFG型火焰原子吸收分光光度计操作规程

(2)TAS-990AFG型石墨炉原子吸收分光光度计操作规程

8.3.2　原子吸收光谱仪的维护与保养

(1)燃烧器缝隙的清洗

点火后,燃烧器的整个缝隙上应是一片燃烧均匀的火焰。火焰若出现锯齿状,表明缝隙需要清洗。清洗时应先熄灭火焰,用滤纸插入缝隙仔细擦洗,如无效可取下燃烧头在水中用细软毛刷洗,如已形成溶珠,可用细金相砂纸或单面刀片仔细磨刮清洗,严禁用酸浸泡。

(2)燃烧器清洗

可以吸喷有机样品进行清洗。

(3)雾化器和进样毛细管清洗

清洗过燃烧器及燃烧头缝隙后,吸光度读数仍低,可能是由在雾化器或进样毛细管局部堵塞而引起。喷吸纯净的溶剂直至随后测量的标样有较满意的吸光度值。

(4)气路检查

气路如经修理或装拆,应进行泄漏检查,特别是乙炔气路。

(5)可能故障分析

①分析结果偏高:没有用空白试剂调零;存在电离干扰;标准溶液已污染或配制不当;存在背景吸收等。

②分析结果偏低:存在化学干扰或基质干扰;标准溶液配制不当;空白溶液已被污染。

③不能达到规定的检测极限:使用不适当的标尺扩展和积分时间;由于火焰条件不当或波长选择不当导致灵敏度太低;灯电流太小影响其稳定性。

④不能达到预定灵敏度:在错误的谱线上进行分析操作,许多元素有非常邻近的谱线;各有不同的灵敏度;不同雾化器的灵敏度有所不同;金属雾化器的灵敏度要比玻璃雾化器低一些;使用的火焰不当,许多元素对不同类型火焰有很大的灵敏性;检查火焰条件,许多元素对燃气与助燃气的比例有很大的灵敏性。

⑤静态噪声过大:弄清楚仪器内确已装灯;测量条件选择时标尺扩展过大;电源电压过高或过低;灯发射强度弱或放电不正常或灯电流太小。

⑥动态噪声过大:由于火焰的高度吸收造成,可以采用背景校正。灯能量不足伴随从火焰或溶液组分来的强发射,引起光电倍增管的高度噪声。可以采取以下解决方法:允许的最大电流值内,增大空心阴极灯的工作电流;换用能量足的新灯;试用一个其他吸收线进行分析;用化学方法去除溶液中能通过火焰产生强发射的主要组分。

⑦动态漂移:在实际测量状态下的零点漂移可能是以下原因:燃烧器没有预热;吸样毛细管可能被堵塞;空心阴极灯在灯架上的位置不当;过大的标尺扩展使零点漂移扩展。

⑧读数漂移或重现性差:燃烧器预热时间不够;燃烧器缝隙或雾化器毛细管有堵塞;雾化器毛细管有漏洞;雾化器毛细管有污染;废液排泄口不畅通,浸在废液中造成燃烧室内积水、气体工作压力变化、被测样品温度改变等。

⑨点火困难:可能是由于乙炔气压力或流量过小、辅助气流量过大。

⑩燃烧器回火:可能是由于废液排放管的水封安装不当。

8.4 实验

实验1 火焰原子吸收光谱法测天然水中的钙、镁含量

【实验目的】

①学习原子吸收光谱法的基本原理。

②了解原子吸收分光光度计的基本结构及其使用方法。

③掌握应用标准曲线法测天然水(自来水)中的钙、镁含量。

【实验原理】

原子吸收定律:仪器光源辐射出待测元素的特征谱线,经火焰原子化区被待测元素基态原子所吸收。特征谱线被吸收的程度,可用朗伯—比尔定律表示:

$$A = \lg \frac{I_0}{I} = KLN_0$$

其中,A 为原子吸收分光光度计所测吸光度;I_0 为入射光强;I 为透射光强;K 为被测组分对某一波长光的吸收系数;L 为吸收层厚度即燃烧器的长度,在实验中为一定值;N_0 为待测元素的基态原子数,由于在火焰温度下待测元素原子蒸气中的基态原子数的分布占绝对优势,因此可用 N_0 代表在火焰吸收层中的原子总数。当试液原子化效率一定时,待测元素在火焰吸收层中的原子总数与试液中待测元素的浓度 c 成正比,因此上式可写作:

$$A = K' \times c$$

其中,K' 在一定实验条件下是一个常数,即吸光度与浓度成正比,遵循比耳定律。

【仪器与试剂】

①仪器:原子吸收分光光度计,钙、镁空心阴极灯,空气压缩机,高纯乙炔钢瓶。

②试剂:钙、镁标准储备液(1000 mg/L),超纯水。

钙、镁标准使用液(100 mg/L):准确吸取 10.00 mL 镁标准储备液(1000 mg/L)于 100 mL 容量瓶中,超纯水稀释至刻度,摇匀备用。

【实验步骤】

①钙、镁标准溶液的配制:准确吸取 2.00 mL、4.00 mL、6.00 mL、9.00 mL、10.00 mL 钙、镁标准使用液(100 mg/L),分别置于 5 只 100 mL 容量瓶中,超纯水定容,摇匀备用,该标准溶液系列钙、镁的浓度分别为:2.00 mg/L、4.00 mg/L、6.00 mg/L、9.00 mg/L、10.00 mg/L。

②测定参数的设置:Ca 空心阴极灯工作波长 422.7 nm;Mg 空心阴极灯工作波长 285.2 nm;光谱带宽 0.4 nm,灯电流 3.0 mA,燃烧头高度 6.0 mm,燃烧器参数 1800 mL/min,空压机压力 0.25 MPa,乙炔压力 0.05~0.07 MPa。

③钙的测定:准确吸取 5.00 mL 自来水样于 100 mL 容量瓶中,超纯水定容,摇匀。根据测定条件,测定系列标准溶液和自来水样中钙的吸光度。

④镁的测定:准确吸取 1.00 mL 自来水样于 100 mL 容量瓶中,用超纯水定容,摇匀。根据测定条件,测定系列标准溶液和自来水样中镁的吸光度。

【数据处理】

①以标准溶液的浓度为横坐标,吸光度为纵坐标,绘制标准曲线。

②在绘制的标准曲线上求出样品吸光度对应的浓度,再乘以稀释倍数,分别求出自来水中的钙、镁含量。

【思考题】

①为什么用于测定的天然水要稀释,稀释的倍数是怎么确定的?

②原子吸收光谱分析的优点?

③如果标准系列溶液浓度范围过大,则标准曲线会弯曲,为什么会有这种情况?

④原子吸收光谱分析的理论依据是什么?

⑤原子吸收分析为何要用待测元素的空心阴极灯做光源? 能否用氢灯或钨灯代替,为什么?

【注意事项】

①在测定试样前用空白溶液进行调零。

②注意仪器开机与关机的顺序。

③此实验需要空气作为助燃气,注意通风。

④乙炔气体属易燃气体,应谨慎使用。开和关时,先支阀后总阀;当发生泄漏时,切勿打开任何电源开关,关闭钢瓶总阀,将窗户打开后安全撤出。

⑤若 R 值小于 0.999,则标准溶液需要重新配制。

⑥测定样品溶液时,试样的吸光度应在标准曲线的线性范围内,并尽量靠近中部,否则应改变取样的体积以满足上述条件。

实验 2　石墨炉原子吸收光谱法测定牛奶中微量铜的含量

【实验目的】

①了解石墨炉原子吸收分光光度计的结构组成。

②学会石墨炉原子吸收分光光度法的操作技术和测定方法。

③学习使用标准加入法进行定量分析。

④了解石墨炉原子吸收分光光度法测定食品中微量金属元素的分析过程与特点。

【实验原理】

石墨炉原子吸收分光光度法是将试样(液体或固体)置于石墨管中,用大电流通过石墨管,此时石墨管经过干燥、灰化、原子化三个升温程序将试样加热至高温使试样原子化。为了防止试样及石墨管氧化,需要在不断通入惰性气体(氩气)的情况下进行升温。其最大优点是试样的原子化效率高(几乎全部原子化),特别是对于易形成耐熔氧化物的元素,由于没有大量氧的存在,并有石墨提供了大量的碳,所以能够得到较好的原子化效率。因此,通常石墨炉原子吸收光谱法的灵敏度是火焰原子吸收光谱法的 10~200 倍。

铜作为微量营养元素存在于各种食品中,牛奶中的金属元素含量,不但因牛奶的产地和奶牛饲料不同而异,还受牛奶加工过程的影响。牛奶中的铜含量一般较低,常用石墨炉原子吸收分光光度法测定,但由于牛奶样品的基体,且在通常情况下又很难配制不含铜的基体,因此常用标准加入法进行分析。

在使用标准加入法时应注意:为了得到较为准确的外推结果,至少要配制四种不同比例加入量的待测元素标准溶液,以提高测量准确度;绘制的工作曲线斜率不能太小,否则外延后将引入较大误差，为此第一次加入量应与未知量尽量接近；待测元素的浓度与对应的吸光度应呈线性关系。

【仪器与试剂】

①仪器：原子吸收分光光度计，铜空心阴极灯，氩气，自动控制循环冷却水系统。

②试剂：铜标准溶液（0.1 mg/mL），超纯水。

【实验步骤】

①牛奶样品的配制：吸取 20.00 mL 牛奶于 100 mL 容量瓶中，超纯水定容，摇匀备用。

②标准溶液的配制：在 5 只 50 mL 干净、干燥的烧杯中，各加入 20.00 mL 牛奶稀释液，用微量进样器分别加入铜标准溶液 0.00 μL、10.00 μL、20.00 μL、30.00 μL、40.00 μL，摇匀。则该系列的外加铜浓度依次为 0.00 ng/mL、50.00 ng/mL、100.00 ng/mL、150.00 ng/mL、200.00 ng/mL（铜标准溶液体积忽略不计）。

③测量：按表 8-1 所示的仪器条件测量。

表 8-1　石墨炉原子吸收分光光度法测 Cu 元素加温程序

阶段	Cu		
	温度/℃	升温/s	保持时间/s
干燥	120	10	10
灰化	450	10	20
原子化	2000	0	3
清洗	2100	1	1

【数据处理】

①以所测得的吸光度为纵坐标，相应的外加铜浓度为横坐标，绘制标准曲线。

②将绘制的标准曲线延长，交横坐标于 c_x，再乘以样品稀释的倍数，即求得牛奶中铜的含量（浓度）。即：牛奶中铜的含量 $=5\times c_x$。

【思考题】

①采用标准加入法定量应注意哪些问题？

②为什么标准加入法中工作曲线外推与浓度轴相交点，就是试样中待测元素的浓度？

③石墨炉原子吸收分光光度法测定中为什么要通水和通氩气？

④为什么石墨炉原子吸收分光光度法比火焰原子吸收分光光度法的灵敏度高？

【注意事项】

①实验中所用器材均用 20%硝酸浸泡 24 h 以上。用蒸馏水冲洗干净，晾干备用。

②因每次开机后环境条件、仪器性能和石墨管衰减等影响。每测定一批样品均需重新制备标准曲线。

③由于石墨管有记忆效应，在正式测定之前需空烧几次，从而降低空白。

④为了得到较为准确的外推结果，至少要配制四种不同比例加入量的待测元素标准溶液，以提高测量准确度。

⑤绘制的标准曲线斜率不能太小，否则外延后将引入较大误差，为此应使一次加入量 c_0 与未知量 c_x 尽量接近。

⑥本法能消除基体效应带来的干扰，但不能消除背景吸收带来的干扰。

实验3　食品中钙、铜、铁、锌等金属离子的测定

【实验目的】

①学习食品试样的预处理方法。

②掌握原子吸收测定食品中微量元素的方法。

【实验原理】

原子吸收法是测定多种试样中金属元素的常用方法。测定食品中微量金属元素，首先要处理样品，将其中的金属元素以可溶的状态存在。试样可以用湿法处理，即试样在酸中消化制成溶液；也可以用干法灰化处理，即将试样置于马弗炉中，在 400～500℃ 高温下灰化，再将灰分溶解在盐酸或硝酸中制成溶液，然后测定其中 Ca、Cu、Fe、Zn 等元素。此法可用于食品，如糕点、豆类、水果、蔬菜等中微量元素的测定。

【仪器与试剂】

①仪器：原子吸收光谱仪，钙、铜、铁、锌空心阴极灯，马弗炉，电炉等。

②试剂：钙、铜、铁、锌标准储备液（1 mg/mL），硝酸、高氯酸、氯化锶均为分析纯。

【实验步骤】

（1）试样的制备

①湿法样品的前处理：取少量大米，用研钵磨成细小颗粒，在电子天平上称取 1.0 g 左右试样于 250 mL 三角瓶中。用移液管移取 15～20 mL 硝酸—高氯酸混合酸消化液（体积比 4∶1）于三角瓶中，再将其放入通风橱中加热消化，直到冒白烟，液体呈无色或黄绿色为止；若消化不完全，则加几毫升混酸。消化完后，待凉，加 5 mL 去离子水，继续加热，直到三角瓶中剩 2 mL 左右液体，取下，放凉，在 10 mL 容量瓶中用去离子水定容，同样做样品空白消化。

②干法样品的前处理：取大米研细，称取 1.0 g 左右试样于瓷坩埚中，于低温电热板上炭化至无烟。将处理后的样品于马弗炉中，500℃ 加热 5～6 h，至样品为灰白色。取出样品，用 1:1 硝酸将其完全转移（用硝酸冲洗器壁 2～3 次）至 10 mL 容量瓶，用去离子水定容，以硝酸为空白。

（2）铜、铁、锌的测定

①标准混合工作溶液的配制：将各储备液逐级稀释配制含 Cu、Fe 100 μg/mL 和含 Zn 10 μg/mL 的混标液。

在 6 只 100 mL 容量瓶中分别加入 0.00 mL、1.00 mL、2.00 mL、3.00 mL、4.00 mL、5.00 mL 混标液，用 0.2% HNO_3 稀释定容，摇匀，Cu、Fe 浓度为 0.00 μg/mL、1.00 μg/mL、2.00 μg/mL、3.00 μg/mL、4.00 μg/mL、5.00 μg/mL 和 Zn 浓度为 0.00 μg/mL、0.10 μg/mL、0.20 μg/mL、0.30 μg/mL、0.40 μg/mL、0.50 μg/mL。

②标准曲线：根据仪器工作条件，分别测量铜、铁和锌的吸光度。

③试样液的分析：与标准曲线同样条件，测量 Cu、Fe、Zn 的吸光度。

(3)钙的测定

①标准系列溶液配制：将 Ca 的储备液稀释成 100 μg/mL 的 Ca 标准液，然后在 6 个 100 mL 容量瓶中分别加入 Ca 标准液 0.00 mL、2.00 mL、4.00 mL、6.00 mL、9.00 mL、10.00 mL，再各加入 2.0 mL 1:1 HNO_3 和 2.0 mL 20%氯化锶溶液后，超纯水稀释定容，摇匀。此溶液中 Ca 的浓度为 0.00 μg/mL、2.00 μg/mL、4.00 μg/mL、6.00 μg/mL、9.00 μg/mL、10.00 μg/mL。

②标准曲线：根据仪器工作条件分别测钙的吸光度。

③试样溶液的分析：吸取步骤①中制备的试样液 2.00 mL 于 100 mL 容量瓶中，分别加入 2.0 mL 锶盐溶液和 2.0 mL 1:1 HNO_3 后超纯水稀释定容，摇匀，与标准曲线同样条件测其吸光度。

【数据处理】

①绘制 Ca、Cu、Fe、Zn 的标准曲线。

②根据各元素在标准曲线上求出的浓度及样品的稀释倍数，确定这些元素的含量。

【思考题】

①为什么稀释后的标准溶液只能放置较短的时间，而储备液可以放置较长时间？

②测定钙时为什么要加入锶盐溶液？

【注意事项】

①若样品一次灰化不完全，则可以二次灰化，即坩埚从马弗炉取出冷却后加入 1 mL 1:1 HNO_3，在调温电热板上蒸干，再送进马弗炉 500℃下灰化 1 h。再做以后的操作。

②如果样品中这些元素的含量较低，可以增加取样量。若含量较高可以采取燃烧器转角或溶液稀释。

③处理好的试样溶液若混浊，可用离心机离心，或用定量滤纸过滤。

④硝酸—高氯酸混合酸具有强腐蚀性，注意使用安全。

⑤若 R 值小于 0.999，则标准溶液需要重新配制。

实验 4　火焰原子吸收法测定钙时磷酸根的干扰及其消除

【实验目的】

①熟悉原子吸收光谱仪的使用。

②掌握火焰原子吸收法中化学干扰及消除方法。

【实验原理】

火焰原子吸收法测定钙时，由于溶液中存在的磷酸根与钙形成热力学更稳定的磷酸钙，在空气—乙炔火焰中磷酸钙不能解离，随磷酸根浓度的增高，钙的吸收下降。为了消除这种化学干扰，可以加入高浓度的锶盐或镧盐，锶盐或镧盐会优先与磷酸根反应，释放被测元素，从而消除干扰。

【仪器与试剂】

①仪器：原子吸收光谱仪（附钙空心阴极灯）。

②试剂：标准钙储备液（1000 μg/mL）；PO_4^{3-}储备液（1000 μg/mL）；Sr 储备液（1000 μg/mL）。

【实验步骤】

①溶液的配制：取钙标准储备液（1000 μg/mL）10 mL，移入 100 mL 容量瓶中，超纯水定容，摇匀备用，即得质量浓度 100.00 μg/mL 的钙标准溶液。

②测定干扰曲线：在 5 个 50 mL 容量瓶中移取 2.50 mL 配制好的 Ca 溶液（100.00 μg/mL）和不同量的 KH_2PO_4 溶液，用体积分数 1%的 HCl 溶液稀释至刻度，稀释后的 Ca 质量浓度均为 5.00 μg/mL，PO_4^{3-}质量浓度分别为 0.00 μg/mL、2.00 μg/mL、4.00 μg/mL、6.00 μg/mL、9.00 μg/mL。

打开仪器，设定仪器条件，待仪器稳定后，用空白溶液调零，将配制好的溶液浓度由低至高依次测定，读出吸光度值。

③干扰的消除：另取 5 个 50 mL 容量瓶，配制 Sr 对 PO_4^{3-}消除干扰的试样溶液，Ca 的质量浓度仍为 5.00 μg/mL，PO_4^{3-}的质量浓度分别为 0.00 μg/mL、2.00 μg/mL、4.00 μg/mL、6.00 μg/mL、9.00 μg/mL，Sr 的质量浓度分别为 0.00 μg/mL、25.00 μg/mL、50.00 μg/mL、75.00 μg/mL、100.00 μg/mL，并用上述体积分数为 1%的 HCl 溶液稀释至刻度，用空白溶液调零，将配制好的溶液依次进行测定，读出吸光度值。

【数据处理】

①根据所测吸光度值和溶液质量浓度绘制 PO_4^{3-}对 Ca 的干扰曲线。

②根据所测吸光度值和溶液质量浓度绘制 Sr 消除干扰的曲线。

【思考题】

①在原子吸收光度法中为什么要用待测元素的空心阴极灯作为光源？可否用氘灯或钨灯代替？为什么？

②在本实验中如果不采用加入 Sr 的方法进行消除干扰，还可以采用何种方法进行消除？

【注意事项】

①绘制干扰曲线和消除干扰曲线时，吸入溶液的浓度由低至高，若出现失误，需重新测定。

②点燃乙炔火焰之前，一定要先开空气，然后开乙炔气；结束或暂停实验时，一定要先关闭乙炔气，再关闭空气。

实验 5　茶叶中重金属含量的测定

【实验目的】

①熟练掌握原子吸收光谱法测定金属元素的方法。

②掌握实验应用的基础知识和基本理论。

③通过查阅文献,自拟实验方案,独立完成实验准备以及对样品的测定。

【实验要求】

茶叶富含人体必需的蛋白质与氨基酸、碳水化合物、脂肪、矿物质、维生素、粗纤维和水等营养素。有机化学成分主要有茶多酚类、植物碱、蛋白质、氨基酸、维生素、果胶素、有机酸、脂多糖、糖类、酶类、色素等。茶叶中的矿质元素,含量较多的是磷、钾,其次是钙、镁、铁、锰、铝、硫,微量成分有锌、铜、氟、钼、硒、硼、铅、铬、镍、镉等。应用所学知识和基本理论,参考教科书及其他文献资料(自己查阅),设计实验方案用原子吸收光谱法测定茶叶中Pb、Cu、Zn和Cd等重金属离子含量。

列出所需实验试剂及仪器的规格和数量,自拟实验步骤,独立完成仪器操作及结果处理。

8.5　知识拓展与典型应用

8.5.1　原子吸收光谱法发展史话

原子吸收光谱法诞生于1955年,澳大利亚人瓦尔士和荷兰人艾柯蒙德米拉兹分别独立发表了原子吸收光谱分析的论文,奠定了原子吸收光谱分析方法的理论基础。瓦尔士将近代仪器和高温火焰结合起来提供了一个新的、简单的测量吸收能的方法,并使原子吸收方法在分析的准确度、灵敏度和精密度方面均优于原子发射光谱分析。

20世纪50年代末,英国Hilger &. Watts公司和美国PE公司分别在Uvispek和P-E13型分光光度计基础上研发了火焰原子吸收分光光度计。Hilger &. Watts公司的Uvispek被称为第一台问世的火焰原子吸收光谱商品仪器。

1959年,苏联科学家李·沃屋将电热石墨炉原子化法引入原子吸收分析,开创了非火焰原子吸收光谱法的一个新时代。马斯美恩是商品化石墨炉原子化器样机的发明者。1968年马斯美恩炉问世。1970年美国PE公司推出了第一台石墨炉原子吸收分光光度计商品仪器HGA-70。

8.5.2　原子吸收光谱分析的应用

(1)在理论研究方面的应用

原子吸收可作为物理或物理化学的一种实验手段,对物质的一些基本性能进行测定和研究,另外也可研究金属元素在不同化合物中的不同形态。

(2)在元素分析方面的应用

原子吸收光谱分析,由于其灵敏度高、干扰少、分析方法简单快速,现已广泛地应用于工业、农业、生化、地质、冶金、食品、环保等各个领域,目前原子吸收已成为金属元素分析的强有力工具之一,而且在许多领域已作为标准分析方法。如化学工业中的水泥分析、玻璃分析、石油分析、电镀液分析、食盐电解液中杂质分析、煤灰分析及聚合物中无机元素分析；农业中的植物分析、肥料分析、饲料分析；生化和药物学中的水质分析、大气污染物分样分析、药物分析；冶金中的钢铁分析、合金分析；地球化学中的水质分析、大气污染物分析、土壤分析、岩石矿物分析；食品中微量元素分析。

在对一些金属材料例如铝、铝合金、铜合金、钛合金等，一些电源材料例如银锌电池、铬镍电池、热电池、太阳电池等，这些材料运用原子吸收光谱法所测的实验数据普遍具有较高的准确度，实现了实验条件的优化与完善。

在分析与测试微量与常量的各种混合粉末电源材料时，原子吸收光谱技术的应用十分广泛，其中还包括了控制与分析不同中间产物、最终产品添加剂及杂质含量的内容。

分析与测定电解液、电镀液、浸渍液和其他不同类型的溶液中金属离子含量即液体材料溶液分析的工作内容。一般大部分待测金属离子都存在于溶液之中，因此，采用的检测方法必须具有较高的灵敏度。一旦被测浓度超过了测定范围，那么就需要稀释试样溶液，并结合实际情况，加入一定量的稀释液。例如，硝酸铜、柠檬酸铵、硝酸等，以此确保在溶液材料分析中原子光谱吸收仪的应用得以优化，进而使得到的结果更加真实准确。

(3)在有机物分析方面的应用

利用间接法可以测定多种有机物。8-羟基喹啡(Cu)、醇类(Cr)、醛类(Ag)、酯类(Fe)、酚类(Fe)、联乙酰(Ni)、酞酸(Cu)、脂肪胺(Co)、氨基酸(Cu)、维生素C(Ni)、氨茴酸(Cu)、雷米封(Cu)、甲酸奎宁(Zn)、有机酸酐(Fe)、苯甲基青霉素(Cu)、葡萄糖(Ca)等含卤素多种有机物，均通过与相应的金属元素之间的化学计量反应而间接测定。

(4)在金属化学形态分析方面的应用

通过气相色谱和液体色谱分离然后以原子吸收光谱加以测定，可以分析同种金属元素的不同有机化合物。例如，汽油中5种烷基铅，大气中的5种烷基铅、烷基硒、烷基砷、烷基锡，水体中的烷基砷、烷基铅、烷基汞、有机铬，生物中的烷基铅、烷基汞、有机锌、有机铜等多种金属有机化合物，均可通过不同类型的原子吸收光谱联用方式加以鉴别和测定。

第9章 原子荧光光谱法

原子荧光光谱法(Atomic Fluorescence Spectrometry,AFS)是介于原子发射光谱(AES)和原子吸收光谱(AAS)之间的光谱分析技术。基本原理是基态原子(一般蒸汽状态)吸收合适的特定频率的辐射而被激发至高能态,而后激发过程中以光辐射的形式发射出特征波长的荧光。结合了原子吸收光谱和原子发射光谱的一些优势,具有分析灵敏度高、干扰少、线性范围宽、可多元素同时分析等特点,是一种优良的痕量分析技术。

9.1 仪器组成与工作原理

原子荧光由激发光源、原子化器、分光系统、检测系统、信号放大器和数据处理器等部分组成。

(1)激发光源

激发光源是原子荧光光谱仪的主要组成部分,其作用是提供激发待测元素原子的辐射能。理想光源必须具备的条件是:强度大、无自吸、稳定性好、噪声小、辐射光谱重现性好、操作简便、价格低廉、使用寿命长,且各种元素均可制出此类型的灯。

激发光源可以是锐线光源,也可以是连续光源,常用光源有空心阴极灯、无极放电灯、金属蒸气放电灯(目前已应用不多)、电感耦合等离子焰、氙弧灯、二极管激光和可调谐染料激光等。目前应用较多的是空心阴极灯,可调谐染料激光是一种有发展前景的光源。

(2)原子化器

原子化器是提供待测自由原子蒸气的装置。原子荧光分析对原子化器的要求主要有原子化效率高、猝灭性低、背景辐射弱、稳定性好和操作简便等。与原子吸收相类似,在原子荧光分析中采用的原子化器主要可分为火焰原子化器和电热原子化器两大类,如火焰原子化器,高频电感耦合等离子焰(ICP)石墨炉、汞及可形成氢化物元素用原子化器等。

①火焰原子化器:空气—乙炔火焰是原子吸收分析中比较理想的火焰原子化器,但是由于它有强烈的燃烧反应,因此具有很强的光谱背景,严重影响原子荧光分析法的检出限。而氩—氢火焰具有较低的背景发射,能够得到很好的检出限,但是火焰温度太低,只能用于简单样品的分析。因此,原子荧光的使用受到一定的限制。

②氢化物法原子化器:氢化物发生—原子荧光法得到了较快的发展,这种方法是基于在含As、Sb、Bi、Se、Te或Sn的酸性溶液中加入硼氢化钾,使上述元素形成氢化物,当氢化物引入氢火焰被原子化时,可以得到很高的灵敏度,但是能够进行氢化物发生的元素较少。

(3)分光系统

由于原子荧光光谱比较简单,因而方法对所采用的分光系统要求有较高集光本领,而对色散率要求不高。由于在原子荧光测量中,激光光源与检测器不在同一光路上(避免激发光源等对原子荧光信号的影响),因而在特殊情况下也可以不用单色器。常用的分光器还是光栅和棱镜。

(4)检测系统

在原子荧光光谱仪中,目前普遍使用的检测器仍以光电倍增管为主,对于无色散系统的仪器来说,为了消除日光的影响,必须采用工作波长为 160~320 nm 的光电倍增管。此外,也有人用光电摄像管和光电二极阵列作检测器。

(5)显示系统

光电转换所得的电信号经锁定放大器放大后显示出来。目前均采用计算机处理数据,具有实时图像显示、曲线拟合、打印结果等自动功能,使分析工作更为快捷方便。

9.2 实验技术与条件优化

9.2.1 样品制备

(1)氢化反应介质条件的选择

对于处理后的样品必须在氢化反应发生之前,将溶液调整到被测元素的最佳反应介质,在不同的酸度条件下其荧光强度不同。

(2)还原剂及其浓度的选择

在原子荧光的测定方法中,常用的还原剂是 KBH 或 NaBH,其浓度对测量结果影响很大。

9.2.2 测定条件的选择

(1)空心阴极灯的选择

由于在原子吸收光谱中使用的普通空心阴极灯不能激发出足够强的荧光信号,因此在原子荧光测定中采用了脉冲供电方式的高强度空心阴极灯,可以使谱线强度提高几倍甚至几十倍。在脉冲供电方式下,只要峰值电流不是太高,一般不会产生谱线自吸,且不会严重影响灯的寿命。选择高强度空心阴极灯,在设定灯电流时,应根据不同的灵敏度要求选择其大小,若选择过大会缩短灯的寿命,往往会造成工作曲线的弯曲。同时还必须严格控制灯的位置,使辐射光准确通过石英炉的上方。

(2)观测高度的选择

原子荧光测定的灵敏度随观测高度的变化而改变,如测定 As 时,随观测高度的增加,其信号减小明显。观测高度太低,石英炉的散射光将会造成很高的背景读数,则增加测量噪声;但过高的观测高度会导致灵敏度及测量精度的下降。必须注意,由于燃烧器高度的标尺起点不同及测定样品的基体不同,使用不同型号的仪器在测定各种样品中的不同元素时,应通过条件试验确定最佳观测高度。在选择时千万别忘记扣除本底荧光值。

(3)载气流量的选择

在原子荧光测定中,通过载气流动将反应生成的氢化物载入石英原子化器中。如果载气流量过大,则对氢化物有稀释作用,使信号强度降低;如果载气流量过小,则不能在短时间内将氢化物带入石英炉,不仅使测量信号降低,测量信号峰也会拖尾。此外,载气中的杂质成分对测定结果影响也较大,尤其是氧气等有荧光猝灭效应的气体成分,其影响更大。

(4)屏蔽气流量的选择

石英炉原子化器一般具有外屏蔽气,一般使用氩气屏蔽,它可以防止空气进入火焰产生荧光淬火,以保证较高及稳定的荧光效率。

9.3　操作规程与日常维护

9.3.1　原子荧光分光光度计操作规程

①打开仪器灯室,在 A、B 道上分别插上或检查元素灯。

②打开氩气,调节减压表次级压力为 0.3 MPa。

③打开仪器前门,检查水封中是否有水。

④依次打开计算机、仪器主机(顺序注射或双泵)电源开关。

⑤检查元素灯是否点亮,新换元素灯需要重新调光。

⑥双击软件图标,进入操作软件。

⑦在自检测窗口中点击“检测”按钮,对仪器进行自检。

⑧点击元素表,自动识别元素灯,选择自动或手动进样方式。

⑨点击“点火”按钮,点亮炉丝。

⑩点击仪器条件,依次设置仪器条件、测量条件(如要改变原子化器高度,需要手动调节)。

⑪点击标准曲线,输入标准曲线各点浓度值和位置号。

⑫点击样品参数,设置被测样参数。

⑬点击测量窗口,仪器运行预热 1 h。

⑭将标准、样品、载流和还原剂等准备好,压上蠕动泵压块,进行测量,处理数据打印报告。

⑮测量结束后用纯水清洗进样系统 20 min。

⑯退出软件,关闭仪器电源和计算机电源,关闭氩气。

⑰打开蠕动泵压块,把各种试剂移开,将仪器及试验台清理干净。

AFS-3100 原子荧光分光光度计操作规程可扫描二维码获得。

9.3.2 原子荧光分光光度计的日常维护

①更换元素时一定要关闭仪器主机电源,要确保灯头插针和灯座上的插孔完全吻合。

②要定期在泵管及采样臂滑轨、臂升降机构等添加硅油,确保泵头运转灵活,经常检查泵头软管是否老化,建议使用一段时间后及时更换软管。

③长期不使用时,至少每周要开机 1 h。

④在开启仪器前,一定要注意开启载气,检查原子化器下部的去水装置中水封是否合适。

⑤试验时注意在气液分离器中不要有积液,以防溶液进入原子化器。

⑥在测试结束后,一定要运行仪器用水清洗管道。关闭载气,并打开压块,放松泵管。

9.4 实验

实验 1 原子荧光法测定水中的汞

【实验目的】

①了解原子荧光光谱分析的基本原理、特点及应用。

②掌握原子荧光光谱仪的基本结构及操作方法。

③学习 HG-AFS 法测定时标准曲线的绘制和试样测定的方法。

【实验原理】

在一定条件下,气态原子吸收辐射光后,本身被激发成激发态原子,处于激发态上的原子不稳定,跃迁到基态或低激发态时,以光子的形式释放出多余的能量,根据所产生的原子荧光的强度即可进行物质组成的测定。该方法称为原子荧光分析法。

在一定酸度下,溴酸钾与溴化钾反应生成溴,可将试样消解使所含汞全部转化为二价无机汞,用盐酸羟胺还原过剩的氧化剂,用硼氢化钠将二价汞还原成原子态汞,由载气(氩气)将其带入原子化器中,在特制汞空心阴极灯照射下,基态原子被激发至高能态,在去活化回到基态时,发射出特征波长的荧光,在一定浓度范围内,荧光强度与汞含量成正比,与标准系列比较定量。

【仪器与试剂】

①仪器:AFS-3100 原子荧光光谱仪。

②试剂:硝酸,盐酸,硼氢化钠,氢氧化钠,无水溴酸钾,溴化钾,盐酸羟胺,汞标准储备液(1 mg/mL)。

【实验步骤】

①硼氢化钠溶液(20 g/L)的配制:称取氢氧化钠 1 g 溶于 500 mL 蒸馏水中,溶解后加入 10.0 g 硼氢化钠继续溶解,溶解完全,过滤后使用。宜现用现配。

②样品的制备：取 10.00 mL 水样于比色管中，加入 0.5 mL 盐酸、0.5 mL 溴酸钾—溴化钾溶液（2.784 g 无水溴酸钾及 10 g 溴化钾溶解定容至 1000 mL），摇匀放置 20 min 后，加入 1~2 滴盐酸羟胺溶液（100 g/L），使黄色褪尽，摇匀。

③标准曲线的配制：将汞标准物质（1000 μg/mL）逐级稀释成质量浓度为 100 μg/L 的标准使用液，稀释过程不另外加酸，稀释液为超纯水。分别吸取 100 μg/L 汞标准使用液 1.00 mL、0.50 mL、0.00 mL 于 3 个 100 mL 容量瓶中，分别加入 5.00 mL 盐酸，用去离子水定容，配成质量浓度为 1.00 μg/L、0.50 μg/L、0.00 μg/L 的标准溶液。其中，1.00 μg/L 标准溶液作为标准曲线母液，仪器自动配标，自动配标浓度分别为 0.00 μg/L、0.10 μg/L、0.20 μg/L、0.30 μg/L、0.50 μg/L、0.80 μg/L、1.00 μg/L。0.50 μg/L 标准溶液作为内控，0.00 μg/L 标准溶液作为试剂空白。

④仪器工作条件（参考）：光电倍增管负高压 280 V，原子化器高度 10 mm，灯电流 30 mA，载气流量 400 mL/min，屏蔽气流量 800 mL/min，读数时间 18 s，延时 2 s。

⑤标准系列溶液测定：设定仪器最佳条件，点燃原子化器的炉丝，开启载气瓶，让仪器进入测试状态，以硼氢化钠溶液为还原剂，2%的硝酸溶液为载流，稳定 30 min 后，开始测定，连续使用标准系列空白进样，待读数稳定后，转入标准系列测定，绘制标准曲线。随后依次测定未知样品溶液，绘制标准曲线、计算回归方程。

⑥样品测定：在相同实验条件下，对待测水样进行测定，记录样品的信号强度。在测定样品的同时用去离子水代替试样做空白实验。

【数据处理】

以信号强度为纵坐标，汞标准溶液浓度为横坐标，绘制标准曲线，并求出待测水样中汞的含量。

【注意事项】

①仪器预热至少 30 min，且预热时间越长，湿度越小，越有利于其稳定。

②用硝酸溶液为载流，硝酸是氧化性酸，其更容易将水中汞全部转化为二价无机，需注意硝酸浓度选用 2%。

③硼氢化钠溶液也可以用硼氢化钠溶液（20 g/L）代替。

④锥形瓶、容量瓶等玻璃器皿均应及时使用稀硝酸（10%）盥洗后冲净待用，防止污染。

⑤硼氢化钠是强还原剂，使用时注意勿接触皮肤和眼睛。

【思考题】

①比较原子吸收分光光度计和原子荧光光度计在结构上的异同点，并解释其原因。

②每次实验，氢化物发生器中各种溶液总体积是否要严格相同？为什么？

实验 2　氢化物—原子荧光光谱法测定食品中的砷

【实验目的】

①理解原子荧光光谱分析的基本原理及特点，熟悉仪器的结构，学习仪器的使用。

②掌握采用原子荧光光谱法测定砷的实验技术，理性评价砷对人体的作用。

【实验原理】

试样经酸溶解，用还原剂将其中五价的砷离子（As^{5+}）还原为三价（As^{3+}），再与硼氢化钾作用生成相应的金属氢化物，被氩气带入石英炉原子化器中，产生基态的原子，从光源辐射中获得能量后，原子被激发，紧接着受激原子去活化，发射一定波长的原子荧光，其荧光强度与分析元素砷的含量呈线性关系，可以此测定砷含量。

【仪器与试剂】

①仪器：原子荧光光度计，高强度砷空心阴极灯，氩气。

②试剂：硼氢化钾，酒石酸，盐酸，硝酸，三氧化二砷，硫脲，抗坏血酸，三氧化二铁。

砷标准溶液（100 μg/mL）：准确称取三氧化二砷 0.1320 g，置于 250 mL 烧杯中，加入 0.1 mol/L 氢氧化钾溶液 40 mL 溶解，然后加入 0.1 mol/L 盐酸 40 mL，将其移入 1000 mL 容量瓶内，用去离子水稀释至刻度摇匀，此溶液含砷 100 μg/mL。使用时再把它稀释配制为含砷 10 μg/mL、5 μg/mL 的溶液。

5%硫脲—抗坏血酸还原剂：称取 10 g 硫脲溶液于 100 mL 水中，得 10%硫脲。称取抗坏血酸 10 g 溶于 100 mL 去离子水中，得 10%抗坏血酸。然后，将上述两种溶液等体积混合，现用现配。

铁盐稀释液：称 0.3 g 三氧化二铁溶于 10 mL 盐酸中（加热），然后再加盐酸（1:1）110 mL，最后用去离子水稀释至总体积为 300 mL，混合摇匀备用。此溶液中三氧化二铁含量为 1.0 mg/mL。

【实验步骤】

①仪器参数设置：空心阴极灯灯电流 70 mA，光电倍增管负高压 340 V，原子化器高度 8 mm，载气流量 600 mL/min，原子化温度 700℃，屏蔽气流量 1000 mL/min。

②工作曲线的制作：吸取含砷 5 μg/mL 的溶液 0 mL、0.25 mL、0.50 mL、1.00 mL、1.50 mL、2.00 mL 分别放于 50 mL 容量瓶中，加铁盐稀释液 25 mL，5%硫脲—抗坏血酸混合液 10 mL，用去离子水稀释至刻度摇匀，放置 10 min，倒入干净的小烧杯中，用定量进样器分别每次吸取 2 mL 溶液于氢化物发生器中进行测定。则在 2 mL 标准溶液中各点 As 的绝对量分别为：0 μg、0.05 μg、0.10 μg、0.20 μg、0.30 μg、0.40 μg。

③试样分析：新鲜扇贝洗净，取肉置于（100±5）℃烘箱中烘干。称干样 0.2 g 于微波分解罐中，用少量去离子水将样品湿润，加 1:1 HNO_3 5 mL 置微波消解器中消解 10 min，冷却至室温，用 5%酒石酸水溶液稀释至刻度，摇匀放置使残渣沉下，澄清备用。

用刻度移液管吸取上层清液 10 mL 于 50 mL 已烘干的烧杯中，加铁盐稀释液 6 mL，硫脲—抗坏血酸液 4 mL，摇匀放置 10 min，用进样器吸取 2 mL（相当于 20 mg 试样）于氢化物发生器中，用电磁阀控制加入硼氢化钾，加入速度为 0.5 mL/s，加入时间 5 s，荧光信号由荧光屏显示。

【结果处理】

按仪器上数据处理程序，计算样品中砷的含量。

【注意事项】

①氢化物发生器必须绝对密封,因为一旦漏气,氢化物会使人中毒,而且会使测定结果偏低。

②砷是较易挥发的元素之一,为防止砷的损失,试样灰化温度以 500℃ 为宜。

【思考题】

①原子荧光法与原子吸收光谱法在测定原理与仪器结构上有何区别?

②本实验的主要干扰是什么? 如何克服其干扰?

③本实验使用铁盐稀释液和硫脲—抗坏血酸混合液各有何作用?

第三篇　电化学分析法

电化学分析是现代分析技术的重要分支，它是以电导、电位、电流和电量等电参量与被测物含量之间的关系为计量基础，根据物质在溶液中的电化学性质及其变化来进行分析的方法。电化学分析法具有较高的灵敏度和准确度，设备简单，应用广泛，已成为食品、生物及相关部门广泛使用的一种检测手段。根据测量的电参数的不同，可分为电位分析、电导分析、极谱分析、库仑分析和伏安分析等。

第 10 章　电位分析法

电位分析法是一种经典的分析方法,它是在通过电路的电流趋近于零的条件下以测定电池的电动势或电极电位为基础的方法,主要用于各种样品中 pH 的测量及生物体中离子成分的测定。电位分析包括电位测定法(直接电位法)和电位滴定法。直接电位法通过测量指示电极和参比电极间的电位差,进而求得被测组分的活度或浓度。电位滴定法是以一对适当的电极监测滴定过程中的电位变化,从而确定终点,并由此求得待测组分的浓度。电位滴定法优于通常的化学滴定法,能用于有色或浑浊溶液的滴定。

10.1　仪器组成与工作原理

pH 计是电位分析法中最常使用的仪器,仪器的输入阻抗越大,pH 计精密度越高。pH 计除使用 pH 和 mV 档直接测量外,也用于离子选择性电极及电位滴定测定。pH 计主要包括:主机、pH 复合电极、多功能电极架和三芯电源线。

10.2　实验技术与条件优化

10.2.1　标准缓冲溶液的配制方法

①pH = 4.00(25℃)标准缓冲溶液:将 10.1200 g 优级纯邻苯二甲酸氢钾溶解于 1000 mL 高纯水中。

②pH = 6.86(25℃)标准缓冲溶液:将 2.3870 g 优级纯磷酸二氢钾和 2.5330 g 优级纯磷酸氢二钠溶解于 1000 mL 高纯水中。

③pH = 9.18(25℃)标准缓冲溶液:将 2.8000 g 优级纯四硼酸钠溶解于 1000 mL 高纯水中。

备注:配制②、③溶液用的水,应预先煮沸 15 ~ 30 min,除去溶解的二氧化碳。冷却过程中应尽量避免与空气接触,以防止二氧化碳的影响。

10.2.2　pH 计的校正

①设置温度。温度是影响测量值的因素之一,在测量前,用温度计测量当前标准缓冲溶液的温度(通常在测量前将标液和样品溶液放置至室温),最后在仪器上设置相同的温度值。

②清洗电极,将电极放入标准缓冲溶液 1(一般 pH 为 6.86)中。

③待 pH 读数稳定后,按“定位”键,仪器提示“Stdy E5”字样,按“确认”键,仪器自动识别并显示当前温度下的标准 pH 值,按“确认”键即完成第一点标定(斜率为 100%)。

④再次清洗电极,并将电极放入标准缓冲溶液 2(一般 pH 为 4.00 或 9.18)中。

⑤待 pH 读数稳定后,按“斜率”键,仪器提示“Stdy E5”字样,按“确认”键,仪器自动识别并显示当前温度下的标准 pH 值,按“确认”键即完成第二点标定。

⑥如果使用其他的标准缓冲溶液进行标定,则可在最后一次确认前,手动调节显示的 pH 数据至当前温度下对应标液的 pH 值,然后按“确认”键。

10.3 操作规程与日常维护

10.3.1 pH 计操作规程

【开机准备】

仪器安装:根据实验情况选择合适的电极,连接好电极。

【开机】

①接通电源,预热 20 min 后,选择测量模式,即“pH 测量”和“mV 测量”。

②pH 测量:经校正过的 pH 计可用来测定被测溶液。用蒸馏水清洗电极头部,再用被测溶液清洗一次。当被测溶液与定位标准缓冲溶液温度相同时,直接把电极浸入被测溶液中,用玻璃棒搅拌溶液,使溶液均匀,等显示屏上的读数稳定后,读出溶液的 pH 值;当被测溶液和定位溶液温度不相同时,用温度计测出被测溶液的温度,在仪器上设置此温度值,把电极浸入被测溶液中,用玻璃棒搅拌溶液,使溶液均匀,等显示屏上的读数稳定后,读出溶液的 pH 值。

③mV 测量:将电极浸入蒸馏水中清洗,再用被测溶液清洗电极一次,把清洗好的电极插在被测溶液内,用玻璃棒搅拌溶液,使溶液均匀,等显示屏上的读数稳定后,读出溶液的电极电位(mV 值),如果被测信号超出仪器的测量范围,仪器将显示“Err”字样。

【关机】

用蒸馏水清洗电极头部,然后按规范保存电极,最后关闭电源,方可离开。

【注意事项】

①温度是影响测量 pH 值的重要因素。在测定前,用温度计测量当前待测溶液的温度,然后在仪器上设置相同的温度值。

②pH 计所用的电极都有使用年限,一般为 1 年,超过使用年限,应及时更换。

③在使用 pH 计过程中,出现异常现象,首先应该考虑更换电极(电极易损坏),如果更换电极后,一切正常,说明之前使用的电极已坏;如果更换电极后,仍然异常,这时可以查看说明书或联系厂家。

④在使用 pH 计时,通常会选用磁力搅拌器搅拌待测溶液,搅拌速度应缓慢而稳定。

⑤在使用 pH 计测定标准溶液时，测定顺序应由低到高依次进行（此时不需要用蒸馏水清洗电极），若测定未知浓度样品时，需要用蒸馏水清洗电极后再测定，避免产生较大误差。

以下为市场上应用比较广泛的 pH 计和全自动多功能滴定仪的操作规程，各自具体的操作规程可扫描二维码获得。

（1）PHS-3C 型 pH 计操作规程

（2）ZDJ-400 全自动多功能滴定仪操作规程

10.3.2　电极的日常维护

（1）复合电极的日常维护

①电极在测量前必须用标准缓冲溶液进行校正。

②取下电极保护套后，应避免电极的敏感玻璃泡与硬物接触。

③测量结束后及时套上电极保护套，套内应放少量外参比补充液，以保持电极球泡的湿润。

④电极的外参比补充液应高于被测溶液液面 10 mm 以上，如果低于被测溶液液面，应及时补充参比补充液，补充液可以从电极上端小孔加入，复合电极不使用时，拉上橡皮套，防止补充液干涸。

⑤电极的引出端必须保持干燥清洁，绝对防止输出两端短路，否则将导致被测量失准或失效。

⑥第一次使用的 pH 电极或长期停用的 pH 电极，在使用前必须在 3 mol/L 氯化钾溶液中浸泡 24 h，电极应避免长期浸泡在蒸馏水、蛋白质溶液和酸性氟化溶液中，电极应避免与有机硅油接触。

⑦电极经长期使用后如发现斜率略有降低，则可把电极下端浸泡在 4%HF（氢氟酸）中 3~5 s，用蒸馏水洗净，然后在 0.1 mol/L 盐酸溶液中浸泡，使之复新。

⑧被测溶液中如含有易污染敏感球泡或堵塞液接界的物质使电极钝化，会出现斜率降低，显示读数不准现象，如发生该现象，则应根据污染物质的性质，用适当溶液清洗，使电极复新，具体污染物质对应的清洗剂，见表 10-1。

⑨玻璃电极的保质期一般为一年，出厂一年以后不管是否使用，其性能都会受影响，应及时更换。

⑩选用清洗剂时，不能用四氯化碳、三氯乙烯、四氢呋喃等能溶解聚碳酸树脂的清洗液。因为电极外壳是用聚碳酸树脂制成的，其溶解后极易污染敏感玻璃球泡，从而使电极失效；也不能用复合电极去测上述溶液；建议选用65-1型玻璃壳复合pH电极去测上述溶液；pH复合电极的使用，最容易出现的问题是外参比电极的液接界堵塞。

表10-1　常见污染物质及相应清洗剂参考表

污染物	清洗剂
无机金属氧化物	低于1 mol/L稀酸
有机油脂类物	稀洗涤剂（弱碱性）
树脂高分子物质	酒精、丙酮、乙醚
蛋白质血球沉淀物	5%胃蛋白酶+0.1 mol/L HCl溶液
颜料类物质	稀漂白液、过氧化氢

（2）氟离子选择性电极的日常维护

氟离子选择电极是测定水溶液中氟离子浓度或者间接测定能与氟离子形成稳定络合物的离子浓度的指示电极。

①氟电极在测定样品或标准溶液时，应用磁力搅拌器进行匀速搅拌，测定样品与测定标准溶液的搅拌速度应保持相同。

②电极与饱和甘汞电极组成电极对，使用前电极应该在去离子水中将电极的电位清洗至370 mV（取仪器显示电位值的绝对值）以上，即可以正常使用。

③在测定过程中，氟电极用去离子水清洗后，应该用干净的纱布或者是卷纸擦干后进行测定，以防止引起误差。

④电极在测定时，样品溶液和标准溶液应该保持在同一温度。

⑤一般要首先记录电极由稀到浓的数个标准溶液中的电位值（要求记录三个标准浓度以上的电位值，氟标准溶液浓度的选择应该在被测浓度的附近），以氟离子浓度的负对数（pF）为横坐标、电位值（E）为纵坐标绘制标准工作曲线，然后记录电极在被测样品溶液中的电位值，根据标准曲线方程计算出被测样品溶液的电位值相对应的pF，进一步计算出被测样品溶液中氟离子的浓度。

⑥氟标准溶液建议存放在聚乙烯的塑料瓶中，对使用过的容量瓶、移液管和其他的玻璃器皿要及时清洗。

⑦氟电极在使用完毕后建议用去离子水清洗，将空白电位洗至370 mV后，再干燥后保存，这样可以延长氟电极使用寿命，保持电极的良好性能。

（3）参比电极的日常维护

参比电极是pH计、离子计等分析仪器上起参比作用的元件，它与各种指示电极组成测量电池，可以测定溶液中各种离子的浓度，并可以进行电位分析。

①电极在使用前先将电极上端小孔的橡皮塞拔去，以防止产生扩散电位影响测试精度。

②电极内的盐桥溶液中不能有气泡，以防止溶液短路；饱和盐桥溶液型号的电极应该保留少许晶体，以达到饱和溶液的要求。

③双桥式的电极，在使用的时候一定要拔去橡皮塞和橡皮帽，第二节盐桥装入适当的惰性电极溶液后再装上使用，以保证测试结果的准确性。

④当电极外壳上附有盐桥溶液或结晶体的时候，应该随时除去。

⑤电极配有各种规格的插头，用户在购买的时候应该注意本电极的插头是否与使用的仪器配套。

10.4　实验

实验1　碳酸饮料pH值的测定

【实验目的】

①理解pH计测定溶液pH值的原理。

②掌握pH计测定溶液pH值的方法。

③了解碳酸饮料对人体的危害。

【实验原理】

pH值为氢离子浓度的负对数，它可间接地表示溶液的酸碱程度，是水化学中常用的和最重要的检验项目之一。由于pH值受溶液温度影响而变化，测定时应在规定的温度下进行或者校正温度。通常采用玻璃电极法和比色法测定pH值。比色法简便，但受色度、浊度、胶体物质、氧化剂、还原剂及盐度的干扰。玻璃电极法基本上不受以上因素的干扰，然而pH在10以上时，会产生“钠差”，读数偏低，需选用特制的“低钠差”玻璃电极，或使用与水样pH值相近的标准缓冲溶液对仪器进行校正。

本实验采用玻璃电极法测定碳酸饮料的pH值。仪器安装时，注意切勿使球泡与硬物接触，防止触及杯底而损害；仪器校正时，选用pH值与碳酸饮料pH值接近的标准缓冲溶液，校正pH计（又叫定位），并保持溶液温度恒定，以减少由于液接电位、不对称电位及温度等变化而引起的误差；样品测定时，条件应与校正时保持一致，且注意磁力搅拌子要与电极的球泡部位保持一定的距离，搅拌速度不要过快，以免打坏电极。

【仪器与试剂】

①仪器：pH计，复合玻璃电极。

②试剂：0.05 mol/L邻苯二甲酸氢钾溶液（pH=4.00，25℃），0.05 mol/L Na_2HPO_4 + 0.05 mol/L KH_2PO_4 混合溶液（pH=6.86，25℃）。

③样品：市售 3 种碳酸饮料。

【实验步骤】

①开机：打开 pH 计电源开关，预热 30 min，接好复合玻璃电极。

②pH 计校正：按照仪器使用说明书上的操作方法用 pH = 6. 86（25℃）和 pH = 4. 00（25℃）的缓冲溶液对 pH 计进行两点校正。

③碳酸饮料 pH 值的测定：用蒸馏水冲洗电极 3~5 次，用滤纸吸干，然后将电极放入碳酸饮料中，等 pH 值稳定后读数，重复测定 3 次，将实验数据记录在表 10-2 中。测定完毕，清洗干净电极，把电极浸泡在蒸馏水中。

【数据处理】

记录碳酸饮料的 pH 值，并求平均值。

表 10-2　实验测定结果

编号	pH 值（第一次）	pH 值（第二次）	pH 值（第三次）	平均值
样品 1				
样品 2				
样品 3				

【思考题】

①从原理上解释 pH 计在使用前为什么要校正？

②一种缓冲溶液是一个共轭酸碱的混合物，那么为什么邻苯二甲酸氢钾、四硼酸钠、二草酸三氢钾等可作为缓冲溶液？

【注意事项】

碳酸会影响钙吸收，因此很容易导致年轻人骨骼发育缓慢。其含有的二氧化碳也会影响胃肠道吸收，造成胃肠功能紊乱、腹胀等不适。此外，长期喝碳酸饮料，牙齿也会被其腐蚀，容易出现蛀牙。碳酸饮料一般都含有糖分，过度摄入糖分可能引起人肥胖、代谢紊乱。

实验 2　乙酸的电位滴定分析及其离解常数的测定

【实验目的】

①学习电位滴定的基本原理和操作技术。

②运用 pH-V 曲线法确定滴定终点。

③学习弱酸离解常数的测定方法。

【实验原理】

乙酸 CH_3COOH（简写为 HAc）为一种弱酸，其 $pK_a = 4.74$，当以标准碱溶液滴定乙酸试液时，在化学计量点附近可以观察到 pH 值的突跃。

在试液中插入复合玻璃电极，即组成如下工作电池：

$$Ag, AgCl \mid HCl(0.1\ mol/L) \mid 玻璃膜 \mid HAc\ 试液 \mid\mid KCl(饱和) \mid Hg_2Cl_2, Hg$$

该工作电池的电动势在 pH 计上表示为滴定过程中的 pH 值，记录加入标准碱溶液的

体积 V 和相应被滴定溶液的 pH 值，然后由 pH-V 曲线或($\Delta pH/\Delta V$)-V 曲线来求得终点时消耗的标准碱溶液的体积，也可用二次微分法，于 $\Delta^2 pH/\Delta V^2=0$ 处确定终点。根据标准碱溶液的浓度、消耗的体积和试液的体积，即可求得试液中乙酸的浓度或含量。

根据乙酸的离解平衡：　　　　　$HAc = H^+ + Ac^-$

其离解常数：　　　　　$K_a = \frac{[H^+][Ac^-]}{[HAc]}$

当滴定分数为 50%时，$[HAc]=[Ac^-]$，此时 $K_a=[H^+]$，即 $pK_a=pH$

因此，在滴定分数为 50%处的 pH 值，即为乙酸的 pK_a 值。

【仪器与试剂】

①仪器：pH 计，复合玻璃电极。

②试剂：0.1000 mol/L 草酸标准溶液，0.1 mol/L NaOH 标准溶液(准确浓度待标定)，乙酸试液(浓度约 0.1 mol/L)，0.05 mol/L 邻苯二甲酸氢钾溶液(pH=4.00，25℃)，0.05mol/L Na_2HPO_4+0.05mol/L KH_2PO_4 混合溶液(pH=6.86，25℃)。

【实验步骤】

①开机：打开 pH 计电源开关，预热 30 min，接好复合玻璃电极。

②pH 计校正：用 pH=6.86(25℃)和 pH=4.00(25℃)的缓冲溶液对 pH 计进行两点定位。

③NaOH 溶液的标定：准确吸取 5.00 mL 草酸标准溶液于 50 mL 小烧杯中，再加纯水约 25 mL。放入磁力搅拌子，浸入 pH 复合电极。开启电磁搅拌器(注意搅拌子不能碰到电极)，用待标定的 NaOH 溶液进行滴定。开始时，大约 1 mL 读数 1 次(每 15~20 滴，读数 1 次)；在滴定终点体积 V_{ep} 处和化学计量点附近时(即 pH 变化较快时)，大约 0.1 mL 读数 1 次(每 2 滴，读数 1 次)；当溶液 pH>10 时，大约 1 mL 读数 1 次(每 15~20 滴，读数 1 次)，连续读数 3 次结束。将每个点对应的体积和 pH 值记录在表 10-3 中。

④乙酸含量和离解常数 pK_a 的测定：准确吸取 10.00 mL 乙酸试液于 50 mL 小烧杯中，再加纯水约 20 mL。放入磁力搅拌子，浸入 pH 复合电极。开启电磁搅拌器(注意搅拌子不能碰到电极)，用待标定的 NaOH 溶液进行滴定。开始时，大约 1 mL 读数 1 次(每 15~20 滴，读数 1 次)；在滴定终点体积 V_{ep} 处和化学计量点附近时(即 pH 变化较快时)，大约 0.1 mL 读数 1 次(每 2 滴，读数 1 次)；当溶液 pH>10 时，大约 1 mL 读数 1 次(每 15~20 滴，读数 1 次)，连续读数 3 次结束。将每个点对应的体积和 pH 值记录在表 10-4 中。注意：读数时，体积 V 保留小数点后 2 位(小数点后第 2 位为估计值)且与 pH 值一一对应。

【数据处理】

(1)NaOH 溶液的标定

表 10-3　实验数据

V/mL								
pH 值								
V/mL								

续表

V/mL								
pH 值								
V/mL								
pH 值								
V/mL								
pH 值								

绘制 pH-V 曲线，找出滴定终点体积，计算 NaOH 标准溶液的浓度。

(2)乙酸含量和离解常数 K_a 的测定

表 10-4　实验数据

V/mL								
pH 值								
V/mL								
pH 值								
V/mL								
pH 值								
V/mL								
pH 值								

按照上述 NaOH 溶液浓度标定时的数据处理方法，绘制 pH-V 曲线，找出滴定终点体积，计算乙酸的浓度。在绘制的 pH-V 曲线上，查出体积为 $\frac{1}{2}V_{ep2}$ 时的 pH 值，即为乙酸的 pK_a，进一步求出乙酸的离解常数 K_a。

【思考题】

①用电位滴定法确定终点与指示剂法相比有何优缺点？

②当醋酸完全被氢氧化钠中和时，反应终点的 pH 值是否等于 7？为什么？

【注意事项】

①pH 复合电极在使用前必须在 KCl 溶液中浸泡活化 24 h，电极膜很薄易碎，使用时应十分小心。

②切勿把磁力搅拌子连同废液一起倒掉。

实验 3　啤酒中总酸的测定

【实验目的】

①掌握电位滴定分析法的原理。

②了解含有溶解性气体样品的脱气方法。

③掌握啤酒总酸的测定方法。

④了解啤酒对人体的功效和危害。

【实验原理】

啤酒中含有各种酸类 200 种以上，这些酸及其盐类物质控制着啤酒的 pH 和总酸的含量。啤酒的总酸度是指其所含全部酸性成分的总量，用每 100 mL 啤酒样品所消耗的 1.00 mol/L NaOH 标准溶液的毫升数表示（滴定至 pH = 9.0）。

啤酒总酸的检验和控制是十分重要的。“无酸不成酒”，啤酒中含适量的可滴定总酸，能赋予啤酒以柔和清爽的口感，是啤酒重要的风味因子。但总量过高或闻起来有明显的酸味也是不行的，它是啤酒可能发生酸败的一个明显信号。根据 GB 4927—2008《啤酒》的规定：常见的 10.1°~14.0°啤酒总酸度应≤2.6 mL/100mL 酒样，在实际生产中则控制在≤2.0 mL/100 mL 酒样。

本实验利用酸碱中和原理，以 NaOH 标准溶液直接滴定啤酒样品中的总酸。但因为啤酒中含有种类较多的脂肪酸和其他有机酸及其盐类，有较强的缓冲能力，所以在化学计量点处没有明显的突跃，用指示剂指示不能看到颜色的明显变化。但可以用 pH 计在滴定过程中随时测定溶液的 pH，至 pH = 9.0 即为滴定终点，即使啤酒颜色较深也不妨碍测定。

【仪器与试剂】

①仪器：pH 计，pH 复合电极，磁力搅拌器，恒温水浴锅。

②试剂：浓度约为 0.1 mol/L 的 NaOH 标准溶液，基准邻苯二甲酸氢钾，酚酞指示剂，标准缓冲溶液（25℃时 pH = 6.86 和 pH = 9.18）。

③样品：市售啤酒。

【实验步骤】

①开机：打开 pH 计电源开关，接好复合玻璃电极，预热 30 min。

②pH 计校正：用 pH = 6.86（25℃）和 pH = 9.18（25℃）的缓冲溶液对 pH 计进行两点定位。

③NaOH 标准溶液的配制和标定：称取 0.4~0.5 g（准确至±0.1 mg）于 105~110℃烘干至恒重的基准邻苯二甲酸氢钾，溶于 50 mL 不含二氧化碳的水中，加入 2 滴酚酞指示剂溶液，以新制备的 NaOH 标准溶液滴定至溶液呈微红色为其终点，同时做空白试验，将所称取的质量记录在表 10-5 中。

④样品的处理：用倾注法将啤酒来回脱气 50 次（一个反复为一次）后，准确移取 50.00 mL 酒样于 100 mL 烧杯中，置于 40℃水浴锅中保温 30 min 并不时振荡，以除去残余的二氧化碳，然后冷却至室温。

⑤总酸的测定：将样品杯置于磁力搅拌器上，插入复合电极，在搅拌下用 NaOH 标准溶液滴定至 pH = 9.0 为终点，将所消耗氢氧化钠标准溶液的体积记录在表 10-5 中。

【数据处理】

（1）NaOH 标准溶液的标定

邻苯二甲酸氢钾标定 NaOH 反应式为：

$$HOOCC_6H_4COOK+NaOH=NaOOCC_6H_4COOK+H_2O$$

表 10-5　NaOH 标准溶液的标定

编号	1	2	3	空白
m_{KHP}/g				0
V_{NaOH}/mL				
c_{NaOH}/(mol·L^{-1})				
c^{p}_{NaOH}/(mol·L^{-1})				
相对标准偏差				

计算公式如式(10-1)所示。

$$c_{NaOH}=\frac{m_{KHP}}{M_{KHP}\times(V_{NaOH}-V_{空白})}\times 1000 \qquad (10-1)$$

式中：c_{NaOH}——NaOH 标准溶液的浓度，mol/L；

m_{KHP}——邻苯二甲酸氢钾(KHP)的质量，g；

M_{KHP}——邻苯二甲酸氢钾的摩尔质量，204.2212 g/mol；

V_{NaOH}——滴定至终点所消耗 NaOH 标准溶液的体积，mL；

$V_{空白}$——空白试验所消耗 NaOH 标准溶液的体积，mL。

(2)啤酒中总酸的测定

按式(10-2)计算被测啤酒试样中总酸的含量，并判断总酸度是否合格。

$$X=2\times c^{p}_{NaOH}\times V_{NaOH} \qquad (10-2)$$

式中：X——待测啤酒样品中总酸的含量，mL/100 mL，即 100 mL 啤酒试样消耗 1.000 mol/L NaOH 标准溶液的毫升数；

c^{p}_{NaOH}——NaOH 标准溶液的平均浓度，mol/L；

V_{NaOH}——滴定至终点所消耗 NaOH 标准溶液的体积，mL；

2——换算成 100 mL 酒样的因子，L/mol。

【思考题】

①本实验为什么不能用指示剂法指示终点，而可以用电位滴定法？

②电位滴定有哪些特点？

③本实验的主要误差来源有哪些？

【注意事项】

移取酒样时，注意不要吸入气泡，以防止读数不准。

实验 4　饮用水中氟离子含量的测定

【实验目的】

①了解氟离子选择性电极的基本性能及其使用方法。

②掌握用氟离子选择性电极测定氟离子浓度的方法。

③学会使用离子选择性电极的测量方法和数据处理方法。

④了解氟离子对人体的作用。

【实验原理】

饮用水中氟含量的高低,对人的健康有一定的影响。氟含量太低,易得牙龋病,过高则会发生氟中毒,适宜含量为 0.5~1.0 mg/L。目前,测定氟的方法有比色法和直接电位法。比色法测量范围较宽,但干扰因素多,并且要对样品进行预处理;直接电位法,用离子选择性电极进行测量,其测量范围虽不及前者宽,但已能满足环境监测的要求,而且操作简便,干扰因素少,一般不必对样品进行预处理。因此,电位法逐渐取代比色法成为测量氟离子含量的常规方法。

氟离子选择性电极(简称氟电极)以 LaF_3 单晶片为敏感膜,对溶液中的氟离子具有良好的选择性。氟电极、饱和甘汞电极(SCE)和待测试液组成的原电池可表示为:

$$\mathrm{Ag} \mid \mathrm{AgCl}, \mathrm{NaCl}, \mathrm{NaF} \mid \mathrm{LaF_3}\ 膜 \mid 试液 \parallel \mathrm{KCl}(饱和), \mathrm{Hg_2Cl_2} \mid \mathrm{Hg}$$

一般 pH/mV 计上氟电极接(-),饱和甘汞电极接(+),测得原电池的电动势为:

$$E = \varphi_{\mathrm{SCE}} - \varphi_{\mathrm{F^-}}$$

φ_{SCE} 和 $\varphi_{\mathrm{F^-}}$ 分别为饱和甘汞电极和氟电极的电位。当其他条件一定时,

$$E = K - 0.059 \times \lg\alpha_{\mathrm{F^-}}\ (25℃)$$

其中,K 为常数,0.059 为 25℃时电极的理论响应斜率;$\alpha_{\mathrm{F^-}}$ 为待测试液中活度。

用离子选择性电极测量的是离子活度,而通常定量分析需要的是离子浓度。若加入适量惰性电解质作为总离子强度调节缓冲剂(TISAB),使离子强度保持不变,则电位可表示为:

$$\begin{aligned} E &= K - 0.059 \times \lg c_{\mathrm{F^-}} \\ &= K + 0.059 \times (-\lg c_{\mathrm{F^-}}) \\ &= K + 0.059 \times \mathrm{pF} \end{aligned}$$

$c_{\mathrm{F^-}}$为待测试液中F^-浓度,$\mathrm{pF} = -\lg c_{\mathrm{F^-}}$。

E 与 pF 呈线性关系,因此根据 E-pF 标准曲线和测定水样的 E_x 值,可求得水中氟的含量。

用氟电极测量 F^-时,最适宜 pH 范围为 5.0~5.5。pH 值过低,易形成 HF、HF_2^- 等;pH 值过高,OH^-浓度增大,OH^-在氟电极上与 F^-产生竞争响应。OH^-能与单晶膜中 LaF_3 产生如下反应:

$$\mathrm{L\alpha F_3 + 3OH^- \rightarrow L\alpha(OH)_3 + 3F^-}$$

从而导致 F^-为电极本身响应造成干扰。故通常用柠檬酸盐缓冲溶液来控制溶液的 pH 值。氟电极只对游离氟离子有响应,而非常容易与 Al^{3+}、Fe^{3+}等离子配位。因此,在测定时必须加入配合能力较强的配位体,如柠檬酸盐是较强的配位剂,还可消除 Al^{3+}、Fe^{3+}等离子的干扰,才能测得可靠、准确的结果。

【仪器与试剂】

①仪器:pH 计,电磁搅拌器,氟离子选择性电极,饱和甘汞电极。

②试剂：NaF，NaCl，柠檬酸钠，冰醋酸。

F^-标准储备液（1 mg/mL）：将分析纯 NaF 在 120℃烘干，准确称取 2.2105 g 溶于二次蒸馏水中，移入 1 L 容量瓶中，稀释至刻度，即得到 1 mg/mL 的氟离子标准溶液，然后储存在聚乙烯瓶中备用；

F^-标准稀释液（0.01 mg/mL）：吸取 1.0 mL 的 1 mg/mL F^-标准储备液，置于 100 mL 容量瓶中，用缓冲溶液（TISAB）稀释至刻度。

缓冲溶液（TISAB）（即总离子强度缓冲溶液）：称取 58 g NaCl 及 0.357 g 柠檬酸钠溶于二次蒸馏水中，加冰醋酸 60 mL，用 50%氢氧化钠调节 pH 值为 5.0~5.5，冷却至室温，转入 1 L 容量瓶中，用水稀释至刻度，摇匀，转入洗净、干燥的试剂瓶中。

【实验步骤】

①开机：将氟电极和甘汞电极分别与 pH 计上的接口正确相接（氟电极接“测量电极”，饱和甘汞电极接“参比电极”，用 mV 档测量），开启仪器开关，预热仪器。

②清洗电极：于 50 mL 的烧杯中，加入 40~50 mL 的蒸馏水，放入磁力搅拌子，插入氟电极和饱和甘汞电极至合适位置，开启搅拌器，调节搅拌速度适中（200~300 r/min），使之保持较慢而稳定的转速（注意在整个实验过程中保持该转速不变，切记），清洗电极。若读数小于 350 mV，更换蒸馏水，继续清洗，直至读数大于 350mV。

③标准曲线的制作：分别取 0.50 mL、1.00 mL、1.50 mL、2.00 mL、3.00 mL F^-标准稀释溶液于 5 只 50 mL 容量瓶中，加缓冲溶液 10.00 mL，用纯水稀释至刻度，摇匀。将全部溶液倒入烧杯中，放入磁力搅拌子，插入前面清洗好的两电极，开启搅拌器，待读数稳定后，读取电位值。按浓度从低至高依次测量，将测量结果记录在表 10-6 中。

④水样的测定：取自来水样 25.00 mL，置 50 mL 容量瓶中，加 10.00 mL 缓冲溶液，用纯水稀释至刻度，摇匀。将全部溶液倒入烧杯中，放入磁力搅拌子，插入前面清洗好的两电极，开启搅拌器，待读数稳定后，读取电位值。将测量结果记录在表 10-6 中。

【数据处理】

①将 F^-标准系列溶液的浓度与其对应的电位值填写在表 10-6 中。根据 F^-的浓度，计算出 $\lg c_{F^-}$和 pF。

表 10-6　F^-标准系列溶液浓度及电位值

编号	1	2	3	4	5
$c_{F^-}/(mg \cdot L^{-1})$					
$\lg c_{F^-}$					
pF					
E					

②以 pF 为横坐标、电位值（E）为纵坐标绘制标准工作曲线，得到标准工作曲线方程

(校正曲线)及相关系数。根据待测样品的电位值 E_x 和稀释倍数,利用标准曲线求出所测自来水样中氟离子的含量。氟离子的浓度用科学计数法记录,保留 3 位有效数字即可。

【思考题】

①为什么要加入总离子强度调节缓冲剂?(或柠檬酸盐在测量溶液中能起到哪些作用?)

②氟电极在使用时应注意哪些问题?

③为什么要清洗氟电极,使其响应电位值大于 350 mV?

④测定氟离子的意义?

【注意事项】

氟是人体必需的 14 种微量元素之一,也是人体组成成分之一。适量氟化物可对机体的代谢产生一定的积极影响,起到预防疾病发生的作用,但这要取决于饮水中氟化物的浓度、日摄氟总量及机体与氟化物接触的持续时间。氟与钙、磷的代谢有密切关系,缺氟可以引起钙、磷代谢的障碍,也会增加人体对龋病的易感性。

【阅读材料】

人体内氟含量的高低,对人的健康有直接的影响。氟含量太低,易得牙龋病,过高则会发生氟中毒。饮料和蔬菜是最常见的食品,检测并合理控制其中氟的含量非常有必要。

①茶饮料中游离氟的测定。

根据茶饮料中游离氟的含量,确定适合的稀释倍数,确保稀释后样品溶液中游离氟的浓度在标准溶液范围内,其他实验步骤同实验 4。

②蔬菜中氟离子含量的测定。

蔬菜试样中氟离子的提取及测定:用搅拌器搅拌各蔬菜试样,保证取样的均匀性。再称取 5 g 样品,置于 50 mL 容量瓶中,加 10.00 mL 盐酸(10%,*v/v*),密闭浸泡提取 1 h(不时轻轻摇动),提取后用二次蒸馏水稀释至刻度,摇匀,备用。同时做空白实验。

取上述溶液 5.00 mL 于 50 mL 容量瓶中,加 20.00 mL 缓冲溶液,用二次蒸馏水稀释至刻度并摇匀,将部分溶液倒入烧杯中,放入磁力搅拌子,插入前面清洗好的两电极,开启搅拌器,待读数稳定后,读取电位值。其他实验步骤同实验 4。

实验 5　电位滴定法测定酱油中氨基酸总量

【实验目的】

①学习电位滴定法测定酱油中氨基酸总量的基本原理和操作方法。

②了解氨基酸的总量对酱油品质的影响。

【实验原理】

用 NaOH 直接与等物质的量的—NH_2 作用,就可测定氨基酸的含量,但 NH_3^+ 是一个弱酸,它完全解离时的 pH 值为 12~13,用一般指示剂很难判断其终点,因而在一般条件下不能直接用酸碱滴定法来测定氨基酸含量。由于在 pH 值中性和常温条件下,甲醛能很快与氨基酸上的氨基结合,一分子的氨基与两分子的甲醛反应,生成二羟甲基衍生物并释放出质子,使氨基酸的解离平衡向 H^+ 方向移动,促进—NH_2 上的氢离子释放出来,从而使溶液酸性增强,使—NH_2 成为更强的酸。本实验就是利用氨基酸两性电解质作用,加入甲醛以固定氨基的碱性,使羧基显示出酸性,用氢氧化钠标准溶液滴定,以 pH 计指示滴定终点。

【仪器与试剂】

①仪器:pH 计,电磁搅拌器。

②试剂:36% 甲醛(应不含聚合物),0.05 mol/L 氢氧化钠标准溶液(准确浓度待标定)。

【实验步骤】

①样品处理:准确移取 5.00 mL 酱油置于 100 mL 容量瓶中,用纯水稀释至刻度,摇匀,制得待测试样。

②NaOH 标准溶液的配制和标定:称取 0.4~0.5 g(准确至±0.1 mg)于 105~110℃烘干至恒重的基准邻苯二甲酸氢钾,溶于 50 mL 不含二氧化碳的水中,加入 2 滴酚酞指示剂溶液,以新制备的 NaOH 标准溶液滴定至溶液呈微红色为其终点,同时做空白试验,计算出 NaOH 标准溶液的准确浓度。

③样品测定:准确移取 20.00 mL 待测试样于 200 mL 烧杯中,加 60 mL 纯水,放入磁力搅拌子,浸入 pH 复合电极,开启磁力搅拌器和 pH 计,待 pH 计读数稳定后,用标定好的氢氧化钠标准溶液滴定至 pH 值为 8.20,将消耗氢氧化钠标准溶液的体积记录在表 10-7 中,计算总酸含量。

准确移取 10.00 mL 甲醛溶液加入其中,搅拌均匀后,用上述氢氧化钠标准溶液继续滴定至 pH 值为 9.20,将消耗氢氧化钠标准溶液的体积记录在表 10-7 中。

用 20.00 mL 纯水代替待测试样,其他步骤同上,做空白试验,同时做 3 组平行。

【数据处理】

表 10-7 氢氧化钠标准溶液滴定实验数据

项目	滴定至 pH 值 8.20 时消耗 NaOH 体积/mL	滴定至 pH 值 9.20 时消耗 NaOH 体积/mL
第一次		
第二次		
第三次		
平均值		
空白		

按式(10-3)计算被测酱油样品中氨基酸态氮含量(结果保留 2 位有效数据)。

$$X = \frac{(V_1 - V_2) \times c \times 0.014}{\frac{5}{100} \times 20} \times 100 \tag{10-3}$$

式中：X——每百毫升样品中氨基酸态氮含量，g；

V_1——测定样品在加入甲醛后滴定至终点（pH 9.20）所消耗 NaOH 标准溶液的体积，mL；

V_2——空白试验在加入甲醛后滴定至终点（pH 9.20）所消耗 NaOH 标准溶液的体积，mL；

c——NaOH 标准溶液的浓度，mol/L；

0.014——与 1.00 mL NaOH 标准溶液（c_{NaOH} = 1.0000 mol/L）相当的氮的质量，g。

【思考题】

检测时为何要加入甲醛？选用何种玻璃仪器加入甲醛？

【注意事项】

氨基酸是酱油中最重要的营养成分，其含量的高低反映了酱油质量的优劣。氨基酸是蛋白质分解的产物，酱油中的氨基酸有 18 种，包括了人体 8 种必需氨基酸。

10.5　知识拓展与典型应用

10.5.1　电化学分析法发展史话

19 世纪以来，电化学分析法得到了迅速发展，1800 年 W. Nicholson 发现了电解水现象，1833 年 M. Faraday 提出了著名的法拉第定律，1889 年 W. Nernst 提出了著名的 Nernst 定律，这些都为电化学分析法奠定了理论基础；1922 年捷克化学家 J. Heyrovsky 建立了极谱学理论，并于 1924 年制造了第一台极谱仪，从此开启了电化学仪器分析的时代。目前，基于电化学分析原理的电位分析法、电导分析法及伏安极谱法广泛应用于水质检测行业。

10.5.2　电位分析法的应用

电位分析法是一种利用化学电池内电极电位与溶液中某种组分浓度的对应关系，以实现定量测定的一种电化学分析法，可分为直接电位法和电位滴定法两种。

（1）直接电位法

直接电位法是以 Nernst 方程为理论基础，通过测量电池电动势而直接求出待测离子活度的方法，其应用主要是 pH 计及各类离子选择电极。该法具有简便、快速且不破坏溶液中平衡关系的特点。由于 pH 与电动势直线斜率是温度的函数，所以在使用的过程中要注意温度补偿，并维持温度的恒定以确保输出结果的准确性。

（2）电位滴定法

电位滴定法是以测量电位的变化为基础，用指示电极的电位突变来确定滴定终点。电位滴定法适用于各类化学滴定法，应用很广泛，可以检测水中阴离子、碱度、COD 及总硬度等关键指标,并且无论是在准确度还是精密度方面都能达到分析的要求。对于不同的检测项目,换用相应的工作电极即可。随着科技的迅速发展,电位滴定已实现自动化,有专门的自动电位滴定仪,结合计算机技术和自动进样装置可实现整个过程的全自动化。

第 11 章　电导分析法

电解质溶液能够导电，而且其导电过程是通过溶液中离子的迁移运动来进行的，当溶液中离子浓度发生变化时，其电导也随之变化。测定溶液的电导值以求得溶液中某一物质的浓度的方法称为电导分析法，它可分为直接电导法和电导滴定法两类。

电导分析法具有简单、快速、不破坏被测样品等优点，广泛应用于众多领域。但溶液的电导是其中所有离子的电导之和，因此，电导测量只能用来估算离子总量，而不能区分和测定单个离子的种类和数量。

11.1　仪器组成与工作原理

电解质溶液的导电是在外电场作用下，通过正离子向阴极迁移，而负离子向阳极迁移来实现的。度量其导电能力大小的物理量称作电导，用符号 G 表示，其单位是西门子（用字母 S 表示，简称西），它与电阻互为倒数关系：

$$G = \frac{1}{R}$$

在温度、压力等恒定的条件下，电解质溶液的电阻可表示为：

$$R = \rho \times \frac{l}{A}$$

其中的比例系数 ρ 为溶液的电阻率，它的倒数$\left(\frac{1}{\rho}\right)$称为电导率，用 κ 表示，单位是西/米，符号为 S/m。那么电导可表示为：

$$G = \kappa \times \frac{A}{l}$$

水溶液的电导率取决于带电荷物质的性质和浓度、溶液的温度和黏度等。纯水的电导率很小，当水中含有无机酸、碱、盐或有机带电胶体时，电导率增加，因此可用于间接推测水中带电荷物质的总浓度。

电导率的测量实际就是按欧姆定律测定平行电极间溶液部分的电阻。但是，当电流通过电极时，会发生氧化或还原反应，从而改变电极附近溶液的组成，产生“极化”现象，引起电导测量的误差。为此，采用高频交流电测定法，可以减轻或消除上述极化现象，因为在电极表面的氧化和还原迅速交替进行，其结果可以认为没有氧化或还原发生。

测量电阻方法是采用惠斯登电桥平衡法，如图 11-1 所示。

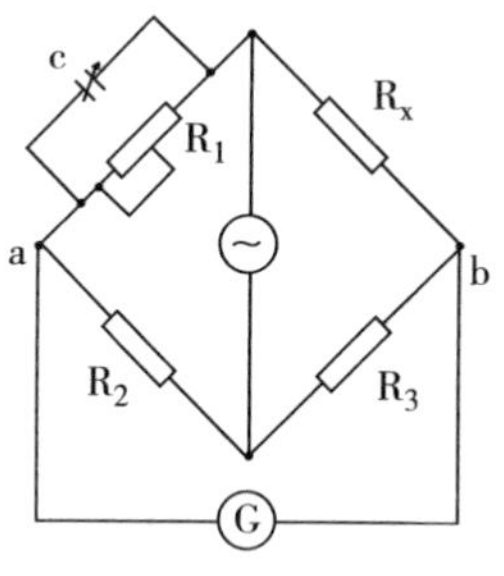

图 11-1　电解质电导的测定

$$\frac{R_1}{R_x}=\frac{R_2}{R_3}$$

溶液的电导：

$$G_x=\frac{1}{R_x}=\frac{R_2}{R_3}\times\frac{1}{R_1}$$

注意事项：

①测量时应以交流电作为电源，不能使用直流电。

②桥中零电流指示器不宜采用直流检流计，而改用耳机或示波器。

③在相邻的某一臂并联一个可变电容，补偿电导池的电容。

④为了降低极化至最低程度，应采用镀铂黑的铂片作为电导电极。

电导率仪是测量电导最常使用的仪器，主要包括：主机、电极、多功能电极架和三芯电源线。

11.2　实验技术与条件优化

11.2.1　影响电导率测定的因素

①温度：电导率与温度具有很大相关性。金属的电导率随着温度的增高而降低，半导体的电导率随着温度的上升而增高。在一段温度值域内，电导率可以被近似为与温度成正比。为了比较物质在不同温度状况的电导率，必须设定一个共同的参考温度。

②掺杂程度：固态半导体的掺杂程度会造成电导率很大的变化。增加掺杂程度会造成高电导率，水溶液的电导率高低相当于其内含溶质盐的浓度，或其他会分解为电解质的化学杂质。水样本的电导率是测量水的含盐成分、含离子成分、含杂质成分等的重要指标。水越纯净，电导率越低（电阻率越高），水的电导率时常以电导系数来记录，电导系数是水在 25℃温度的电导率。

③各向异性：有些物质会有异向性的电导率，必须用矩阵来表达。

11.2.2　标准溶液的选择及配制

根据电导电极标有的电极常数值，选择合适的标准溶液（表 11-1），配制方法（表 11-2）和标准溶液与电导率关系表（表 11-3）如下所示。

①将电导电极接入仪器，断开温度电极（仪器不接温度传感器），仪器则以手动温度作为当前温度值，设置手动温度为 25.0℃，此时仪器所显示的电导率值是未经温度补偿的绝对电导率值。

②用蒸馏水清洗电导电极，再用校准溶液清洗一次电极，将电导电极浸入校准溶液中。

③控制溶液温度恒定为：(30.0±0.1)℃或(25.0±0.1)℃或(20.0±0.1)℃或(18.0±0.1)℃或(15.0±0.1)℃。

④接上电源，进入“电导率测量”工作状态。

⑤根据所用的电导电极，选择好电极常数的档次（分 0.01、0.1、1.0、5.0、10.0 五档），并回到“电导率测量”状态。

⑥待仪器读数稳定后，按下“标定”键，再按“▲”或“▼”键，使仪器显示表 11-3 中所对应的数据，然后再按“确定”键，仪器将自动计算出电导电极常数并贮存，随即自动返回到“电导率测量”状态；按“取消”键，仪器不做电导电极常数标定并返回到“电导率测量”状态。

表 11-1　测定电导电极常数的 KCl 标准溶液

电导电极常数/cm^{-1}	0.01	0.1	1	10
KCl 标准溶液近似浓度/($mol \cdot L^{-1}$)	0.001	0.01	0.01 或 0.1	0.1 或 1

表 11-2　标准溶液的组成

KCl 标准溶液近似浓度/($mol \cdot L^{-1}$)	KCl 标准溶液质量浓度/($g \cdot L^{-1}$)(20℃空气中)
1	74.2650
0.1	7.4365
0.01	0.7440
0.001	将 10 mL 0.01 mol/L 的溶液稀释至 100 mL

表 11-3　KCl 标准溶液近似浓度及其电导率值关系

KCl 标准溶液近似浓度/($mol \cdot L^{-1}$)	温度/℃				
	15	18	20	25	30
	电导率值/($\mu S \cdot cm^{-1}$)				
1	92120	97800	101700	111310	131100
0.1	10455	11163	11644	12852	15353
0.01	1141.4	1220.0	1273.7	1408.3	1687.6
0.001	118.5	126.7	132.2	146.6	176.5

11.3　操作规程与日常维护

11.3.1　电导率仪操作规程

【开机准备】

①电导电极的选择:根据测量要求,选择合适的电导电极。

②仪器安装:将多功能电极架安装好后,将电导电极和温度传感器夹在多功能电极架上,按要求将电导电极和温度传感器连接好。

【开机】

①接通电源,开机几秒后,仪器自动进入上次关机时的测量工作状态,此时仪器采用的参数为最新设置的参数。如果不需要改变参数,则无须进行任何操作,即可直接进行测量。

②测量功能的选择:仪器有电导率、TDS、盐度三种测量功能,按“模式”键进行转换。

③电极常数的设置:电导电极出厂时,每支电极都标有一定的电极常数值。在“电导率测量”状态下,按“电极常数”键,再按“▲”或“▼”键修改电极常数,使之与出厂标的“电极常数值”一致,最后按“确定”键,仪器自动将修改的电极常数存入并返回测量状态,同时在测量状态中显示此电极常数值。

④温度系数的设置:在“电导率测量”状态下,按“温补系数”键,再按“▲”或“▼”键修改温度补偿系数,使之符合实际情况,最后按“确定”键,仪器自动将修改的温度补偿系数存入并返回测量状态。一般水溶液电导率值测量的温度补偿系数选择0.02,温度补偿的参比温度为25℃;当温度传感器不接入仪器时,仪器无温度补偿作用,仪器显示值即为当时温度下的电导率值。

⑤标定:电导电极出厂时,每支电极都标有一定的电极常数值,如果怀疑此电极常数不正确,可以对其进行标定。

⑥电导率的测定:测量前,用蒸馏水清洗电导电极和温度传感器,再用被测液清洗一次;测量时,应使电导电极和温度传感器完全浸入被测溶液中,被测溶液温度应控制在-5.0~105.0℃之间;测完一份溶液后测量另一份溶液之前,应先用蒸馏水将电导电极和温度传感器冲洗干净,再用被测液清洗即可。

【关机】

用蒸馏水清洗电极头部,然后按规范保存电极,最后关闭电源,方可离开。

【注意事项】

①电极插头座应绝对防止受潮,仪表应安置于干燥环境,避免因水滴溅射或受潮引起仪表漏电或测量误差。

②电极的电极头是用薄片玻璃制成,容易敲碎,切勿与硬物碰撞。

③测量电极不可用强酸、强碱清洗，以免改变电极常数而影响仪表测量的准确性。

④仪器出厂时所配电极已测定好电极常数，为保证测量准确度，电极应定期进行常数标定。

⑤新的（或长期不用的）铂黑电极使用前应先用乙醇浸洗，再用蒸馏水清洗后方可使用。

⑥使用铂黑电极时，在使用前后可浸在蒸馏水中，以防铂黑的惰化。如发现铂黑电极失灵，可浸入10%硝酸或盐酸中2 min，然后用蒸馏水冲洗再进行测量。如情况并无改善，则需更换电极。

⑦光亮电极的测量范围以0~300 μS/cm为宜，若被测溶液电导率大于1000 μS/cm时，应使用铂黑电极测量。若用光亮电极测量会加大测量误差。

雷磁DDSJ-308A型电导率仪是市场上应用比较广泛的电导率仪，具体的操作规程可扫描二维码获得。

11.3.2　电导率仪的日常维护

①电极的连接须可靠，防止腐蚀性气体侵入。

②开机前，须检查电源是否接妥。

③接通电源后，若显示屏不亮，应检查电源器是否有电输出。

④对于高纯水的测量，须在密闭流动状态下测量，且水流方向应对着电极，流速不宜太高。

⑤如仪器显示"溢出"，则说明所测值已超出仪器的测量范围，此时用户应马上关机，并换用电极常数更大的电极，然后再进行测量。

⑥电导率超过3000 μS/cm时，为保证测量精度，最好使用DJS-1C型铂黑电极进行测量。

11.4　实验

实验1　饮用水及盐酸溶液电导率的测定

【实验目的】

①掌握电导率的含义。

②掌握电导率测定水质意义及其测定方法。

【实验原理】

电导率是以数字表示溶液传导电流的能力。纯水的电导率很小，当水中含有无机酸、碱、盐或有机带电胶体时，电导率就增加。电导率常用于间接推测水中带电荷物质的总浓度。水溶液的电导率取决于带电荷物质的性质和浓度、溶液的温度和黏度等。

由于电导率是电阻的倒数，因此，当两个电极（通常为铂电极或铂黑电极）插入溶液中，可以测出两电极间的电阻 R。根据欧姆定律，温度一定时，这个电阻值与电极的间距 l（cm）成正比，与电极面积 A（cm^2）成反比，即：

$$R = \rho \times \frac{l}{A}$$

由于电极面积 A 与间距 l 都是固定不变的，故 l/A 是一个常数，称电导池常数（K_{cell}）。比例常数 ρ 叫作电阻率，其倒数 $1/\rho$ 为电导率，以 κ 表示。电导率反映导电能力的强弱。已知电导池常数，并测出电阻后，即可求出电导率。

【仪器与试剂】

①仪器：电导率仪，温度计，恒温水浴锅。

②试剂：纯水（电导率小于 0.1 μS/cm），饮用水及盐酸溶液。

【实验步骤】

①开机：接通电导率仪电源，预热约 10 min。

②清洗电极：为确保测量精度，电极使用前应用小于 0.5 μS/cm 的蒸馏水（或去离子水）冲洗两次，然后用待测试样冲洗 3 次后方可测量。

③样品测量：将一份同样的溶液置于室温下，用温度计测定其温度，并将“温度”旋钮调节至实际温度相应温度下。将电极插头插入电极管套，将电极浸入被测溶液中，按下“校准/测量”开关，使其处于“校准”状态，调节“常数”旋钮，使仪器显示所用电极的常数值。按下“校准/测量”开关，使其处于“测量”状态（此时，开关向上弹起），将“量程”开关置于合适的量程档，如预先不知被测溶液介质电导率的大小，应先把其扳在最大电导率档，然后逐档下降，以防表针打坏。待仪器示值稳定后，该显示数值即为被测液体在该温度下的电导率值。平行测定 3 次，求其均值并根据式（11-1）换算至 25℃ 的电导率。结果记录在表 11-4 中。

将此份溶液置于 25℃ 的恒温水浴锅中，当温度计显示 25℃ 时，将“温度”旋钮置于相应位置上。当“温度”置于 25℃ 无补偿作用时，同上述做法，再平行测定 3 次。结果记录在表 11-5 中。

【数据处理】

表 11-4 饮用水测定结果

测量温度	水样电导率/（μS · cm^{-1}）		
	1	2	3
t = 25℃			
	$\kappa_{均}$ =		

续表

测量温度	水样电导率/(μS·cm^{-1})		
	1	2	3
t= ℃			
	$\kappa_{均}$ =		
	κ_{25} =		

表 11-5 盐酸溶液测定结果

测量温度	盐酸溶液电导率/(μS·cm^{-1})		
	1	2	3
t=25℃			
	$\kappa_{均}$ =		
t= ℃			
	$\kappa_{均}$ =		
	κ_{25} =		

在任意水温下测定，必须记录溶液温度，样品测定结果按式(11-1)计算：

$$\kappa_{25} = \frac{\kappa_t t}{1 + a \times (t - 25)} \qquad (11-1)$$

式中：κ_{25}——溶液在25℃时电导率，μS/cm；

κ_t——溶液在t℃时的电导率，μS/cm；

a——各种离子电导率的平均温度系数，取值0.022/1℃；

t——测定时溶液温度，℃。

【思考题】

①如何对仪器进行校准？

②电导率与哪些因素直接相关？

【注意事项】

①为确保测量精度，电极使用前应先用小于0.5 μS/cm的蒸馏水冲洗数次，再用被测试样冲洗数次，冲洗结束后方可测量。

②电极应定期进行常数标定，同时避免其插头处受潮。

实验2 饮用水中溶解氧的测定

【实验目的】

①了解水中溶解氧的测定原理。

②掌握水中溶解氧的测定方法。

【实验原理】

溶解于水中的氧称为溶解氧，以每升水中含氧(O_2)的毫克数表示。水中溶解氧的含量与大气压力、空气中氧的分压及水的温度有密切的关系。在 1.013×10^5 Pa 的大气压力下，空气中含氧气 20.9%时，氧在不同温度的淡水中的溶解度也不同。

如果大气压力改变，可按式(11-2)计算溶解氧的含量：

$$S_1 = \frac{S \times P}{1.013 \times 10^5} \qquad (11-2)$$

式中：S_1——大气压力为 P(Pa)时的溶解度，mg/L；

S——在 1.013×10^5 Pa 时的溶解度，mg/L；

P——实际测定时的大气压力，Pa。

水中溶解氧的测定，一般用碘量法。在水中加入硫酸锰及碱性碘化钾溶液，生成氢氧化锰沉淀。此时氢氧化锰性质极不稳定，迅速与水中溶解氧化合生成锰酸锰：

$$2MnSO_4+4NaOH=2Mn(OH)_2+2Na_2SO_4$$

$$2Mn(OH)_2+O_2=2H_2MnO_3$$

$$H_2MnO_3+Mn(OH)_2=MnMnO_3\downarrow(\text{棕色沉淀})+2H_2O$$

加入浓硫酸使棕色沉淀($MnMnO_3$)与溶液中所加入的碘化钾发生反应，而析出碘，溶解氧越多，析出的碘也越多，溶液的颜色也就越深。

$$2KI+H_2SO_4=2HI+K_2SO_4$$

$$MnMnO_3+2H_2SO_4+2HI=2MnSO_4+I_2+3H_2O$$

$$I_2+2Na_2S_2O_3=2NaI+Na_2S_4O_6$$

用移液管取一定量的反应完毕的水样，以淀粉作指示剂，用标准硫代硫酸钠溶液滴定，计算出水样中溶解氧的含量。

【仪器与试剂】

①仪器：溶解氧瓶，酸式滴定管。

②试剂：浓硫酸，淀粉，硫酸锰，碘化钾，氢氧化钠，硫代硫酸钠，重铬酸钾。

1%淀粉溶液：称取 1 g 可溶性淀粉，用少量水调成糊状，再用刚煮沸的水稀释至 100 mL，冷却后，加入 0.1 g 水杨酸或 0.4 g 氯化锌防腐。

硫酸锰溶液：称取 480 g 分析纯硫酸锰($MnSO_4\cdot H_2O$)溶于蒸馏水中，过滤后转移至 1000 mL 的容量瓶中，用蒸馏水稀释至刻度，摇匀。

碱性碘化钾溶液：称取 500 g 分析纯氢氧化钠溶解于 300~400 mL 蒸馏水中(如氢氧化钠溶液表面吸收二氧化碳生成了碳酸钠，此时如有沉淀生成，可过滤除去)，另称取 150 g 碘化钾溶解于 200 mL 蒸馏水中，将上述两种溶液合并，转移至 1000 mL 的容量瓶中，用蒸馏水稀释至刻度，摇匀。

硫代硫酸钠标准溶液(0.025 mol/L)：称取 6.2 g 分析纯硫代硫酸钠($Na_2S_2O_3\cdot 5H_2O$)于煮沸放冷的蒸馏水中，然后再加入 0.2 g 无水碳酸钠，转移至 1000 mL 的容量瓶中，用蒸馏水稀释至刻度，摇匀，为了防止分解可加入氯仿数毫升，储存于棕色瓶中，使用前进行标定。

重铬酸钾标准溶液(0.0250 mol/L)：精确称取在 110℃ 干燥 2 h 的分析纯重铬酸钾

1.2258 g，溶于蒸馏水中，转移至 1000 mL 的容量瓶中，用蒸馏水稀释至刻度，摇匀。

【实验步骤】

①硫代硫酸钠的标定：在 250 mL 的锥形瓶中加入 1 g 固体碘化钾及 50 mL 蒸馏水，用滴定管加入 15.00 mL 0.0250 mol/L 重铬酸钾标准溶液，再加入 5.00 mL 1∶5 的硫酸溶液，此时发生下列反应：

$$K_2Cr_2O_7+6KI+7H_2SO_4=4K_2SO_4+Cr_2(SO_4)_3+3I_2+7H_2O$$

在暗处静置 5 min 后，由滴定管滴入硫代硫酸钠溶液至溶液呈浅黄色，加入 2.00 mL 淀粉溶液，继续滴定至蓝色刚褪去为止，记下硫代硫酸钠溶液的用量。标定应做 3 个平行样，求出硫代硫酸钠的准确浓度。

$$I_2+2Na_2S_2O_3=2NaI+Na_2S_4O_6$$

$$c_{Na_2S_2O_3}=\frac{6\times 15.00\times 0.0250}{V_{Na_2S_2O_3}}$$

②水样的采集与固定：用溶解氧瓶取水面下 20～50 cm 的饮用水，使水样充满 250 mL 的磨口瓶中，用尖嘴塞慢慢盖上，不留气泡。在河岸边取下瓶盖，用移液管吸取硫酸锰溶液 1.00 mL 插入瓶内液面下，缓慢放出溶液于溶解氧瓶中。取另一只移液管，按上述操作往水样中加入 2.00 mL 碱性碘化钾溶液，盖紧瓶塞，将瓶颠倒振摇使之充分摇匀。此时，水样中的氧被固定生成锰酸锰（$MnMnO_3$）棕色沉淀。将固定了溶解氧的水样带回实验室备用。

③酸化：往水样中加入 2.00 mL 浓硫酸，盖上瓶塞，摇匀，直至沉淀物完全溶解为止（若没全溶解还可再加少量的浓硫酸）。此时，溶液中有 I_2 产生，将瓶在阴暗处放 5 min，使 I_2 全部析出来。

④标准 $Na_2S_2O_3$ 溶液滴定：准确从瓶中移取 50.00 mL 水样于锥形瓶中，用标准 $Na_2S_2O_3$ 溶液滴定至浅黄色，向锥形瓶中加入淀粉溶液 2.00 mL，继续用 $Na_2S_2O_3$ 标准溶液滴定至蓝色变成无色为止，记下消耗 $Na_2S_2O_3$ 标准溶液的体积，按上述方法平行测定 3 次。

【数据处理】

计算公式如式（11-3）所示。

$$\text{溶解氧}(O_2,\text{mg/L})=\frac{c_{Na_2S_2O_3}\times V_{Na_2S_2O_3}\times\frac{32}{4}\times 1000}{V} \quad (11-3)$$

式中：$c_{Na_2S_2O_3}$——硫代硫酸钠摩尔浓度；

$V_{Na_2S_2O_3}$——硫代硫酸钠体积，mL；

V——水样的体积，mL。

$$O_2\rightarrow 2Mn(OH)_2\rightarrow MnMnO_3\rightarrow 2I_2\rightarrow 4Na_2S_2O_3$$

即 1.00 mol 的 O_2 和 4.00 mol 的 $Na_2S_2O_3$ 相当，用硫代硫酸钠的摩尔数乘以氧的摩尔数除以 4 可得到氧的质量（mg），再乘 1000 可得每升水样所含氧的毫克数。

【思考题】

测定水中溶解氧的意义?

【注意事项】

①当水样中含有亚硝酸盐时会干扰测定,可加入叠氮化钠使水中的亚硝酸盐分解而消除干扰,其加入方法是预先将叠氮化钠加入碱性碘化钾溶液中。

②如水样中含 Fe^{3+} 达 100~200 mg/L 时,可加入 1 mL 40%氟化钾溶液消除干扰。

③如水样中含氧化性物质(如游离氯等),应预先加入相当量的硫代硫酸钠去除。

实验 3 食醋中醋酸含量的测定

【实验目的】

①理解 NaOH 标准溶液的配制及标定。

②掌握食醋中醋酸含量的测定方法。

【实验原理】

食醋中的酸主要是醋酸(HAc),此外还含有少量其他弱酸。醋酸为弱酸,其电离常数 $K_a=1.76\times10^{-5}$,凡是 $K_a>10^{-8}$ 的一元弱酸,均可被强碱准确滴定。本实验用 NaOH 标准溶液滴定食醋中醋酸的含量,反应式为:

$$NaOH+HAc=NaAc+H_2O$$

反应产物为 NaAc,为强碱弱酸盐,则终点时溶液的 pH>7(其值为 8.72),可将酚酞作为指示剂。测定结果以醋酸计算,CO_2 的存在干扰测定,因此,稀释食醋试样用的蒸馏水应经过煮沸。

NaOH 在称量过程中不可避免地会吸收空气中的二氧化碳,使得配制的 NaOH 溶液浓度比真实值偏高,最终使实验测定结果偏高,因此,不能用直接法配制标准溶液。为得到更准确的数据,需要先配成近似浓度为 0.1 mol/L 的溶液,然后用基准物质标定。

邻苯二甲酸氢钾(KHP)和草酸常用作标定碱的基准物质。但是邻苯二甲酸氢钾易制得纯品,在空气中不吸水,容易保存,摩尔质量大,是一种较好的基准物质。因此,本实验选用邻苯二甲酸氢钾标定 NaOH,反应式为:

$$HOOCC_6H_4COOK+NaOH=NaOOCC_6H_4COOK+H_2O$$

【仪器与试剂】

①仪器:分析天平,托盘天平。

②试剂:白醋,邻苯二甲酸氢钾(KHP),氢氧化钠,酚酞指示剂。

【实验步骤】

①氢氧化钠标准溶液的配制:准确称取 0.3800~0.4200 g 氢氧化钠,用蒸馏水溶解于 50 mL 小烧杯中,转移至 100 mL 的容量瓶中,用蒸馏水稀释至刻度,摇匀。

②氢氧化钠标准溶液的标定:准确称取 1.0100~1.0300 g 邻苯二甲酸氢钾(KHP),用蒸馏水溶解于 50 mL 小烧杯中,转移至 100 mL 的容量瓶中,用蒸馏水稀释至刻度,

摇匀。

准确吸取邻苯二甲酸氢钾溶液 5.00 mL 于 50 mL 锥形瓶中，加 1~2 滴酚酞指示剂，用 NaOH 标准溶液滴定至溶液呈微红色且半分钟内不褪色即为终点，将每次消耗氢氧化钠溶液的体积记录在表 11-6 中。

③待测食醋的配制：准确吸取 5.00 mL 白醋样品，加入 50 mL 容量瓶中，用新煮沸后冷却的蒸馏水（不含二氧化碳）稀释至刻度，摇匀。

④食醋中醋酸的测定：准确吸取待测食醋样品 5.00 mL 于锥形瓶中，加 10 mL 蒸馏水、1~2 滴酚酞指示剂。用上述标定的氢氧化钠标准溶液滴定至微红色且半分钟内不褪色为终点，将每次消耗氢氧化钠溶液的体积记录在表 11-7 中。

【数据处理】

（1）氢氧化钠标准溶液的标定

表 11-6　氢氧化钠标准溶液的标定

编号	1	2	3
m_{KHP}/g			
V_1/mL	100	100	100
c_{KHP}			
V_2/mL	5.00	5.00	5.00
V_{NaOH}/mL			
c_{NaOH}/(mol·L^{-1})			
c_{NaOH}^{p}/(mol·L^{-1})			
相对标准偏差			

计算公式如式（11-4）和式（11-5）所示。

$$c_{KHP} = \frac{m_{KHP}}{M_{KHP} \times V_1} \times 1000 \tag{11-4}$$

式中：c_{KHP}——邻苯二甲酸氢钾（KHP）的浓度，mol/L；

m_{KHP}——邻苯二甲酸氢钾（KHP）的质量，g；

M_{KHP}——邻苯二甲酸氢钾的摩尔质量，204.2212 g/mol；

V_1——邻苯二甲酸氢钾标准溶液定容体积，100 mL。

$$c_{NaOH} = \frac{c_{KHP} \times V_2}{V_{NaOH}} \tag{11-5}$$

式中：c_{NaOH}——NaOH 标准溶液的浓度，mol/L；

V_2——吸取邻苯二甲酸氢钾标准溶液的体积，5.00 mL；

V_{NaOH}——滴定至终点所消耗 NaOH 标准溶液的体积，mL；

c_{NaOH}^{p}——NaOH 标准溶液的平均浓度，mol/L。

(2)食醋中醋酸的测定

表 11-7　食醋中醋酸的测定

编号	1	2	3
V_3/mL	5.00	5.00	5.00
c^{P}_{NaOH}/(mol · L^{-1})			
V_{NaOH}/mL			
c_{HAc}/(mol · L^{-1})			
c^{P}_{HAc}/(mol · L^{-1})			
相对标准偏差			
食醋的稀释倍数			
食醋中醋酸的浓度/(mol · L^{-1})			

计算公式如式(11-6)所示。

$$c_{HAc} = \frac{c^{P}_{NaOH} \times V_{NaOH}}{V_3} \tag{11-6}$$

式中:c_{HAc}——待测食醋样品中醋酸的浓度,mol/L;

V_{NaOH}——滴定至终点所消耗 NaOH 标准溶液的体积,mL。

V_3——吸取待测食醋样品溶液的体积,5.00 mL。

【结果与讨论】

将实验所测得的醋酸的浓度与样品标签注明总酸含量相比较,同时判断其是否符合国家标准(国家标准中规定:食醋中总酸含量不低于 3.5 g/100 mL)。

【思考题】

①测定食用白醋时,为什么选用酚酞指示剂?能否选用甲基橙或甲基红做指示剂?

②与其他基准物质相比,邻苯二甲酸氢钾(KHP)有什么优点?

【注意事项】

实验中,所用到的蒸馏水不能含二氧化碳。

11.5　知识拓展与典型应用

电导分析法是一种通过测量溶液的电导率确定被测物质浓度,或直接用溶液电导值表示测量结果的分析方法,可用于测定水中电导率和溶解性总固体(TDS)。

(1)电导率测定

水体电导率常用于间接推测水中离子成分的总浓度,常用电极法来测定。因电导率值是随温度变化而变化的,所以在使用电导率仪时要注意温度补偿以保证输出值的准确性。

(2)水中溶解性总固体测定

TDS 作为饮用水的监测指标之一,其国家标准方法为称量法,但这种方法不仅耗时长,而且受环境温、湿度影响大。实验表明,TDS 与电导率存在线性关系,故可以通过电导法来测定 TDS。

第四篇　色谱分析法

色谱法(Chromatography)又称色谱分析、色谱分析法、层析法,是一种分离和分析方法。近30年来,色谱学各分支,如气相色谱、液相色谱、离子色谱、薄层色谱和凝胶色谱等都得到了快速的发展,并广泛地应用于石油化工、有机合成、生理生化、医药卫生、食品工业乃至空间探索等众多领域。在分析化学、有机化学、生物化学等领域有着非常广泛的应用。

第 12 章　气相色谱法

气相色谱法(Gas Chromatography,GC)用气体作为流动相,是一种多组分混合物的分离、分析方法,它主要利用物质的物理化学性质对混合物进行分离,测定混合物的各个组分,并对混合物中的各个组分进行定性、定量分析。由于该分析方法有分离效能高、分析速度快、样品用量少等特点,已广泛地应用于石油化工、生物化学、医药卫生、环境保护、食品工业等领域。

12.1　仪器组成与工作原理

气相色谱法是以气体作为流动相(载气),样品被送入进样器后由载气携带进入色谱柱,由于样品中各组分在色谱柱中的流动相(气相)和固定相(液相或固相)之间分配或吸附系数的差异,各组分在两相间反复多次分配,进而得到分离,检测器可根据各组分的物理化学特性进行检测,最后由色谱工作站记录各组分的检测结果。主要构成包括载气系统、进样系统、分离系统(色谱柱)、检测系统及数据处理系统,如图 12-1 所示。

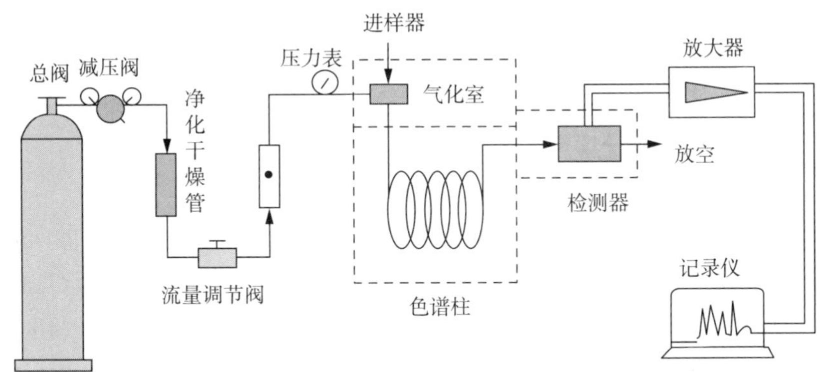

图 12-1　气相色谱仪的基本组成

气相色谱仪工作原理的虚拟仿真视频可扫描二维码获得。

12.2 实验技术与条件优化

12.2.1 样品制备

一般来说,气相色谱法可直接进样分析气体和易于挥发的有机化合物。对于不易挥发的或热不稳定的物质,可通过化学衍生的方法转化成易挥发和热稳定性好的衍生物进行分析;对于一些没有挥发性的物质和高分子样品可采用热裂解的方法对样品进行处理,然后分析裂解后的产物;对于气体、液体和固体基质中的微量气相色谱分析物,采用萃取、顶空、吹扫捕集、固相微萃取、微波辅助萃取、超声波辅助萃取和超临界流体萃取等样品前处理技术进行预处理,然后进行分析。

12.2.2 色谱柱的老化及评价

(1)色谱柱的老化

填充好的色谱柱需要在适宜的温度下老化后才能使用。老化的作用是彻底除去固定相中残留的溶剂及其他易挥发杂质,并促进固定液均匀地、牢固地分布在担体表面;对于使用一段时间后的柱子可通过老化可以除去残留的高沸点杂质,减少对色谱分离的影响。

老化的方法:把色谱柱的进口端接入气相色谱仪进样口,出口端放空即不要接入检测器,以避免污染检测器。装好后,通入载气,流速 5~20 mL/min,老化时的温度应比分析样品时的柱温度高出 20~30℃,升温速率要平缓,也可以采用程序升温,但是老化温度绝对不能高于色谱柱的最高耐受温度。在上述条件下老化 6~8 h,然后接入检测器,观察基线,基线平直说明老化处理完毕,可用于样品测定。

(2)色谱柱柱效的评价

柱效就是在较短的时间内,用较短的柱子达到满意的分析结果。评价指标有效理论塔板数($n_{有效}$)、有效理论塔板高度($H_{有效}$),通常是有效理论塔板数越多或有效理论塔板高度越小,色谱柱效能越高。它们除与固定相的性质和色谱操作条件有关之外,还与色谱柱的装填效果密切相关。因此,对新装填的色谱柱必须进行性能评价,主要的评价参数是 $n_{有效}$ 和 $H_{有效}$,分别由式(12-1)~式(12-3)计算。

$$n_{有效} = 5.54\left(\frac{t'_R}{Y_{1/2}}\right)^2 \tag{12-1}$$

$$H_{有效} = \frac{L}{n_{有效}} \tag{12-2}$$

$$t'_R = t_R - t_M \tag{12-3}$$

式中:$n_{有效}$——有效理论塔板数;

$H_{有效}$——有效理论塔板高度;

L ——色谱柱长；

t'_R——组分校正保留时间；

t_R ——组分保留时间；

t_M ——空气保留时间；

$Y_{1/2}$——半峰宽。

由于各组分在固定相和流动相中的分配系数不同，因而对同一色谱柱来说，不同组分的柱效也不相同，所以应该指明是何种物质的分离效能。

12.2.3　气相色谱分离条件的选择

色谱分离条件的选择就是寻求实现组分分离的满意条件。已知混合物分离的效果同时取决于组分间分配系数的差异和柱效能的高低。前者由组分及固定相的性质决定，当试样一定时，主要取决于固定相的选择；后者由分离操作条件决定。因此，固定相和分离操作条件的选择，是实现组分分离的重要因素。

(1)固定相及其选择

气—固色谱固定相：气—固色谱一般用表面具有一定活性的吸附剂作固定相。常用的吸附剂有非极性的活性炭、中等极性的氧化铝、强极性的硅胶和分子筛等。由于吸附剂种类不多，不同批制备的吸附剂性能往往不易重现，进样量稍大时色谱峰便不对称，以及高温下有催化活性等原因，致使气—固色谱的应用受到很大的局限。

气—液色谱固定相：气—液色谱固定相由担体表面涂固定液构成。固定液的性质对分离起着决定作用，担体要求粒度均匀、细小。一般来说，担体的表面积越大，固定液用量可以越高，允许的进样量也就越多；固定液液膜薄，柱效能提高，可缩短分析时间；但固定液液膜太薄，允许的进样量就越少。因此固定液的用量要根据具体情况决定，固定液与担体的质量比通常在 5:100~25:100。

固定相的影响主要表现在色谱柱对各组分的选择性上，即能将复杂样品中的各组分分离开。

(2)分离操作条件的选择

固定相选定后，分离条件的选择依据是在较短时间内实现试样中难分离的相邻组分的定量分离。

①载气及其流速的选择：对于确定的色谱柱和试样，有一个最佳的载气流速，此时柱效最高。在实际工作中，为了缩短分析时间，流速往往稍高于最佳流速。

②柱温的选择：柱温是一个非常重要的操作变量，在柱温不能高于固定液最高使用温度的前提下，提高柱温，可以提高传质速率，提高柱效。另外，柱温升高，会使组分的分配系数 K 值变小，保留时间 t_R 减小，分离度 R 变小。因此，为使组分分离得好，柱温的选择应使难分离的两相邻组分达到预想的分离效果，以峰形正常而又不太延长分析时间为前提，选择较低些为好。一般所用的柱温接近被分析试样的平均沸点或更低。

③进样：进样速度必须很快，否则，会使色谱峰扩张，甚至变形。进样量应保持在使峰面积或峰高与进样量成正比的范围内。检测器性能不同，允许的进样量也不同，液体试样一般在 0.1~1 μL 之间，气体试样在 0.1~10 mL 之间。

分流与不分流进样的虚拟仿真视频可扫描二维码获得。

④柱长及柱内径：增加柱长可提高柱效能，分离度 R 随 L 增加而增加，但分析时间则会延长，因此在满足一定分离度的条件下，应尽可能选用短的柱子。柱内径小，柱效能高。

⑤气化温度的选择：应以试样能迅速气化且不分解为准。适当提高气化温度对分离及定量有利。一般选择气化温度比柱温高 20~70℃。

⑥燃气和助燃气的比例：燃气和助燃气的比例会影响组分的分离，一般两者的比例为 1∶8~1∶15。

（3）气相色谱检测器的选择

检测器种类很多，常用的有以下五种，尤其以氢火焰离子化检测器和热导检测器应用最多。

①氢火焰离子化检测器（Hydrogen Flameionization Detector，FID）。FID 对大多数有机物有很高的灵敏度，因其结构简单、灵敏度高、响应快、稳定性好，是应用广泛的较理想的检测器。FID 适合痕量有机物的分析，不适合分析惰性气体、空气、水、CO、CO_2、CS_2、NO、SO_2 及 H_2S 等。比热导检测器的灵敏度高出近 3 个数量级，检测下限达 10^{-12} g/g。

FID 一般用氮气作载气，对一定的色谱柱和试样，要找到一个最佳的载气流速，使色谱柱的分离效果最好。一般情况下氢气流速 30 mL/min 左右；N_2 与 H_2 流速有一个最佳比值，在此最佳比值下，检测器灵敏度高、稳定性好，N_2:H_2 最佳比值只能由实验确定，一般在 1:1.5~1:1 之间。空气流速较低时，离子化信号随空气流速的增加而增大，达一定值后对离子化信号几乎没有影响，一般为 1:10 左右。

FID 检测器工作原理的虚拟仿真视频可扫描二维码获得。

②热导检测器（Thermal Conductivity Detector，TCD）。TCD 是基于不同组分与载气有不同热导率的原理而工作的热传导检测器，是最早被使用且广泛使用的一种检测器。它具有结构简单、性能稳定、灵敏度适宜、应用范围广（可检测有机物及无机物）、不破坏样品等优点，多用于常量到 10 μg/mL 以上组分的测定。在分析测试中，热导检测器不仅用于分析有

机污染物，而且用于分析一些用其他检测器无法检测的无机气体，如氢、氧、氮、一氧化碳、二氧化碳等。TCD 用峰高定量，适用于工厂控制分析，如石油裂解气色谱分析。

影响 TCD 的操作条件有桥路电流、池体温度、载气等。桥路电流增加，使热丝温度增高，热丝和池壁的温差增大，有利于气体的热传导，灵敏度变高，所以增加桥路电流可以迅速提高灵敏度；但是电流也不可过高，否则将引起基线不稳，甚至烧坏热丝。桥路电流一定时，热丝温度一定，若适当降低池体温度，则热丝和池壁的温差增大，从而可提高灵敏度。但池体温度不能低于柱温，否则待测组分会在检测器内冷凝。当样品中含有水分时，温度不能低于100℃。载气与试样的热导系数相差越大，灵敏度就越高，一般物质蒸气的热导系数较小，所以应选择热导系数大的 H_2(或 He)作载气。此外，载气热导系数大，允许的桥路电流可适当提高，从而又可提高热导池的灵敏度。如果选用 N_2 作载气，则由于载气与试样热导系数的差别小，灵敏度较低，在流速增大或温度提高时易出现不正常的色谱峰，如倒峰、W 峰等。

③电子捕获检测器(Electron Capture Detector，ECD)。ECD 也是一种离子化检测器，它是一个有选择性的高灵敏度的检测器，它只对具有电负性的物质，如含卤素、硫、磷、氮的物质有信号，物质的电负性越强，也就是电子吸收系数越大，检测器的灵敏度越高，而对电中性(无电负性)的物质，如烷烃等无信号。它主要用于分析测定卤化物、含磷(硫)化合物，以及过氧化物、硝基化合物、金属有机物、金属螯合物、甾族化合物、多环芳烃和共轭羟基化合物等电负性物质。是目前分析痕量电负性有机物最有效的检测器。电子捕获检测器已广泛应用于农药残留量、大气及水质污染分析，以及生物化学、医学、药物学和环境监测等领域中。它的缺点是线性范围窄，只有 10^3 左右，且响应易受操作条件的影响，重现性较差。

④氮磷检测器(Nitrogen Phosphorus Detector，NPD)。NPD 是在 FID 的喷嘴和收集极之间放置一个含有硅酸铷的玻璃珠。这样含氮磷化合物受热分解在铷珠的作用下会产生多量电子，使信号值比没有铷珠时大大增加，因而提高了检测器的灵敏度。这种检测器多用于微量氮磷化合物的分析中，被广泛用于环保、医药、临床、生物化学、食品等领域。NPD 的灵敏度和基流还决定于空气和载气的流量，一般来讲它们的流量增加，灵敏度降低。载气的种类也对灵敏度有一定的影响，用氮作载气要比氦作载气提高灵敏度 10%。其原因是用氦时使碱金属盐过冷，造成样品分解不完全。极间电压与 FID 一样，在 300 V 左右时才能有效地收集正负电荷，与 FID 不同的是，NPD 的收集极必须是负极，其位置必须进行优化调整。碱金属盐的种类对检测器的可靠性和灵敏度有影响，一般讲对可靠性的优劣次序是 K>Rb>Cs，对 N 的灵敏度为 Rb>K>Cs。

⑤火焰光度检测器(Flame Photometric Detector，FPD)。FPD 是对含硫、磷的有机化合物具有高度选择性和高灵敏度的检测器，因此也称硫磷检测器。它是根据含硫、含磷化合物在富氢—空气火焰中燃烧时，发射出不同波长的特征辐射的原理设计而成。火焰光度检测器通常用来检测含硫、磷的化合物及有机金属化合物、含卤素的化合物。因此普遍用于分析空气污染、水污染、杀虫剂及煤的氢化产物。其主要优点是可选择特殊元素的特征波

长来检测单一元素的辐射。

12.3 操作规程与日常维护

12.3.1 气相色谱仪操作规程

气相色谱仪的操作要遵守“先通气、后开电，先关电、后关气”的基本原则。

【开机准备】

①根据实验要求，选择合适的色谱柱，气路连接正确无误，并打开载气检漏。

②开启载气（氮气）钢瓶总阀，缓慢调节减压阀使其输出压力为 0.4~0.5 MPa，观察净化器内填料是否变色、失效，如有问题要及时处理或更换。

【开机】

①当柱前压力指示稳定时，后方可通电开机。按照分析方法设定检测器温度、气化室温度、柱箱温度。被测物各组分沸点范围较宽时，还需设定程序升温速率，确认无误后保存参数，开始升温。

②打开氢气和空气（氧气）总阀，调节氢气输出压力至 0.3~0.4 MPa，空气输出压力至 0.3~0.5 MPa。按实验要求设定载气流量、氢气流量、空气流量、分流比等参数。

③当检测器温度大于 100℃时，点火，并检查点火是否成功，点火成功后，待基线走稳，即可进样。

【关机】

关闭 FID 的氢气和空气气源，待柱温降至 50℃以下，关闭主机电源，关闭载气气源。关闭气源时应先关闭钢瓶总压力阀，待压力指针回零后，关闭稳压表开关，方可离开。

【注意事项】

①气体钢瓶总压力表不得低于 1 MPa；严禁无载气气压时打开电源。

②氢气较危险，必须经常检漏，不用的时候一定要及时关上。

③毛细管柱的安装要严格按照说明书规定的要求，使用前需要老化色谱柱，确保做空白实验时无干扰峰出现，要及时清洗毛细管进样口内衬管，截取污染的毛细管柱头，避免出现鬼峰效应。色谱柱长时间用后也要充分老化，老化过程：50℃保持 2 min，以 5℃/min 升至色谱柱最高使用温度低 20℃，保持 30 min，重复 2 次，恒温保持 2 h 以上。

以下为市场上应用比较广泛的几种气相色谱仪，各自具体的操作规程可扫描二维码获得。

（1）Agilent 7890 气相色谱仪操作规程

(2)岛津 GC2014A 气相色谱仪操作规程

(3)赛默飞 TRACE 1300 气相色谱仪操作规程

(4)福立 GC-9790 气相色谱仪操作规程

(5)全自动氢气发生器操作规程

12.3.2　进样器的使用、进样操作及清洗

气相色谱法中常用进样器手动进样，气体试样一般使用 0.25 mL、1 mL、2 mL、5 mL 等规格的医用进样器。液体试样则使用 1 μL、10 μL、50 μL 等规格的微量进样器。

(1)结构组成

微量进样器是由玻璃和不锈钢材料制成，其结构见图 12-2，容量精度高，误差为±5%，气密性达到 2 kg/cm^2。其中(A)是有死角的固定针尖式进样器，10~100 μL 容量的进样器采用这一结构。它的针头有寄存容量，吸取溶液时，容量会比标定值增加 1.5 μL 左右。图(B)是无死角的进样器，与针尖连接的针尖螺母可旋下，紧靠针尖部位有硅橡胶垫圈，以保证进样器的气密性。进样器芯子是使用直径为 0.1~0.15 μL 的不锈钢丝，直接通到针尖，不会出现寄存容量，0.5~1 μL 的微量进样器采用这一结构。

(2)操作要点

用进样器取定量样品，由针刺通过进样器的硅橡胶垫圈，注入样品。此方法进样的优点是使用灵活；缺点是重复性差，相对误差在 2%~5%。硅橡胶密封垫圈在几十次进样后，容易漏气，需及时更换。

用进样器取液体试样，先用少量试样洗涤 5 次以上，之后可将针头插入试样反复抽排

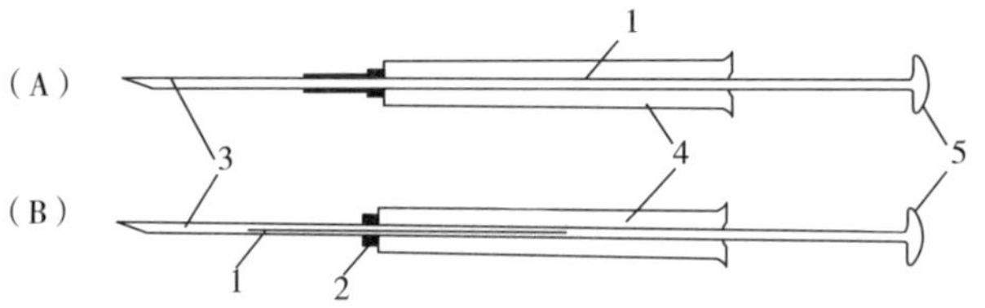

图 12-2　微量进样器结构

1—不锈钢丝芯子　2—硅橡胶垫圈　3—针头　4—玻璃管　5—顶盖

几次，再慢慢抽入试样，并多于需要量。如内有气泡，则将针头朝上，使气泡上升排除，再将过量的试样排出，用无棉的纤维纸吸去针头外所沾试样。注意勿使针头内的试样流失。

取气体试样也应先洗涤进样器。取样时，应将进样器插入有一定压力的试样气体容器中，使进样器芯子慢慢自动顶出，直至所需体积，以保证取样正确。

取好样后应立即进样。进样时，进样器应与进样口垂直，针头刺穿硅胶垫圈，插到底，紧接着迅速注入试样，完成后立即拔出进样器，整个动作应进行得稳当、连贯、迅速。针尖在进样器中的位置、插入速度、停留时间和拔出速度等都会影响进样的重复性。

微量进样器进样手势见图 12-3。一只手应扶针头，帮助进针，以防弯曲。医用进样器进气体试验时，应防止进样器芯子位移，可以用拿进样器的右手食指卡在芯子与外管的交界处，以固定它们的相对位置，从而保证进样量的正确。

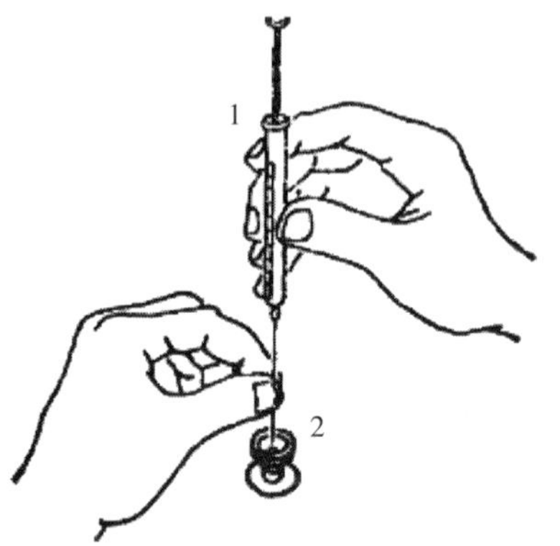

图 12-3　微量进样器进样

1—微量进样器　2—进样口

(3)使用注意事项

①微量进样器是易碎器械，使用时应多加小心。不用时要洗净放入盒内，不要随便来回空抽，特别是在干燥情况下来回拉动会严重磨损，损坏其气密性，降低其准确度。

②进样器在使用前后都须用丙酮等溶剂清洗。当试样中高沸点物质污染进样器时，一般可用 5%氢氧化钠水溶液、蒸馏水、丙酮和氯仿依次清洗，最后用泵抽干。不宜用强碱溶液洗涤。

③对于有死角的进样器，如果针尖堵塞，应用直径为 0.1 mm 的细钢丝穿通，不能用火

烧的办法,防止针尖损坏。

④若不慎将进样器芯子全部拉出,应根据其结构小心装配。

12.3.3　气相色谱仪的日常维护

气相色谱仪经常用于有机物的定量分析,仪器在运行一段时间后,由于静电原因,仪器内部容易吸附较多的灰尘。电路板及电路板插口除吸附有积尘外,还经常和某些有机蒸气吸附在一起,因为部分有机物的凝固点较低,在进样口位置经常发现凝固的有机物,分流管线在使用一段时间后,内径变细,甚至被有机物堵塞。在使用过程中,TCD 检测器很有可能被有机物污染,FID 检测器长时间用于有机物分析时,有机物在喷嘴或收集极位置沉积或在喷嘴、收集极部分积炭经常发生。

(1)仪器内部的吹扫、清洁

气相色谱仪停机后,打开仪器的侧面和后面面板,用仪表空气或氮气对仪器内部灰尘进行吹扫,对积尘较多或不容易吹扫的地方用软毛刷配合处理。吹扫完成后,对仪器内部存在有机物污染的地方用水或有机溶剂进行擦洗。对水溶性有机物可以先用水进行擦拭,对不能彻底清洁的地方可以再用有机溶剂进行处理。对非水溶性或可能与水发生化学反应的有机物用不与之发生反应的有机溶剂进行清洁,如甲苯、丙酮、四氯化碳等。注意,在擦拭仪器过程中,不能对仪器表面或其他部件造成腐蚀或二次污染。

(2)电路板的维护和清洁

气相色谱仪准备检修前,切断仪器电源,首先用仪表空气或氮气对电路板和电路板插槽进行吹扫,吹扫时用软毛刷配合对电路板和插槽中灰尘较多的部分进行仔细清理。操作过程中尽量戴手套操作,防止静电或手上的汗渍等对电路板上的部分元件造成影响。

吹扫工作完成后,应仔细观察电路板的使用情况,看印刷电路板或电子元件是否有明显被腐蚀现象。对电路板上沾染有机物的电子元件和印刷电路用脱脂棉蘸取酒精小心擦拭,电路板接口和插槽部分也要进行擦拭。

(3)进样口的清洗

在检修时,对气相色谱仪进样口的玻璃衬管、分流平板,进样口的分流管线,EPC 等部件分别进行清洗是十分必要的。

玻璃衬管和分流平板的清洗:从仪器中小心取出玻璃衬管,用镊子或其他小工具小心移取衬管内的玻璃毛和其他杂质,移取过程不要划伤衬管表面。

如果条件允许,可将初步清理过的玻璃衬管在有机溶剂中用超声波进行清洗,烘干后使用,也可以用丙酮、甲苯等有机溶剂直接清洗,清洗完成后经过干燥即可使用。

分流平板最为理想的清洗方法是在溶剂中超声处理,烘干后使用,也可以选择合适的有机溶剂清洗。从进样口取出分流平板后,首先采用甲苯等惰性溶剂清洗,再用甲醇等醇类溶剂进行清洗,烘干后使用。

分流管线的清洗:气相色谱仪用于有机物和高分子化合物的分析时,许多有机物的凝固点较低,样品从气化室经过分流管线放空的过程中,部分有机物在分流管线凝固。

气相色谱仪经过长时间的使用后,分流管线的内径逐渐变小,甚至完全被堵塞。分流管线被堵塞后,仪器进样口显示压力异常,峰形变差,分析结果异常。在检修过程中,无论事先能否判断分流管线堵塞现象,都需要对分流管线进行清洗。分流管线的清洗一般选择丙酮、甲苯等有机溶剂,对堵塞严重的分流管线有时用单纯清洗的方法很难清洗干净,需要采取一些其他辅助的机械方法来完成。可以选取粗细合适的钢丝对分流管线进行简单的疏通,然后再用丙酮、甲苯等有机溶剂进行清洗。由于事先不容易对分流部分的情况作出准确判断,对手动分流的气相色谱仪来说,在检修过程中对分流管线进行清洗是十分必要的。

对于 EPC 控制分流的气相色谱仪,由于长时间使用,有可能使一些细小的进样垫屑进入 EPC 与气体管线接口处,随时可能对 EPC 部分造成堵塞或造成进样口压力变化。所以每次检修过程尽量对仪器 EPC 部分进行检查,并用甲苯、丙酮等有机溶剂进行清洗,然后烘干处理。

由于进样等原因,进样口的外部随时可能会形成部分有机物凝结,可用脱脂棉蘸取丙酮、甲苯等有机物对进样口进行初步的擦拭,然后对擦不掉的有机物先用机械方法去除,注意在去除凝固有机物的过程中一定要小心操作,不要对仪器部件造成损伤。将凝固的有机物去除后,然后用有机溶剂对仪器部件进行仔细擦拭。

(4)TCD 和 FID 检测器的清洗

TCD 检测器在使用过程中可能会被柱流出的沉积物或样品中夹带的其他物质所污染。TCD 检测器一旦被污染,仪器的基线出现抖动、噪声增加。因此,有必要对检测器进行清洗。

Agilent 的 TCD 检测器可以采用热清洗的方法,具体方法如下:关闭检测器,把柱子从检测器接头上拆下,把柱箱内检测器的接头用死堵堵死,将参考气的流量设置到 20~30 mL/min, 设置检测器温度为 400℃,热清洗 4~8 h,降温后即可使用。

国产或日产 TCD 检测器污染可用以下方法处理。仪器停机后,将 TCD 的气路进口拆下,用 50 mL 进样器依次将丙酮(或甲苯,可根据样品的化学性质选用不同的溶剂)、无水乙醇、蒸馏水从进气口反复注入 5~10 次,用洗耳球从进气口处缓慢吹气,吹出杂质和残余液体,然后重新安装好进气接头,开机后将柱温升到 200℃,检测器温度升到 250℃,通入比分析操作气流大 1~2 倍的载气,直到基线稳定为止。

对于严重污染,可将出气口用死堵堵死,从进气口注满丙酮(或甲苯,可根据样品的化学性质选用不同的溶剂),保持 8 h 左右,排出废液,然后按上述方法处理。

FID 检测器的清洗:FID 检测器在使用中稳定性好,对使用要求相对较低,使用普遍,但在长时间使用过程中,容易出现检测器喷嘴和收集极积炭等问题,或有机物在喷嘴或收集极处沉积等情况。对 FID 积炭或有机物沉积等问题,可以先对检测器喷嘴和收集极用丙酮、甲苯、甲醇等有机溶剂进行清洗。当积炭较厚不能清洗干净的时候,可以对检测器积炭较厚的部分用细砂纸小心打磨。注意在打磨过程中不要对检测器造成损伤。初步打磨完成后,对污染部分进一步用软布进行擦拭,最后用有机溶剂进行清洗,一般即可消除。

12.4　实验

实验 1　气相色谱分析条件的选择和色谱峰的定性鉴定

【实验目的】

①了解气相色谱仪的基本结构、工作原理与操作技术。

②学习选择气相色谱分析的最佳条件，了解气相色谱分离样品的基本原理。

③掌握根据保留值做已知物对照定性的分析方法。

【实验原理】

气相色谱是对气体物质或可以在一定温度下转化为气体的物质进行检测分析。由于物质的物性不同，其试样中各组分在气相和固定相间的分配系数不同，当气化后的试样被载气带入色谱柱中运行时，组分就在其中的两相间进行反复多次分配，由于固定相对各组分的吸附或溶解能力不同，即使载气流速相同，各组分在色谱柱中的运行速度也不同，经过一定时间的分离，按顺序离开色谱柱进入检测器，信号经放大后，在记录器上描绘出各组分的色谱峰。根据出峰位置，确定组分的名称，根据峰面积确定浓度大小。

对一个混合试样成功的分离，是气相色谱法完成定性及定量分析的前提和基础。其中最为关键的是色谱柱、柱温、载气及其流速的确定、燃气和助燃气的比例等色谱条件的选择。

衡量气相色谱分离好坏的程度可用分离度 R 表示：$R=\dfrac{t_{R2}-t_{R1}}{\dfrac{(Y_1+Y_2)}{2}}$。当 $R\geqslant1.5$ 时，两峰完全分离；当 $R=1.0$ 时，98%的分离。在实际应用中，$R=1.0$ 时一般可以满足需要。

用色谱法进行定性分析的任务是确定色谱图上每一个峰所代表的物质。在色谱条件确定时，任何一种物质都有确定的保留值、保留时间、保留体积、保留指数及相对保留值等保留参数。因此，在相同的色谱操作条件下，通过比较已知纯样和未知物的保留参数或在固定相上的位置，即可确定未知物为何种物质。

当手头上有待测组分的纯样时，通过与已知物的对照进行定性分析极为简单。实验时，可采用单柱比较法、峰高加入法或双柱比较法。

单柱比较法是在相同的色谱条件下，分别对已知纯样及待测试样进行色谱分析，得到两张色谱图，然后比较其保留参数。当两者的数值相同时，即可认为待测试样中有纯样组分存在。双柱比较法是在两个极性完全不同的色谱柱上，在各自确定的操作条件下，测定纯样和待测组分在其上的保留参数，如果都相同，则可准确地判断试样中有与此纯样相同的物质存在。由于有些不同的化合物会在某一固定相上表现出相向的热力学性质，故双柱法定性比单柱法更为可靠。

【仪器与试剂】

①仪器：气相色谱仪（带 FID 检测器），微量进样器 10 μL。

②试剂：苯、甲苯、乙苯、邻二甲苯、正己烷等均为分析纯。

【实验步骤】

①样品的配制：分别取苯、甲苯、乙苯、邻二甲苯各 0.10 mL 于 4 个 50 mL 的容量瓶中，用正己烷定容，摇匀得单一标准样品；再分别取苯、甲苯、乙苯、邻二甲苯各 0.10 mL 于一个 50 mL 的容量瓶中，用正己烷定容，摇匀得混合标准样品。

②色谱条件设置：色谱柱 SE-30 毛细管柱或其他可分析苯系物的色谱柱，进样器温度 200℃，检测器温度 200℃，柱温 100℃，氮气流量 30 mL/min，空气流量 400 mL/min，氢气流量 40 mL/min。

③样品的测定：按照初始条件设定色谱条件，待仪器的电路和气路系统达到平衡，基线平直时即可进样。吸取 0.2 μL 样品注入气化室，采集色谱数据，记录色谱图。重复进样两次。注意每做完一种溶液需用后一种待进样溶液洗涤微量进样器 5 次以上。

④柱温的选择：改变柱温：80℃、100℃、120℃，同上测试，判断柱温对分离的影响。

【数据处理】

①记录初始实验条件下的色谱条件及色谱结果。并根据单一标准样的保留时间确定混合样品中各峰的物质名称。记录各色谱图上各组分色谱峰的保留时间值，填入表 12-1，并定性混合样中的色谱峰。

表 12-1　苯系物定性分析结果

编号	$t_{苯}$				$t_{甲苯}$			
	1	2	3	平均值	1	2	3	平均值
单标								
混合样								
编号	$t_{乙苯}$				$t_{邻二甲苯}$			
	1	2	3	平均值	1	2	3	平均值
单标								
混合样								

②采用混合标样作为样品，改变柱温：80℃、100℃、120℃，同上测试，记录各色谱图上各组分色谱峰的保留时间值，并填入表 12-2。分析柱温对色谱分离的影响。

表 12-2　柱温对色谱分离的影响

温度/℃	$t_{苯}$				$t_{甲苯}$			
	1	2	3	平均值	1	2	3	平均值
80								
100								
120								

续表

温度	$t_{乙苯}$				$t_{邻二甲苯}$			
	1	2	3	平均值	1	2	3	平均值
80								
100								
120								

③如果时间许可,可以以混合标样为样品尝试改变不同的载气流速,或改变燃气和助燃气的比例,分析载气流速等因素对色谱分离的影响。

【思考题】

①气相色谱定性分析的基本原理是什么？本实验中怎样定性的？

②试讨论各色谱条件(柱温等)对分离的影响。

③本实验中的进样量是否需要准确,为什么？

④简要分析各组分流出先后的原因。

【注意事项】

①开机前检查气路系统是否漏气,检查进样室硅橡胶密封垫圈是否需更换。开机时,要先通载气后通电,关机时要先断电源后停气。

②柱温、气化室和检测器的温度可根据样品性质确定。一般气化室温度比样品组分中最高的沸点再高 30~50℃ 即可,检测器温度大于柱温。

③关注实验室安全:使用 FID 时,不点火严禁通 H_2,通 H_2 后要及时点火,并保证火焰点着。判断氢火焰是否点燃的方法:将冷金属物置于出口上方,若有水汽冷凝在金属表面,则表明氢火焰已点燃。

④进样方式有手动进样、自动进样、顶空进样等。手动进样时,取样时应缓慢上提针芯,若有气泡,可将微量进样器针尖向上,使气泡上浮后推出;进样时速度要快而果断,并且每次进样速度、留针时间应保持一致。

⑤关机前须先降温,待柱温降至 50℃ 以下时,才可停止通载气、关机。

实验 2　气相色谱法测定空气中苯、甲苯、二甲苯和乙苯的含量

【实验目的】

①学习气相色谱法测定样品的基本原理、特点。

②学习外标法定量的基本原理和测定方法。

③了解苯系物对人体、生物和环境的危害,自觉践行环境友好和可持续发展的观念。

【实验原理】

苯系物是苯的衍生物的总称,最常见的有苯、甲苯、乙苯、二甲苯、苯乙烯等苯的一元和二元取代物,它们的生产量和使用量占芳烃总量的 90% 以上,广泛应用于染料、塑料、合成橡胶、合成树脂、合成纤维、合成药物及农药等行业中,是非常重要的一类化工原料。苯系

物中苯为世界卫生组织公布的具有致癌、致畸、致突变作用的有害污染物，对人体和生物均有不同程度的毒性。在我国工业污染源调查的17个重点行业中，苯系物在15个行业中都作为产品或原料使用。故近年来，环境标准对苯系物的检测要求越来越严格。

空气中的蒸气态苯、甲苯、二甲苯和乙苯用活性炭采集，二硫化碳解吸后进样，经气相色谱柱分离，氢焰离子化检测器检测，以保留时间定性，峰高或峰面积定量。

【仪器与试剂】

①仪器：活性炭管，溶剂解吸型，内装100 mg/50 mg活性炭。空气采样器，流量范围为0~500 mL/min。溶剂解吸瓶，5 mL。气相色谱仪（带FID检测器），微量进样器10 μL。

②试剂：二硫化碳，色谱鉴定无干扰峰。

标准溶液：容量瓶中加入二硫化碳，准确称量后，分别加入一定量的一种或多种待测物，再准确称量，用二硫化碳定容。由称量之差计算溶液的浓度，为待测物的标准溶液，或用国家认可的标准溶液配制。

【实验步骤】

①样品的采集、运输和保存。

短时间采样：在采样点，用活性炭管以100 mL/min流量采集15 min空气样品。

长时间采样：在采样点，用活性炭管以50 mL/min流量采集2~8 h空气样品。

采样后，立即封闭活性炭管两端，置清洁容器内运输和保存。样品在室温下可保存7 d，置4℃冰箱内可保存14 d。

样品空白：在采样点，打开活性炭管两端，并立即封闭，然后同样品一起运输、保存和测定。每批次样品不少于2个样品空白。

②样品处理：将前后段活性炭分别放入两支溶剂解吸瓶中，各加入1.0 mL二硫化碳，封闭后，解吸30 min，不时振摇。样品溶液供测定。

③标准曲线的制备：取4~7支容量瓶，用二硫化碳稀释标准溶液成表12-3所列的浓度范围的标准系列。参照仪器操作条件，将气相色谱仪调节至最佳测定状态，进样1.0 μL，分别测定标准系列各浓度的峰高或峰面积。以测得的峰高或峰面积对相应的苯、甲苯、二甲苯和乙苯浓度（μg/mL）绘制标准曲线或计算回归方程，其相关系数应≥0.999。

表12-3　标准系列的浓度范围

	化学物质					
浓度范围/($\mu g\cdot mL^{-1}$)	苯	甲苯	邻二甲苯	对二甲苯	间二甲苯	乙苯
	0.0~878.7	0.0~866.9	0.0~880.2	0.0~864.2	0.0~861.1	0.0~870.0

④色谱条件设置：色谱柱30 m×0.32 mm×0.5 μm，FFAP，进样器温度150℃，检测器温度200℃，柱温80℃，氮气流量1 mL/min，分流比为10:1。

⑤样品测定：用测定标准系列的操作条件测定样品溶液和样品空白溶液，测得的峰高或峰面积值由标准曲线或回归方程得样品溶液中苯、甲苯、二甲苯和乙苯的浓度（μg/mL）。

若样品溶液中待测物浓度超过测定范围，用二硫化碳稀释后测定，计算时乘以稀释倍数。

【数据处理】

按照式(12-4)计算空气中苯、甲苯、二甲苯和乙苯的浓度。

$$C = \frac{(c_1 + c_2) v}{V_0 D} \tag{12-4}$$

式中：C——空气中苯、甲苯、二甲苯和乙苯的浓度，mg/m^3；

c_1、c_2——测得的前后段样品溶液中苯、甲苯、二甲苯和乙苯的浓度（减去样品空白），μg/mL；

v——样品溶液的体积，mL；

V_0——标准采样体积，L；

D——解吸效率，%。

按照 GBZ 159 的方法和要求将采样体积换算成标准采样体积。空气中的时间加权平均接触浓度(Gu) 按 GBZ 159 规定计算。

【思考题】

①什么情况下考虑使用程序升温？

②测定过程中需要注意什么事项？

③苯系物对环境、人体的危害及测定苯系物的意义？

【注意事项】

①苯系物在自然环境中是不存在的，主要通过化工生产的废水和废气进入水环境和大气环境。由于苯系物微溶于水，降水可从大气中凝集挥发性苯系物，直接或间接地进入地表水中。因此，苯系物的测定可在一定程度上反映原水、废水与工业生产用水的水质污染状况，测定对掌握区域河流污染、饮用水水质质量、保障区域人民用水安全等具有重要的理论和科学依据。

②本法的检出限、定量下限、定量测定范围、最低检出浓度、最低定量浓度（以采集1.5 L空气样品计）、相对标准偏差、穿透容量（100 mg 活性炭）和解吸效率等方法性能指标见表 12-4。应测定每批活性炭管的解吸效率。

表 12-4　溶剂解吸—气相色谱法的性能指标

性能指标	化学物质			
	苯	甲苯	二甲苯	乙苯
检出限/($μg \cdot mL^{-1}$)	0.9	1.8	4.9	2
定量下限/($μg \cdot mL^{-1}$)	3	6	16	6.4
定量测定范围/($μg \cdot mL^{-1}$)	3~900	6~900	16~900	6.4~900
最低检出浓度/($mg \cdot m^{-3}$)	0.6	1	3	1
最低定量浓度/($mg \cdot m^{-3}$)	2	4	11	4

续表

性能指标	化学物质			
	苯	甲苯	二甲苯	乙苯
相对标准偏差/%	4.3~6	4.7~6.3	4.1~7.2	2
穿透容量/mg	7	13.1	10.8	20
解吸效率/%	>90	>90	>90	>90

③本方法也可以用其他合适的色谱柱测定。根据测定需要可以选用恒温或程序升温测定。

实验3　气相色谱法测定酒饮料中的乙醇含量

【实验目的】

①了解气相色谱法的分离原理和特点。

②熟悉气相色谱仪的基本构造和一般使用方法。

③掌握内标法进行样品含量分析的方法。

④了解测定酒饮料中乙醇含量的意义，知晓真假白酒的鉴别、假酒及过度饮用酒精饮料的危害。

【实验原理】

气相色谱法是一种高效、快速而灵敏的分离分析技术。当样品溶液由进样口注入后立即被汽化，并被载气带入色谱柱，经过多次分配而得以分离的各个组分逐一流出色谱柱进入检测器，检测器把各组分的浓度信号转变成电信号后由记录仪或工作站软件记录下来，得到相应信号大小随时间变化的曲线即为色谱图。利用色谱峰的保留值可以进行定性分析，利用峰面积或峰高可以进行定量分析。

内标法是一种常用的色谱定量分析方法。在一定量(m)的样品中加入一定量(m_{is})的内标物，根据待测组分和内标物的峰面积及内标物的质量计算待测组分质量(m_i)的方法。被测组分的质量分数计算如下：

$$p_i = \frac{m_i}{m} \times 100\% = \frac{A_i f_i}{A_{is}} \times \frac{m_{is}}{m} \times 100\%$$

其中，A_i 为样品溶液中待测组分的峰面积；A_{is} 为样品溶液中内标物的峰面积；m_{is} 为样品溶液中内标物的质量；m 为样品的质量；f_i 为待测组分 i 相对于内标物的相对定量校正因子，由标准溶液计算：

$$f_i = \frac{f'_i}{f'_{is}} = \frac{m'_i}{A'_i} \cdot \frac{A'_{is}}{m'_{is}} = \frac{m'_i A'_{is}}{m'_{is} A'_i}$$

其中，A'_i：为标准溶液中待测组分 i 的峰面积；A'_{is} 为标准溶液中内标物的峰面积；m'_{is} 为标准溶液中内标物的质量；m'_i 为标准溶液中标准物质的质量。

用内标法进行定量分析，必须选定内标物。内标物必须满足以下条件：应是样品中不存在的、稳定易得的纯物质;内标峰应在各待测组分之间或与之相近;能与样品互溶但无化学反应;内标物浓度应恰当,峰面积与待测组分相差不大。

【仪器与试剂】

①仪器:气相色谱仪(带 FID 检测器),微量进样器 10 μL。

②试剂:无水乙醇、无水正丙醇、丙酮均为分析纯,白酒(市售)。

【实验步骤】

①标准溶液的配制:准确移取 0.50 mL 无水乙醇和 0.50 mL 无水正丙醇于 10 mL 容量瓶中,用丙酮定容,摇匀。

②色谱条件设置:色谱柱 SE-30 毛细管柱或其他可分析苯系物的色谱柱,进样器温度 200℃,检测器温度 200℃,柱温 100℃,氮气流量 30 mL/min,空气流量 400 mL/min,氢气流量 40 mL/min。

③相对校正因子的测定:用微量进样器吸取 0.5 μL 标准溶液注入色谱仪内,记录各色谱峰保留时间 t_R 和色谱峰面积,重复两次,求出乙醇以正丙醇为内标物的相对校正因子。

④样品溶液的配制:准确移取 1.00 mL 酒样品和 0.50 mL 无水正丙醇于 10 mL 容量瓶中,用丙酮定容,摇匀。

⑤样品溶液的测定:用微量进样器吸取 0.5 μL 样品溶液注入色谱仪内,记录各色谱峰的保留时间 t_R,对照比较标准溶液与样品溶液的 t_R,以确定样品中的醇,记录乙醇和正丙醇的色谱峰面积,重复两次。由平均值根据内标法求出样品中乙醇的含量。

【思考题】

①内标物的选择应符合哪些条件?用内标法进行定量分析有何优点?

②用该实验方法能否测定出白酒样品中的水分含量?

③可以有哪些方法能对白酒的真伪进行鉴定?

【注意事项】

乙醇具有特殊香味,并略带刺激,常温常压下是一种易燃、易挥发的无色透明液体。乙醇用途广泛,在国防化工、医疗卫生、食品工业、工农业生产中都有广泛的用途。医疗上也常用体积分数 70%~75%的乙醇作消毒剂等。乙醇是酒的主要成分,但日常饮用酒内的乙醇不是把乙醇直接加进去的,而是微生物发酵得到的。这就导致了市场上存在部分掺假或含酒精量超标的白酒。运用气相色谱法对白酒进行成分分析,然后运用指纹图谱相似度计算软件建立标准指纹图谱,从而能有效地对白酒进行辨别。

实验 4 毛细管气相色谱法分离白酒中微量香味化合物

【实验目的】

①掌握毛细管分离的基本原理及其操作技能。

②了解毛细管色谱柱的高分离效率和高选择性。

③了解白酒中微量香味化合物对白酒品质的重要影响。

【实验原理】

白酒是中国传统的蒸馏酒,为世界七大蒸馏酒之一。白酒的主要成分是乙醇和水(占总量的98%~99%),而溶于其中的酸、酯、醇、醛等种类众多的微量有机化合物作为白酒的呈香呈味物质,却决定着白酒的风格(又称典型性,指酒的香气与口味协调平衡,具有独特的香味)和质量。

国际上,酒类芳香成分的分析技术不断进步,研究成果巨大,鉴定出的成分已达1000种以上。白酒中的香味成分一部分来自酿酒所采用的原料和辅料,另一部分则来自微生物的代谢产物。白酒中含量众多的乳酸、乳酸乙酯、乙酸乙酯和己酸乙酯等香味成分,属多菌种发酵,是数量众多的霉菌、酵母菌和细菌等微生物综合作用的结果。

气相色谱法的分离原理是使混合物中的各组分在固定相(固定液)与流动相(载体)间进行交换,由于各组分在性质和结构上的不同,当它们被流动相推动经过固定相时,与固定相发生的相互作用的大小、强弱会有差异,以致各组分在固定相中滞留的时间有长有短,而按顺序流出达到分离的目的。采用毛细管柱直接进样,白酒中的多组分化合物在流动相和涂载体固定相中由于分子扩散作用和传质作用,反复几万次分配使酒中各微量香味组分按其应有的顺序流出,记录信号,得到又窄又尖锐的色谱峰图。对于白酒中那些挥发性极低的物质,气相色谱无法检测,这时需要利用高效液相色谱进行分离和检测。

【仪器与试剂】

①仪器:气相色谱仪(带FID检测器),微量进样器10 μL。

②试剂:乙酸乙酯、正丙醇、异丁醇、异戊醇、己酸乙酯、乙酸异戊酯等均为分析纯,白酒。

【实验步骤】

①色谱条件设置:FFAP柱毛细管柱或其他性能类似的色谱柱,进样器温度200℃,检测器温度200℃,柱温70℃,氮气流量30 mL/min,空气流量400 mL/min,氢气流量40 mL/min。

②仪器稳定后,点火,进标样0.4 μL,记录各色谱峰的保留时间。

③进白酒样品0.4 μL,观察色谱图,根据保留时间定性分析白酒中含有哪些成分?

【数据处理】

组分的定性主要依靠和标准谱图进行比对、分析。但是,最终确认还需结合白酒的香味化学知识。定量采用内标法测量。要求:利用标准谱图定性分析出5种组分。

【思考题】

①毛细管气相色谱法分析有什么特点?

②为什么要测定白酒中的醇、酯和醛的成分与含量?

③可以有哪些方法能对白酒的真伪进行鉴定?

【注意事项】

白酒(Chinese Baijiu),是以曲类、酒母为糖化发酵剂,利用淀粉质(糖质)原料,经蒸煮、糖化、发酵、蒸馏、陈酿和勾兑而酿制而成的各类酒。由食用酒精和食用香料勾兑而成的配制酒则不能算作是白酒。白酒中的酸、酯、醇、醛等种类众多的微量有机化合物作为呈香呈味物质，其决定着白酒的风格和质量。

近年来，酒类芳香成分的分析技术不断进步，取得了巨大的研究成果，已鉴定出的成分已达 1000 种以上。白酒中的香味成分分析鉴定已成为白酒风格和质量的重要依据。运用气相色谱法对白酒进行成分分析，然后运用指纹图谱相似度计算软件建立标准指纹图谱，从而能有效地对白酒进行辨别。

实验 5　气相色谱法分析食品中的有机磷残留量

【实验目的】

①掌握气相色谱仪的工作原理及使用方法。

②学习食品中有机磷农药残留的气相色谱测定方法。

③了解有机磷农药残留对人体的危害？

【实验原理】

有机磷农药，是指含磷元素的有机化合物农药，主要用于防治植物病、虫、草害，多为油状液体，有大蒜味，挥发性强，微溶于水，遇碱破坏。实际应用中应选择高效低毒及低残留品种，如乐果、敌百虫等。其在农业生产中的广泛使用，导致农作物中发生不同程度的残留。有机磷农药对人体的危害以急性毒性为主，多发生于大剂量或反复接触之后，会出现一系列神经中毒症状，如出汗、震颤、精神错乱、语言失常，严重者会出现呼吸麻痹，甚至死亡。所以对农产品中机磷农药残留量的测定是保证舌尖上安全的重要手段。

食品中残留的有机磷农药经有机溶剂提取并经净化、浓缩后，注入气相色谱仪，气化后在载气携带下于色谱柱中分离，由火焰光度检测器检测。当含有机磷的试样在检测器中的富氢焰上燃烧时，以 HPO 碎片的形式，放射出波长为 526 nm 的特性光，这种光经检测器的单色器（滤光片）将非特征光谱滤除后，由光电倍增管接收，产生电信号而被检出。试样的峰面积或峰高与标准品的峰面积或峰高进行比较定量。

【仪器与试剂】

①仪器：气相色谱仪（带火焰光度检测器 FPD），微量进样器 10 μL，电动振荡器、组织捣碎机、旋转蒸发仪。

②试剂：敌敌畏等有机磷农药标准品；二氯甲烷、丙酮、无水硫酸钠、中性氧化铝、硫酸钠等均为分析纯；无水硫酸钠需在 700℃ 灼烧 4 h 后备用、中性氧化铝需在 550℃ 灼烧 4 h 后备用。

【实验步骤】

①有机磷农药标准贮备液的配制：分别准确称取有机磷农药标准品敌敌畏、乐果、马拉硫磷、对硫磷、甲拌磷、稻瘟净、倍硫磷、杀螟硫磷及虫螨磷等各 10. 0 mg（标样数量可根据需要选择其中几种），用苯（或三氯甲烷）溶解并稀释至 100 mL，放在冰箱中保存。

②有机磷农药标准使用液的配制：临用时用二氯甲烷稀释为使用液，使其浓度为敌敌畏、乐果、马拉硫磷、对硫磷、甲拌磷各相当于1.0 μg/mL，稻瘟净、倍硫磷、杀螟硫磷及虫螨磷等各相当于2.0 μg/mL。

③样品处理。

A. 蔬菜：取适量蔬菜擦净，去掉不可食部分后称取蔬菜试样，于组织捣碎机中打成匀浆。称取10.0 g混匀的试样，置于250 mL具塞锥形瓶中，加30~100 g无水硫酸钠脱水，剧烈振荡后如有固体硫酸钠存在，说明所加无水硫酸钠已够。加0.2~0.8 g活性炭脱色。加70 mL二氯甲烷，在振荡器上振摇0.5 h，经干滤纸过滤。量取35 mL滤液，通风柜中自然挥发至近干，二氯甲烷少量多次研洗残渣，移入10 mL具塞刻度试管中，并定容至2 mL，备用。

B. 谷物：将样品磨粉（稻谷先脱壳），过20目筛，混匀。称取10 g置于具塞锥形瓶中，加入0.5 g中性氧化铝（小麦、玉米再加0.2 g活性炭）及20 mL二氯甲烷，振荡0.5 h，过滤，滤液直接进样。若含量过低可再提取2次，混合提取液，浓缩，并定容至2 mL进样。

C. 植物油：称取13.0 g混匀的试样，用50 mL丙酮分次溶解并洗入分液漏斗中，摇匀后，加10 mL水，轻轻旋转振荡1 min，静置1 h以上，弃去下面析出的油层，上层溶液自分液漏斗上口倾入另一分液漏斗中，当心尽量不使剩余的油滴倒入（如乳化严重，分层不清，则放入50 mL离心管中，于2500 r/min转速下离心0.5 h，用滴管吸出上层清液）。加30 mL二氯甲烷，100 mL 50 g/L硫酸钠溶液，振荡1 min。静置分层后，将二氯甲烷提取液移至蒸发皿中。丙酮水溶液再用10 mL二氯甲烷提取一次，分层后，合并至蒸发皿中。自然挥发后，如无水，可用二氯甲烷少量多次研洗蒸发皿中残液移入具塞量筒中，并定容至5 mL。加2 g无水硫酸钠振摇脱水，再加1 g中性氧化铝、0.2 g活性炭（毛油可加0.5 g）振荡脱油和脱色，过滤，滤液直接进样。如自然挥发后尚有少量水，则需反复抽提后再如上操作。

④色谱条件设置：农残专用柱TM-Pesticides或其他性能类似的色谱柱，进样器温度250℃，检测器温度250℃，柱温180℃（测定敌敌畏时130℃；对于多种有机磷农药检测可以采用梯度升温程序：初始温度130℃保持9 min，以20℃/min的升温速率升至200℃，保持5 min，再以20℃/min的升温速率升至240℃，保持5 min），氮气流量80 mL/min，空气流量160 mL/min，氢气流量160 mL/min，分流20:1。

⑤标准曲线的绘制：将有机磷农药标准使用液0.2~1 μL分别注入气相色谱仪中，记录各色谱峰保留时间t_R和色谱峰面积，重复3次，根据浓度和峰面积绘制不同有机磷农药的标准曲线。

⑥样品的测定：取试样溶液0.2~1 μL注入气相色谱仪中，测得峰面积。

【数据处理】

①根据浓度和峰面积绘制不同有机磷农药的标准曲线，并求出回归方程。

②由标准曲线计算试样中有机磷农药的含量。

【思考题】

①本实验的气路系统包括哪些，各有何作用？

②电子捕获检测器及火焰光度检测器的原理及适用范围？

③如何检验该实验方法的准确度？如何提高检测结果的准确度？

④食品中农药残留量测定对食品安全的意义？

⑤我国食品中农药残留的现状、挑战、国家安全标准与国际贸易。

【注意事项】

食品农药残留指给农作物直接施用农药制剂后，渗透性的农药主要黏附在蔬菜、水果等作物表面，大部分可以洗去，因此作物外表的农药浓度高于内部。

①《食品安全国家标准　食品中农药最大残留限量》(GB 2763)是目前我国统一规定食品中农药最大残留限量的强制性国家标准。最新发布的 GB 2763—2021 涵盖农产品 10092 项限量标准，在涵盖的农药残留限量数量上超过国际食品法典委员会(CAC)制定的限量标准，标志着我国农药残留标准制定迈上新台阶。

②本法采用毒性较小且价格较为便宜的二氯甲烷作为提取试剂，国际上多用乙氰作为有机磷农药的提取试剂及分配净化试剂，但其毒性较大。

③有些稳定性差的有机磷农药如敌敌畏，因稳定性差且易被色谱柱中的担体吸附，故本法采用降低操作温度来克服上述困难。另外，也可采用缩短色谱柱等措施来克服。

④氧气与氢气的比决定了火焰的性质和温度，从而影响 FPD 的灵敏度，是最关键的影响因素。实际工作中应根据被测组分性质，通过实验确定最佳氧气与氢气比。

12.5　知识拓展与典型应用

12.5.1　气相色谱发展史话

气相色谱是色谱领域中发展较早、相当成熟的技术，由于它是快速、简易、相对便宜而又重复性好的分析方法，可以分析各种基质中的成分，如石油石化产品、环境污染物、药物、食品等，此外，气相色谱所固有的高分离效率及可以和各种灵敏的、选择性好的检测器相连接，所以配备各种检测器的气相色谱仪成为各个领域成分鉴定、分析不可或缺的工具。色谱学的发展是伴随着科技革命，而又促进科技革命的发展进程。

色谱法起源于 1903 年，俄国植物学家茨维特在分离植物叶的色素成分时，将植物叶的萃取物倒入填有碳酸钙的直立玻璃管内，然后加入石油醚使其自由流下，结果色素在碳酸钙中形成了各种不同颜色的谱带，这种方法因此得名为色谱法。后来茨维特陆续发表了几篇论文，详细地叙述了利用自己设计的色谱分析仪器，分离出胡萝卜素、叶绿素和叶黄素，但当时没有引起化学界的注意。直到 20 世纪 30 年代，Kuhn 利用色谱法成功分离维生素

A、维生素 B_2 等并研究确定了其结构功能,色谱法才得到普遍推广和应用。Kuhn 在 1938 年因为其在胡萝卜素和维生素方面的研究而获得了诺贝尔化学奖。100 多年来,色谱在固定相、流动相和检测器三个部分取得了长足的发展。目前已广泛用于有色、无色物质的分离,用于气体、液体、固体物质的分离。"色谱"二字已失去原来的含义,但仍被人们沿用至今。

此后科学家们发明了各种类型不同分离模式的色谱法:1935 年发明了离子交换色谱;1938 年发明了薄层色谱;1940 年发明了吸附色谱和电泳,发明者获得了诺贝尔化学奖;1941 年发明了分配色谱并成功地分离了氨基酸,发明者获得了诺贝尔化学奖;1944 年发明了纸色谱;1952 年发明了气相色谱。此后,气相色谱在高速发展的石油化工行业迅速得到了应用;1957 年发明了毛细管气相色谱,1979 年弹性石英毛细管柱的出现使毛细管柱气相色谱迅速普及;1959 年发明了凝胶渗透色谱(排阻色谱);1967~1969 年发明了高效液相色谱。近几年又发展了属于液相色谱范畴的毛细管电泳,发明者也获得了诺贝尔奖。色谱法最大的特点在于能将复杂的混合物分离成各相关的组成,然后再检测出来。因此它是组分分析和结构测定的重要手段。据统计,迄今为止的诺贝尔化学奖得主中有超过 12 位科学家的获奖工作是与色谱分不开的。

总结色谱 100 多年的发展史可以发现:第一,基础研究始终是科学技术进步的源泉。没有茨维特当初对色谱分离这一物理现象的仔细观察,没有 Martin 等人对分配色谱理论的系统研究,很难想象色谱的发展能有这么快。第二,社会经济发展的需求是各种分析技术创新的驱动力。无论是色谱的出现,还是当初 Kuhn 等人分离胡萝卜素的工作,都是科学研究对分离技术的需要才导致了色谱的发展;至于 20 世纪 50 年代 GC,突飞猛进的发展则是石油化工对分析技术的迫切需求所致。而 20 世纪 90 年代以来生命科学和医药事业的发展,以及环境科学的发展更是为新的色谱技术提供了强大的驱动力。第三,学科交叉是分析技术创新的重要途径。茨维特是植物学家,Martin 是物理化学家,但他们对科学的贡献最终主要体现在分析化学领域,这是典型的学科交叉。今天,很多物理学家、纳米化学家、有机和无机化学家与分析化学家合作发展了很多用于色谱分析的新理论新材料新方法。在生命化学领域,化学与生物学的交叉、与临床医学的交叉更是催生了各种生命分析化学方法的出现,包括用于基因组学、蛋白质组学、代谢组学等前沿领域的色谱新方法。至于色谱仪器的创新则更是多学科研究人员共同参与的结果。第四,不懈坚持和勇于探索是技术创新的必要条件。对于科学工作者来说,这应该是不言而喻的。历史上重要的科学突破无不是科学家长期坚持的结果,色谱同样如此。任何急功近利的浮躁做法都是和科学精神背道而驰的。

12.5.2 气相色谱的应用

只要在气相色谱仪允许的条件下可以气化而不分解的物质,原则上都可以用气相色谱法测定。对部分热不稳定物质,或难以气化的物质,通过化学衍生化的方法,仍可用气相色谱法分析，广泛应用于石油化工、医药卫生、环境监测、生物化学、食品检测等领域。

石油和石化分析：油气田化学分析探索、原油分析、炼油厂气体分析、模拟蒸馏、油分析、元素烃分析、硫/氮/含氧分析、汽油添加剂分析、脂肪烃分析、芳烃分析。

环境分析：分析大气污染物、水分析、土壤分析、固体废弃物分析。

食物分析：农药残留分析、香精香料分析、添加剂分析、脂肪酸甲酯分析、食品包装材料分析。

药物和临床分析：雌二醇分析、儿茶酚胺代谢物分析、尿妊娠二醇和妊娠期酒精分析、血浆睾酮分析、血液乙醇/麻醉和氨基酸衍生物分析。

农药残留分析：有机氯农药残留分析、有机磷农药残留分析、农药残留分析、除草剂残留分析。

精细化学分析：添加剂分析、催化剂分析、原料分析、产品质量控制。

聚合物分析：单体分析、添加剂分析、共聚物组成分析、聚合物结构表征/杂质分析聚合物、热稳定性研究。

合成工业：方法、质量监控、过程分析。

12.5.3　气相色谱分析方法的建立

实际工作中，拿到一个样品时，该如何建立一套完整的分析方法进行定性和定量分析呢？常规步骤如下：

(1)样品的来源和预处理

气相色谱能间接剖析的样品必须是气体或液体，固体样品在剖析前该当溶解在适当的溶剂中，并且还要保证样品中不含气相色谱不可以剖析的组分（如无机盐），应该不会破坏色谱柱的组分。这样，我们在接到一个未知样品时，就必须理解的来源，从而确定样品应该含有的组分，以及样品的沸点范畴。假如样品中有不可以用气相色谱间接剖析的组分，或样品浓度太低，就必须进行必要的预处置，包含接纳一些预分离手段，如萃取、浓缩和稀释、提纯等。

(2)确定仪器配置

所谓仪器配置是用于剖析样品的办法接纳什么进样装置、什么载气、什么色谱柱及什么检测器。

(3)确定初始分析条件

当样品准备好，且仪器配置确定之后，就可开始进行尝试性分离。这时要确定初始分离条件，主要包括进样量、进样口温度、检测器温度、色谱柱温度和载气流速。进样量要根据样品浓度、色谱柱容量和检测器灵敏度来确定。样品浓度不超过 10 mg/mL 时，填充柱的进样量通常为 $1\times10^{-12}\sim5\times10^{-12}$，而对于毛细管柱，若分流比为 50:1 时，进样量一般不超过 2 L。进样口温度主要由样品的沸点范围决定，还要考虑色谱柱的使用温度。原则上讲，进样口温度高一些有利，一般要接近样品中沸点最高的组分的沸点，但要低于样品的分解温度。

(4)分离条件优化

分离条件优化的目的是要在最短的分析时间内达到符合要求的分离结果。在改变柱温和载气流速也不能够使样品各组分分离时,就应更换更长的色谱柱,甚至更换不同固定相的色谱柱,因为在气相色谱中,色谱柱是分离成败的关键。

(5)定性鉴定

所谓定性鉴定就是确定色谱峰的归属。对于简单的样品,可通过标准物质对照来定性。即在相同的色谱条件下,分别注射标准样品和实际样品,根据保留值即可确定色谱图上哪个峰是要分析的组分。定性时必须注意,在同一色谱柱上,不同化合物可能有相同的保留值,所以,对未知样品的定性仅用一个保留数据是不够的,采用双柱或多柱保留指数定性是气相色谱中较为可靠的方法,因为不同的化合物在不同的色谱柱上具有相同保留值的概率要小得多。条件允许时可采用气—质色谱进行定性。

(6)定量分析

常用的色谱定量方法有峰面积(峰高)百分比法、归一化法、内标法、外标法和标准加入法。峰面积(峰高)百分比法最简单,但最不准确,只有样品由同系物组成,或者只是为了粗略地定量时才选择该法。相比而言,内标法的定量精度最高,因为它是用相对于内标物的响应值来定量的,而内标物要分别加到标准样品和未知样品中,这样就可抵消由于操作条件(包括进样量)的波动带来的误差。标准加入法,是在未知样品中定量加入待测物的标准品,然后根据峰面积(峰高)的增加量来进行定量计算。其样品制备过程与内标法类似但计算原理则完全来自外标法。标准加入法定量精度应该介于内标法和外标法之间。

(7)方法验证

方法验证就是要证明所开发方法的实用性和可靠性。实用性一般指所用仪器配置是否全部可作为商品购得,样品处理方法是否简单易操作,分析时间是否合理,分析成本是否可被同行接受等。可靠性则包括定量的线性范围、检测限、方法回收率、重复性、重现性和准确度等。

第 13 章 高效液相色谱法

高效液相色谱法(High Performance Liquid Chromatography,HPLC)是色谱法的一个重要分支,以液体为流动相,采用高压输液系统,将具有不同极性的单一溶剂或不同比例的混合溶剂、缓冲液等流动相泵入装有固定相的色谱柱,在柱内各成分被分离后,进入检测器进行检测,从而实现对试样的分析。该方法已成为化学、医学、工业、农学、商检和法检等学科领域中重要的分离分析技术。

13.1 仪器组成与工作原理

高效液相色谱仪现在通常做成一个个单元组件,然后根据分析要求将各需要的单元组件组合起来,最基本的组件通常包括高压输液泵、进样装置、色谱柱、检测器及数据处理系统五个部分(图 13-1)。高压输液泵的功能是驱动流动相和样品通过色谱分离柱和检测系统,使混合物试样在色谱中完成分离过程;进样器的功能是将待分析样品引入色谱系统,常用的进样方式有 4 种:进样器隔膜进样、停流进样、阀进样和自动进样器进样;色谱柱的功能是分离样品中的各个物质,一般为 10~30 cm 长,2~5 mm 内径的内壁抛光的不锈钢管柱,内装 5~10 μm 的高效微粒固定相;检测器的功能是将被分析组分在柱流出液中浓度的变化转化为光学或电学信号,常见的检测器有示差折光检测器、紫外检测器、二极管阵列紫外检测器、荧光检测器和电化学检测器,其中紫外检测器使用最广。现代化的仪器都配有计算机,通过工作站实现数据采集、处理、绘图和打印分析报告等功能。

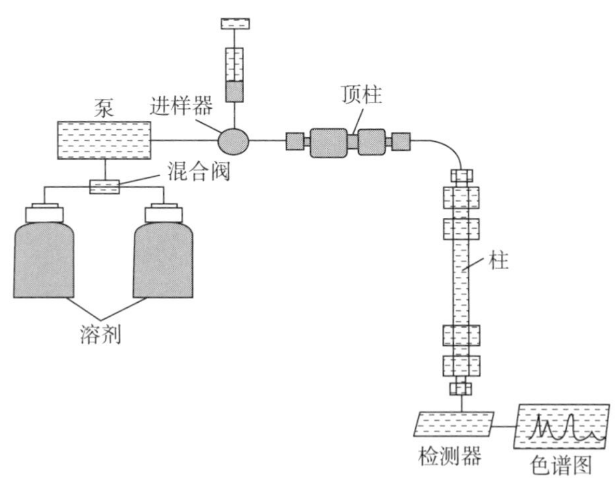

图 13-1 高效液相色谱仪示意图

高效液相色谱仪工作原理的虚拟仿真视频可扫描二维码获得。

13.2 实验技术与条件优化

13.2.1 溶剂处理技术

(1)有机溶剂的提纯

液相色谱溶剂和水应该尽量达到 HPLC 级。分析纯和优级纯溶剂在很多情况下可以满足色谱分析的要求,但不同的色谱柱和检测方法对溶剂的要求不同,如用紫外检测时溶剂中就不能含有在检测波长下有吸收的杂质,此时要进行除去紫外杂质、脱水、重蒸等纯化操作。通常蒸馏法可除掉大部分有紫外吸收的杂质;氯仿中含有的少量甲醇,可先经水洗再经蒸馏提纯;四氢呋喃由于含抗氧剂丁基甲苯酚而强烈吸收紫外线,可经蒸馏除去。为了防止爆炸,蒸馏终止时,在蒸馏瓶中必须剩余一定量的液体。

(2)流动相的过滤和脱气

流动相溶剂在使用前必须先用至少 0.45 μm 孔径的滤膜过滤,以除去微小颗粒,防止色谱柱堵塞。同时要进行脱气处理,因为溶解在溶剂中的气体会在管道、输液泵或检测池中以气泡形式逸出,影响正常操作的进行。输液泵内的气泡,使活塞动作不稳定,流量变动,严重时无法输液;色谱柱内的气泡,使柱效降低;检测池中的气泡容易引起检测信号的突然变化,在色谱图上出现尖锐的噪声峰(特别是当柱子加温使用时);溶解氧常和一些溶剂结合生成有紫外吸收的化合物。在荧光检测中,溶解氧还会使荧光淬灭、溶解气体,还可能引起某些样品的氧化降解或使溶液 pH 值变化。

溶剂脱气的方法很多,常用的方法有:用惰性气相(如氦气)驱除溶剂中的气体、加热回流、超声波脱气和在线(真空)脱气。其中,以超声波脱气最为方便、安全、效果良好,只需将溶剂瓶放入加有水的超声波发生器槽中,处理 10~15 min 即可。在线(真空)脱气的原理是让流动相通过一段由多孔性合成树脂膜制造的输液管,该输液管外有真空容器,真空泵工作时,膜外侧被减压,分子量小的氧气、氮气、二氧化碳就会从膜内进入膜外,而被脱除。

13.2.2 样品制备

在某些试样中,常含有大量的蛋白质、脂肪及糖类等物质。它们的存在,将影响组分的分离测定,同时容易堵塞和污染色谱柱,使柱效降低,所以常需对试样预处理。传统的样品预处理方法有溶剂萃取、吸附、超速离心及超过滤等;固相萃取、固相微萃取等更高效、简便的前处理技术应用越来越广泛。

①溶剂萃取:适用于待测组件为非极性物质。在试样中加入缓冲溶液调节 pH,然后用乙醚或氯仿等有机溶剂萃取。如果待测组分和蛋白质结合,则在大多数情况下难以用萃取操作来进行分离。

②吸附:将吸附剂直接加到试样中,或将吸附剂填充于柱内进行吸附。亲水性物质用硅胶吸附,而疏水性物质可用聚苯乙烯—二乙烯基苯等类树脂吸附。

③除蛋白质:向试样中加入三氯乙酸或丙酮、乙腈、甲醇等溶剂,蛋白质被沉淀下来,然后经超速离心,吸取上层清液供分离测定用。

④超过滤:用孔径为 $10\times10^{-10}\sim500\times10^{-10}$ m 的多孔膜过滤,可除去蛋白质等高分子物质。

⑤固相萃取(solid-phase extraction,SPE),由液固萃取和柱液相色谱技术相结合发展而来,主要用于样品的分离、纯化和浓缩,可以提高分析物的回收率,更有效地将分析物与干扰组分分离,减少样品预处理过程,操作简单、省时、省力。

⑥固相微萃取(solid-phase microextraction,SPME)技术是在固相萃取技术上发展起来的一种微萃取分离技术,是一种集采样、萃取、浓缩和进样于一体的无溶剂样品微萃取新技术。SPME 操作更简单,携带更方便,克服了固相萃取回收率低、吸附剂孔道易堵塞的缺点。因此成为目前所采用的样品前处理技术中应用最为广泛的方法之一。

13.2.3 分离方式的选择

根据试样的相对分子量的大小、样品在水中和有机溶剂中的溶解度、样品极性及稳定程度、物理和化学性质等选择液相色谱分离方法,大体如图 13-2 所示。

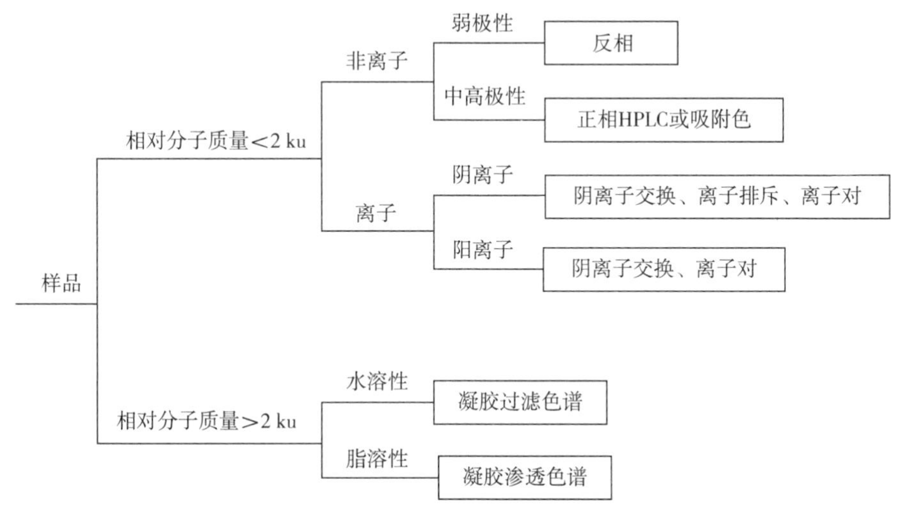

图 13-2 分离方式选择的依据

13.2.4 流动相选择与处理

理想的流动相溶剂应具有低黏度、与检测器兼容性好、易于得到纯品和低毒性等特征。

(1)流动相的选择

液相色谱的流动相直接影响组分的分离度,对流动相溶剂的要求是:

①溶剂对于待测样品,必须具有合适的极性和良好的选择性。对样品的溶解度要适宜,如果溶解度欠佳,样品会在柱头沉淀,不但影响了纯化分离,且会使色谱柱恶化。

②溶剂要与检测器匹配。使用 UV 检测器时,所用流动相在检测波长下应没有吸收,或吸收很小。当使用示差折光检测器时,应选择折光系数与样品差别较大的溶剂作流动相,以提高灵敏度。

③纯度。由于高效液相灵敏度高,对流动相溶剂的纯度也要求高。不纯的溶剂会引起基线不稳,或产生“伪峰”。痕量杂质的存在,将使截止波长值增加 50~100 nm。

④化学稳定性好。不能选与样品发生反应或聚合的溶剂。

⑤低黏度。若使用高黏度溶剂,势必增高压力,不利于分离。常用的低黏度溶剂有丙酮、乙醇、乙腈等。但黏度过于低的溶剂也不宜采用,如戊烷、乙醚等,它们易在色谱柱或检测器内形成气泡,影响分离。

(2)流动相的 pH 值

采用反相色谱法分离弱酸($3\leqslant pK_a\leqslant7$)或弱碱($7\leqslant pK_a\leqslant8$)样品时,通过调节流动相的 pH 值,以抑制样品组分的解离,增加组分在固定相上的保留,并改善峰形的技术称为反相离子抑制技术。一般在被分析物的 $pK_a\pm2$ 范围内,有助于获得好的、尖锐的峰。对于弱酸,流动相的 pH 值越小,组分的 k 值越大,当 pH 值远远小于弱酸的 pK_a 值时,弱酸主要以分子形式存在;对弱碱,情况则相反。分析弱酸样品时,通常在流动相中加入少量弱酸,常用 50 mmol/L 磷酸盐缓冲液和 1%醋酸溶液;分析弱碱样品时,通常在流动相中加入少量弱碱,常用 50 mmol/L 磷酸盐缓冲液和 30 mmol/L 三乙胺溶液。流动相中加入有机胺可以减弱碱性溶质与残余硅醇基的强相互作用,减轻或消除峰拖尾现象。所以在这种情况下有机胺(如三乙胺)又称为减尾剂或除尾剂。在一般情况下,pH=3 的磷酸钾盐对羧基和氨基化合物分析都能获得良好的应用,钾盐比钠盐更好一些。

(3)流动相的优化调节

样品中所含组分的极性或其他性质相差较大时,等度淋洗很难保证所有组分都得到较好的分离,可以先用强度较弱的淋洗剂使保留弱的组分先分离,然后逐渐提高淋洗剂的强度,使保留强的组分也能在保证分离的前提下,迅速流出色谱柱。梯度淋洗通常是靠改变混合淋洗剂的组成比例来调整淋洗强度的。

流动相优化调节的方法通常有:

①由强到弱:一般先用 90%的乙腈(或甲醇)/水(或缓冲溶液)进行试验,这样可以很快地得到分离结果,然后根据出峰情况调整有机溶剂(乙腈或甲醇)的比例。

②三倍规则:每减少 10%的有机溶剂(甲醇或乙腈)的量,保留因子约增加 3 倍,此为三倍规则。这是一个聪明而又省力的办法。调整的过程中,注意观察各个峰的分离情况。

③粗调转微调:当分离达到一定程度,应将有机溶剂 10%的改变量调整为 5%,并据此

规则逐渐降低调整率,直至各组分的分离情况不再改变。

13.2.5 衍生化技术

衍生化就是将用通常检测方法不能直接检测或检测灵敏度低的物质与某种试剂(衍生化试剂)反应,使之生成易于检测的化合物。按衍生化的方式可分柱前衍生和柱后衍生。柱前衍生是将被测物转变成可检测的衍生物后,再通过色谱柱分离。这种衍生可以是在线衍生,即将被测物和衍生化试剂分别通过两个输液泵进到混合器里混合并使之立即反应完成,随之进入色谱柱;也可以先将被测物和衍生化试剂反应,再将衍生产物作为样品进样;还可以在流动相中加入衍生化试剂。柱后衍生是先将被测物分离,再将从色谱柱流出的溶液与反应试剂在线混合,生成可检测的衍生物,然后导入检测器。衍生化 HPLC 不仅使分析体系复杂化,而且需要消耗时间,增加分析成本,有的衍生化反应还需控制较严格的反应条件,因此,只有在找不到方便而灵敏的检测方法或为了提高分离和检测的选择性时,才考虑衍生化法。

13.3 操作规程与日常维护

13.3.1 高效液相色谱仪操作规程

【开机准备】

①流动相的配制:根据实验需要配制各种单项溶液,用微孔滤膜(0.45 μm)抽滤。纯水系溶液用水膜过滤,有机溶剂(或混合溶剂)用油膜过滤。

②脱气:配好的流动相用超声波清洗器清洗排气泡,时间为 20~30 min。

③样品处理:用溶剂配制适当浓度的样品溶液,专用过滤膜过滤。

【开机】

①打开仪器电源:依次打开柱温箱、高压输液泵、检测器电源和液相工作站。

②设定仪器参数:柱温箱温度、检测波长、泵流速(如 1 mL/min)和最高、最低压力。

③排管路气泡:将流动相放入溶剂瓶中,打开排空阀,排除各管路中的气泡。

④冲洗色谱柱:用色谱纯溶剂(甲醇或乙腈等)冲洗色谱柱 20~30 min。

【进样分析】

①平衡色谱条件:设定泵流速、流动相比例和检测波长等参数,并平衡色谱柱 30 min 左右。

②进样采集:基线平稳后即可进样分析,用平头进样器吸取一定量的试液,在 Load 位置处注入进样阀,快速扳动进样阀手柄到 Inject 处启动数据采集。或者设置自动进样器参数进行自动进样。

③数据处理:等样品分析完毕后基线平稳,结束数据采集。设置合适的积分参数对谱图进行数据分析,必要时手动积分。

【关机】

①冲洗色谱柱：如果流动相含酸或缓冲盐，测验结束后先用含甲醇5%～10%的水溶液冲洗20～30 min，再用纯甲醇冲洗20～30 min。不含的直接用纯甲醇冲洗20～30 min即可。

②冲洗进样阀：用进样口专用清洗器取清洗液（试样溶剂或不含盐的流动相）洗涤3～5次，再用甲醇冲洗3～5次；再旋动进样阀到Load位置用甲醇冲洗3～5次。

③关机：实验完毕及时关闭检测器（保护检测器，延长检测器寿命）；冲洗完成后依次关闭工作站、恒流泵和柱温箱。收拾整理，填写仪器使用记录。

【注意事项】

①色谱柱使用前仔细阅读色谱柱附带的说明书，注意适用范围，如pH值范围、流动相类型等；色谱柱长时间不用时，柱内应充满溶剂，两端封死保存。

②流动相使用前必须过滤，不要使用多日存放的蒸馏水（易长菌），必须抽滤和脱气。

③如果流动相含酸或缓冲盐，测验结束后不能直接用有机溶剂冲洗，盐类易析出堵塞色谱柱，造成永久性损坏。

以下为市场上应用比较广泛的几种高效液相色谱仪，各自具体的操作规程可扫描二维码获得。

（1）Agilent1100高效液相色谱仪操作规程

（2）Waters2695高效液相色谱仪操作规程

（3）岛津LC20高效液相色谱仪操作规程

（4）戴安U3000高效液相色谱仪操作规程

(5)依利特 P1201 高效液相色谱仪操作规程

13.3.2　六通进样阀的使用与保养

六通进样阀(简称六通阀)是液相中最理想的进样器,由圆形密封垫(转子)和固定底座(定子)组成(图 13-3)。当六通阀处于 Load 位置时,样品注入定量环,定量环充满后,多余样品从放空孔排出;转至 Inject 位置时,定量环内样品被流动相带入色谱柱。进样体积由定量环体积严格控制,进样准确,重现性好。使用及保养事宜如下:

①手柄处于 Load 和 Inject 之间时,由于暂时堵住了流路,流路中压力骤增,再转到进样位,过高的压力在柱头上引起损坏,所以应尽快转动阀,不能停留在中途。在 HPLC 系统中使用的进样器针头有别于气相色谱,是平头进样器。一方面,针头外侧紧贴进样器密封管内侧,密封性能好,不漏液,不引入空气;另一方面,也防止了针头刺坏密封组件及定子。

②六通阀进样器的进样方式有部分装液法和完全装液法两种。使用部分装液法进样时,进样量最多为定量环体积的 75%,如 20 μL 的定量环最多进样 15 μL 的样品,并且要求每次进样体积准确、相同;使用完全装液法进样时,进样量最少为定量环体积的 3~5 倍,即 20 μL 的定量环最少进样 60 μL 的样品,这样才能完全置换样品定量环内残留的溶液,达到所要求的精密度及重现性。推荐采用 100 μL 的平头进样针配合 20 μL 满环进样。

③可根据进样体积的需要自己制作定量环,一般不要求精确计算定量环的体积。

④为防止缓冲盐和其他残留物质留在进样系统中,每次结束后应冲洗进样器,通常用不含盐的稀释剂、水或不含盐的流动相冲洗,在进样阀的 Load 和 Inject 位置反复冲洗,再用无纤维纸擦净进样器针头的外侧。

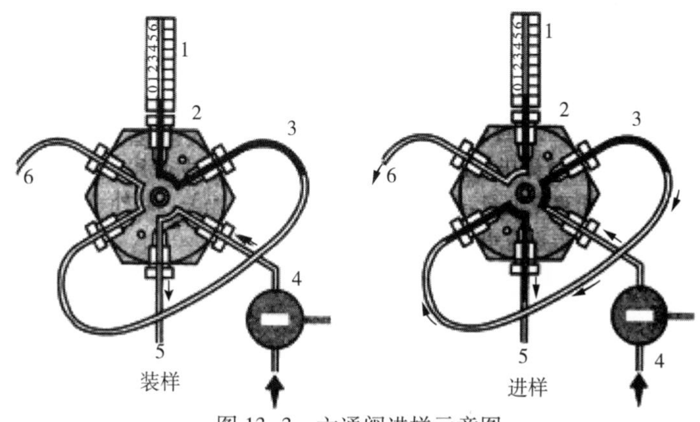

图 13-3　六通阀进样示意图

1—进样针　2—进样阀　3—定量管　4—流动相入口　5—接色谱柱　6—到废液瓶

六通进样阀工作原理的虚拟仿真视频可扫描二维码获得。

13.3.3 高效液相色谱仪的日常维护

(1)检测器的维护和保养

①禁止拆卸、更动仪器内部元件,防止损坏或影响准确度。

②仪器内部的流通池是流动相流过的元件,样品的干净程度和微生物的生长都可能污染流通池,导致无法检测或检测结果不准,所以在使用了一段时间以后要先用水冲洗流通池和管路,再换有机溶剂冲洗。

③当仪器检测数据出现明显波动,基线噪声变大时要冲洗仪器管路,冲洗后如果还是没有改善就应该检测氘灯能量,如果能量不足就应更换新的氘灯。

④每次使用完以后都要用水和一定浓度的有机溶剂冲洗管路,保证下次使用时管路和系统的清洁。

(2)高压恒流泵的维护和保养

①高压恒流泵为整个色谱系统提供稳定均衡的流动相流速,保证系统的稳定运行和系统的重现性。高压输液泵由步进电机和柱塞等组成,高压力长时间的运行会逐渐磨损泵的内部结构。在升高流速的时候应梯度势升高,最好每次升高 0.2 mL/min,当压力稳定时再升高,如此反复直到升高到所需流速。

②在仪器使用完以后,要及时清洗管路冲洗泵,保证泵的良好运转环境,保证泵的正常使用寿命。

③长期使用仪器或流动相被污染时,极易使单向阀污染。单向阀污染判别:将在线过滤头提离流动相液面,将放空阀旋钮拧松,运行泵。此时在入液管中进入一气泡,马上将在线过滤头放入流动相内,然后将放空阀旋钮拧紧,以观察气泡行程,若气泡往前走又向后退,说明下单向阀污染,将下单向阀取下后放入丙酮中超声即可(超声时要让单向阀保持竖直状态)。若气泡往前走,但行程比放空阀旋钮拧松时慢,说明上单向阀污染,即将上单向阀取下后放入丙酮中超声即可(超声时要让单向阀保持竖直状态)。清洗后安装单向阀时要确保方向正确。

DAD 检测器工作原理的虚拟仿真视频可扫描二维码获得。

(3)色谱柱的维护和保养

①装色谱柱时应使流动相流路的方向与色谱柱标签上箭头所示方向一致。不宜反向使用,否则会导致色谱柱柱效明显降低,无法恢复。为延长色谱柱的使用寿命,建议使用保护柱。

②所使用的流动相均应为 HPLC 级或相当于该级别的,在配置过程中所有非 HPLC 级的试剂或溶液均经 0.45 μm 滤膜过滤。而且,流动相使用前都经过超声脱气后再使用。

③所使用的水必须是经过蒸馏纯化后再经过 0.45 μm 水膜过滤后使用,所有试液均新用新配。所有样品必须经过 0.45 μm 滤膜过滤后方可进样。

④如果流动相中含酸或缓冲盐,则实验完成后先用含甲醇 5%~20%的水溶液冲洗管路和色谱柱 30 min 以上,再用色谱纯甲醇冲洗管路和色谱柱 30 min 以上(也可以梯度冲洗,最后色谱纯甲醇冲洗色谱柱 30 min),使色谱柱中的强吸附物质冲洗出来。

⑤色谱柱的长期保存:反相柱,可以储存于甲醇或乙腈中,正相柱可以储存于经脱水处理后的正己烷中,并将色谱柱两端的堵头堵上,以免干枯,室温保存。

⑥色谱柱的再生:反相柱首先用蒸馏水冲洗,再分别用 20~30 倍柱体积的甲醇和二氯甲烷冲洗,然后按相反顺序冲洗,最后用流动相平衡。正相柱按极性增大的顺序,依次用 20~30 倍柱体积的正己烷、二氯甲烷和异丙醇冲洗色谱柱,然后,按反顺序冲洗,最后用干燥的正己烷平衡。

13.4　实验

实验 1　高效液相色谱法测定饮料中咖啡因的含量

【实验目的】

①学习高效液相色谱仪的操作。

②了解高效液相色谱法测定咖啡因的基本原理。

③掌握高效液相色谱法进行定性及定量分析的基本方法。

④了解咖啡因的药理和毒副作用。

【实验原理】

咖啡因又称咖啡碱,是由茶叶或咖啡中提取而得的一种生物碱,它属于黄嘌呤衍生物,化学名称为 1,3,7-三甲基黄嘌呤。咖啡因能兴奋大脑皮层,使人精神兴奋。咖啡中含咖啡因为 1.2%~1.8%,茶叶中含 2.0%~4.7%。可乐饮料、APC 药片等中均含咖啡因。其分子式为 $C_8H_{10}O_2N_4$,结构式如图 13-4 所示。

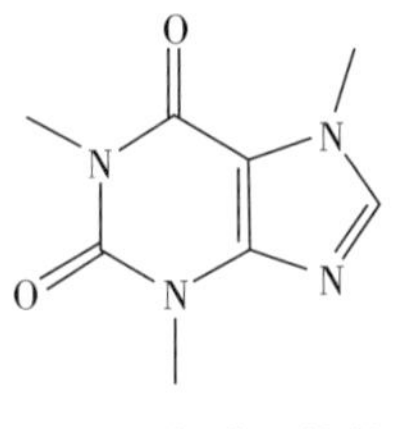

图 13-4　咖啡因结构式

定量测定咖啡因的传统分析方法是采用萃取分光光度法。用反相高效液相色谱法将饮料中的咖啡因与其他组分(如单宁酸、咖啡酸、蔗糖等)分离后,将已配制的浓度不同的咖啡因标准溶液进入色谱系统。如流动相流速和泵的压力在整个实验过程中是恒定的,测定它们在色谱图上的保留时间 t_R 和峰面积 A 后,可直接用 t_R 定性,用峰面积 A 定量,采用工作曲线法测定饮料中的咖啡因含量。

【仪器与试剂】

①仪器:高效液相色谱仪(含紫外检测器),液相微量进样器。

②试剂:咖啡因,可乐,茶叶,速溶咖啡等。

咖啡因标准贮备溶液(1000 μg/mL):将咖啡因在 110℃ 下烘干 1 h。准确称取 0.1000 g 咖啡因,超纯水溶解,定量转移至 100 mL 容量瓶中,并稀释至刻度。

【实验步骤】

①标准溶液的配置:准确移取标准贮备液 1.00 mL、2.00 mL、3.00 mL、4.00 mL、5.00 mL 到 50 mL 容量瓶中,超纯水定容,得到质量浓度分别为 20 μg/mL、40 μg/mL、60 μg/mL、80 μg/mL、100 μg/mL 的标准系列溶液。

②色谱条件:色谱柱 C18 ODS 柱,泵流速 1.0 mL/min,检测波长 260 nm,进样量 20 μL,柱温 25℃,甲醇:水溶液(体积比 50:50)。

③仪器基线稳定后,进咖啡因标准样,浓度由低到高。每个样品重复 3 次,要求 3 次所得的咖啡因色谱峰面积基本一致,记下峰面积与保留时间,绘制标准曲线并回归方程。

④样品处理。

A. 将约 25 mL 可口可乐置于 100 mL 洁净、干燥的烧杯中,剧烈搅拌 30 min 或用超声波脱气 10 min,以赶尽可乐中二氧化碳。转移至 50 mL 容量瓶中,并定容至刻度。

B. 准确称取 0.04 g 速溶咖啡,用 90℃ 蒸馏水溶解,冷却后过滤,定容至 50mL 容量瓶中。

C. 准确称取 0.04 g 茶叶,用 20 mL 蒸馏水煮沸 10 min,冷却后,过滤取上层清液,并按此步骤再重复一次。转移至 50 mL 容量瓶中,并定容至刻度。

⑤上述样品溶液分别进行干过滤(即用干漏斗、干滤纸过滤),弃去前过滤液,取后面的过滤液,用 0.45 μm 的过滤膜过滤,备用。

⑥样品测定:分别注入样品溶液 20 μL,根据保留时间确定样品中咖啡因色谱峰的位置,记录咖啡因色谱峰峰面积,计算样品中咖啡因的含量。

【结果处理】

①测定不同浓度的标准溶液,记录咖啡因色谱峰的保留时间及峰面积,回归标准曲线。

②确定未知样中咖啡因的出峰时间及峰面积,计算样品中咖啡因的含量。

【思考题】

①用标准曲线法定量的优缺点是什么?

②根据结构式,咖啡因能用离子交换色谱法分析吗? 为什么?

③在样品干过滤时，为什么要弃去前过滤液？这样做会不会影响实验结果？为什么？

④咖啡因在饮料中的应用及安全性。

【注意事项】

①不同的可乐、茶叶、咖啡中咖啡因含量不大相同，称取的样品量可酌量增减。

②若样品和标准溶液需保存，应冷藏于冰箱。

③为获得良好结果，标准和样品的进样量要严格保持一致。

【知识拓展】

咖啡因(caffeine)：是从茶叶、咖啡果中提炼出来的一种生物碱，适度地使用有祛除疲劳、兴奋神经的作用，临床上用于治疗神经衰弱和昏迷复苏；适量使用时，具有提神醒脑、抗抑郁、预防肥胖、促进消化、止痛等功能。但是，大剂量或长期使用也会对人体造成损害，特别是它也有成瘾性，一旦停用会出现精神委顿、浑身困乏疲软等各种戒断症状。虽然其成瘾性较弱，戒断症状也不十分严重，但由于药物的耐受性而导致用药量不断增加时，咖啡因就不仅作用于大脑皮层，还能直接兴奋延髓，引起阵发性惊厥和骨骼震颤，损害肝、胃、肾等重要内脏器官，诱发呼吸道炎症、妇女乳腺瘤等疾病，甚至导致吸食者下一代智力低下，肢体畸形。因此也被列入受国家管制的精神药品范围。滥用咖啡因通常也有吸食和注射两种形式，其兴奋刺激作用及毒副反应、症状、药物依赖性与苯丙胺相近。

实验 2　高效液相色谱法测定食品中苯甲酸和山梨酸的含量

【实验目的】

①了解高效液相色谱分离理论。

②掌握流动相 pH 对酸性化合物保留因子的影响。

【实验原理】

食品添加剂是在食品生产中加入的用于防腐或调节味道、颜色的化合物，为了保证食品的食用安全，必须对添加剂的种类和加入量进行控制。高效液相色谱法是分析和检测食品添加剂的有效手段。

本实验以 C_{18} 键合的多孔硅胶微球作为固定相，甲醇—磷酸盐缓冲溶液(体积比为 50∶50)的混合溶液作流动相，利用反相液相色谱分离苯甲酸和山梨酸。两种化合物由于分子结构不同，在固定相和流动相中的分配比不同，在分析过程中经多次分配便逐渐分离，依次流出色谱柱。经紫外—可见检测器进行色谱峰检测。

苯甲酸和山梨酸为含有羧基的有机酸，流动相的 pH 影响它们的解离程度，因此也影响其在两相(固定相和流动相)中的分配系数，本实验将通过测定不同流动相的 pH 条件下苯甲酸和山梨酸保留时间的变化，了解液相色谱中流动相 pH 对于有机酸分离的影响。

【仪器与试剂】

①仪器：高效液相色谱仪(含紫外检测器)；液相微量进样器；滤膜。

②试剂:超纯水,磷酸、甲醇、磷酸二氢钠、苯甲酸、山梨酸等均为分析纯。

苯甲酸样品溶液(25 μg/mL)、山梨酸样品溶液(25 μg/mL)及混合液。

【实验步骤】

①设置色谱条件:按照仪器操作要求,打开计算机及色谱仪各部分电源开关。在工作站上设置色谱条件:色谱柱 C18 ODS 柱,柱温 30℃,流速 1 mL/min,检测波长 230 nm,进样量 20 μL,甲醇:50 mmol 磷酸二氢钠水溶液(体积比 50:50)。

流动相:A. 甲醇:50 mmol 磷酸二氢钠水溶液(pH = 4. 0,体积比 50:50)。B. 甲醇:50 mmol 磷酸二氢钠水溶液(pH=5. 0,体积比 50:50)。首先配制 50 mmol 磷酸二氢钠水溶液,以磷酸调 pH 至 4. 0 或 5. 0,然后与等体积甲醇混合,0. 45 μm 滤膜过滤后使用。

②色谱分析:先用 pH 4. 0 的流动相平衡仪器,待仪器稳定、色谱基线平直后,分别进行苯甲酸样品溶液、山梨酸样品溶液及混合溶液测定。记录保留时间,将测定的各纯化合物的保留时间与混合物样品中色谱峰的保留时间对照,确定混合物色谱中各色谱峰属于何种组分。

③计算两组分的分离度 R。

$$R = \frac{2(t_{R2} - t_{R1})}{w_1 + w_2}$$

其中:$t_{R2}-t_{R1}$ 为两组分的保留时间差;w_1、w_2 为两个色谱峰基线宽度(基峰宽)。

④考查 pH 对分离的影响:之后改用 pH 5. 0 的流动相,待仪器平衡后进混合物样品分析。记录保留时间,计算两组分的分离度 R。

【结果处理】

记录不同 pH 流动相下苯甲酸和山梨酸的保留时间,计算并比较分离度 R。

【思考题】

①流动相的 pH 升高后,苯甲酸和山梨酸的保留时间及分离度如何变化?

②保留时间变化的原因是什么?

【注意事项】

①实验结束后以甲醇—水(体积比 10:90)为流动相冲色谱柱约 30 min,除去缓冲盐。

②实验条件特别是流动相配比,可以根据具体情况进行调整。

③有磷酸二氢钠的溶液容易有沉淀生成,需要注意流动相在放置过程中有无变化。

【知识拓展】

食品防腐剂是对代谢底物为腐败物的微生物的生长具有持续的抑制作用。重要的是它能在不同情况下抑制最易腐败作用的发生,特别是在一般灭菌作用不充分时仍具有持续性的效果。世界各国应用的种类不同,美国有 50 种,日本约 40 种,杀菌剂不同,基本上没有杀菌作用,只有抑制微生物生长的作用;毒性较低,对食品的风味基本没有损伤,使用方法比较容易掌握。我国规定使用的防腐剂有苯甲酸、苯甲酸钠、山梨酸、山梨酸钾、丙酸钙等 30 种。对于不同种类的食品需要使用不同的防腐剂,并且应该按照国家相关标准添加。

实验 3 高效液相色谱法检测常见的食品添加剂

【实验目的】

①了解 HPLC 定量分析的原理和定量方法。

②学习液相色谱分析测试方法的优化调试方法,建立最佳的分析测试方法。

③了解实际样品的分析测试过程,独立完成实际样品的取样、制备到分析等全过程。

【实验原理】

液相色谱法采用液体作为流动相,利用物质在两相中的吸附或分配系数的微小差异达到分离的目的。当两相做相对移动时,被测物质在两相之间进行反复多次的质量交换,使溶质间微小的性质差异产生放大的效果,达到分离分析和测定的目的。液相色谱与气相色谱相比,最大的优点是可以分离不可挥发而具有一定溶解性的物质或受热后不稳定的物质,这类物质在已知化合物中占有相当大的比例,这也确定了液相色谱在应用领域中的地位。高效液相色谱可分析低分子量、低沸点的有机化合物,更多适用于分析中、高分子量,高沸点及热稳定性差的有机化合物。80%的有机化合物都可以用高效液相色谱分析,目前已广泛应用于各行业。

食品添加剂在食品工业中起着重要作用,各种食品添加剂能否使用,使用范围和最大使用量各国都有严格规定,受法律制约,以保证安全使用,这些规定是建立在一整套科学严密的毒性评价基础上的。为保证食品质量安全,必须对食品添加剂的使用进行严格的监控。因此,食品中食品添加剂的检测是十分必要的。

各种食品添加剂中,常见的有防腐剂(苯甲酸、山梨酸)、人工合成甜味剂(主要是糖精钠、安赛蜜)及人工合成色素(柠檬黄、日落黄、胭脂红、苋菜红)等,这些食品添加剂被广泛用于各种食品加工过程。对食品中的各种添加剂的检测最有效的方法是高效液相色谱法,可以充分利用高效液相色谱的分离特性分析食品中常见的添加剂。

【仪器与试剂】

①仪器:高效液相色谱仪(含紫外检测器);液相微量进样器;0.45 μm 滤膜。

②药品及试剂:山梨酸、苯甲酸、糖精钠等标准品,甲醇(色谱纯),乙酸铵(分析纯)。

20 mmol/L 乙酸铵溶液:取 1.54 g 乙酸铵,加水溶解并稀释至 1000 mL,微孔滤膜过滤。

氨水(1+1):氨水与水等体积混合。

【实验步骤】

①标准系列溶液的配制:准确称取山梨酸、苯甲酸、糖精钠等标准品 10.00 mg 于 10 mL 容量瓶中。超纯水定容得 1.00 mg/mL 的标准原液。分别准确吸取不同体积山梨酸、苯甲酸、糖精钠等标准原液(1.00 mg/mL),将其稀释为浓度分别为 0 μg/mL、10 μg/mL、20 μg/mL、30 μg/mL、40 μg/mL、50 μg/mL 的混合标准使用液,摇匀,待测。

②样品溶液的制备。

液体样品前处理:橙汁、碳酸饮料液体样品:称取 10 g 样品(精确至 0.1 mg)于 25 mL

容量瓶中,用氨水(1+1)调节 pH 至近中性,用水定容至刻度,混匀,经水系 0.45 μm 微孔滤膜过滤,备用。

固态样品前处理:取一定量有代表性的固态食品样品放入捣碎机中捣碎,称取 2.50~5.00 g(精确至 0.1 mg)试样于 25 mL 的比色管中,加 10 mL 超纯水,摇匀后用氨水(1+1)调节 pH 至近中性,或用氢氧化钠溶液调节 pH 值为 7~8。超声提取 10 min,再振荡提取 10 min 后用超纯水定容摇匀。以 4000 r/min 速度离心 5~10 min,上清流经水系 0.45 μm 微孔滤膜过滤,备用。

③色谱条件:色谱柱 Kromasil C18,检测波长 230nm,进样量 20 μL,柱温 25℃,流速 1.0 mL/min,甲醇:20 mmol/L 乙酸铵水溶液(体积比 10:90)。

④标准系列与样品溶液的测定:仪器稳定后进样分析,分别取混合标准使用液和样品处理液注入高效液相色谱仪进行分析,各样品均进行 3 次平行实验。根据保留时间进行定性,根据峰面积定量求出样品中被测物质的含量。

【数据处理】

①食品添加剂标准品的分离分析,通过保留时间确定各峰对应的物质成分。

②以峰面积为纵坐标,浓度为横坐标,绘制各组分的标准曲线,并拟合回归方程。

③根据标准品在色谱图上的保留值,对样品中的各峰进行定性分析,由峰面积根据标准曲线求出对应的浓度,并计算出样品中的含量。

【思考题】

①查阅液相分析方面的参考书,了解影响液相分析方法的因素有哪些?

②比较液相与气相分析的异同点,各自的适用范围。

③如何建立最优化的液相分析方法?

④食品添加剂与食品工业的关系。

【注意事项】

实验条件特别是流动相配比,可以根据具体情况进行调整。

【知识拓展】

食品添加剂是“为改善食品品质和色、香、味,以及为防腐、保鲜和加工工艺的需要而加入食品中的人工合成或者天然物质”。营养强化剂、食品用香料、胶基糖果中基础剂物质、食品工业用加工助剂也包括在内。现代食品工业中,食品添加剂大大促进了食品工业的发展,可以起到防止食品变质、改善感官、保持食品营养、方便食品加工等作用,因此并被誉为现代食品工业的灵魂。

公众谈食品添加剂色变,更多的原因是混淆了非法添加物和食品添加剂的概念,把一些非法添加物的罪名扣到食品添加剂的头上显然是不公平的。《国务院办公厅关于严厉打击食品非法添加行为切实加强食品添加剂监管的通知》中要求规范食品添加剂生产使用:严禁使用非食用物质生产复配食品添加剂,不得购入标识不规范、来源不明的食品添加剂,严肃查处超范围、超限量等滥用食品添加剂的行为,并制定了 GB 2760—2014《食品安全国

家标准　食品添加剂使用标准》。

为了保护食品安全，需要严厉打击的是食品中的违法添加行为，也迫切需要规范食品添加剂的生产和使用问题。食品添加剂存在一些问题，比如来源不明、材料不正当，最容易产生的问题是滥用。对食品中的各种添加剂的检测最有效的方法是高效液相色谱法，可以充分利用高效液相色谱的分离特性分析食品中常见的添加剂。

实验 4　高效液相色谱法测定土壤中的多环芳烃

【实验目的】

①了解 HPLC 定量分析的原理和定量方法。

②学习液相色谱分析测试方法的优化调试方法，建立最佳的分析测试方法。

③了解实际样品的分析测试过程，独立完成实际样品的取样、制备到分析等全过程。

④了解多环芳烃对自然和生物体的危害，自觉践行环境友好和可持续发展的观念。

【实验原理】

多环芳烃（简称 PAHs）主要由有机物在高温下不完全燃烧产生，广泛存在于土壤、水等自然环境和各种食品中。其中萘、芘等 16 种 PAHs 因具有致畸、致癌和致突变作用而被视为最严重的有机污染物类型之一。国家环境保护总局推荐采用高效液相色谱法（HPLC）测定饮用水、地下水、土壤中的 PAHs。

【仪器与试剂】

①仪器：高效液相色谱仪（含荧光检测器 FLD）；液相微量进样器；滤膜，氮吹仪。

②试剂：多环芳烃标准液（根据需要购买 16 种或其中几种），乙腈、二氯甲烷、正己烷、丙酮、甲醇均为色谱纯；超纯水；商用硅胶柱。

【实验步骤】

①样品的制备：取保存于干净棕色瓶内，避光风干后过 100 目筛的 5.000 g 土样，用二氯甲烷索氏提取 24 h，将提取液旋转蒸干，再加入 2.00 mL 环己烷溶解，吸取 0.50 mL 过硅胶柱，用正己烷—二氯甲烷（体积比为 1∶1）混合溶液洗脱。弃去前 1 mL 洗脱液后开始收集。收集 2.00 mL 洗脱液，氮吹仪吹干，再用乙腈溶解并定容至 1 mL 后待上机测定。

②色谱条件：色谱柱 Hypersil ODS2 C18 柱，进样量 20 μL，柱温 30℃，乙腈∶水（体积比 70∶30），流速 0.8 mL/min，荧光检测器变波长检测，检测波长如表 13-1 所示。

表 13-1　荧光检测波长

时间/min	激发波长/nm	发射波长/nm
0~8	260	340
9	245	380
12	280	460
15	270	390
24	290	410
41.5	290	480

③标准曲线的绘制：取购买的多环芳烃标准液，逐级稀释到质量浓度为 2 μg/mL、5 μg/mL、10 μg/mL、20 μg/mL、50 μg/mL、100 μg/mL 的多环芳烃对照品溶液。仪器稳定后进样分析，根据色谱分离情况适当优化色谱条件，使各组分分离良好，色谱峰对称性好，便于分辨。记录各组分的保留时间和峰面积，以峰面积为纵坐标，质量浓度为横坐标绘制标准曲线，并拟合回归方程。

④样品溶液的测定：取样品处理液进样分析，根据保留时间进行定性，根据峰面积定量求出样液中被测物质的含量。

【数据处理】

①多环芳烃标准品的分离分析，通过保留时间确定各峰对应的物质成分。

②以峰面积为纵坐标，浓度为横坐标，绘制各组分的标准曲线，并拟合回归方程。

③根据标准曲线求出样品中对应组分的浓度，并计算出样品中的含量。

【思考题】

①查阅液相分析方面的参考书，了解影响液相分析方法的因素有哪些？

②如何建立最优化的液相分析方法？

③环芳烃对环境的危害及测定环芳烃的意义？

【注意事项】

样品制备过程中要在通风橱中进行，做好个人防护。

【知识拓展】

多环芳烃(polycyclic aromatic hydrocarbons PAHs)是煤、石油、木材、烟草、有机高分子化合物等有机物不完全燃烧时产生的挥发性碳氢化合物，是重要的环境和食品污染物。分子中含有两个以上苯环的碳氢化合物，包括萘、蒽、菲、芘等 150 余种化合物。有些多环芳烃还含有氮、硫和环戊烷，常见的具有致癌作用的多环芳烃多为四到六环的稠环化合物。在自然界中这类化合物存在着生物降解、水解、光作用裂解等消除方式，使得环境中的 PAHs 含量始终有一个动态的平衡，从而保持在一个较低的浓度水平上。但是近年来，随着人类生产活动的加剧，破坏了其在环境中的动态平衡，使环境中的 PAHs 大量增加。多环芳烃广泛存在于人类生活的自然环境如大气、水体、土壤、作物和食品中。截至 2013 年 4 月，已知的多环芳烃有 200 多种。大气中的 PAHs 以气、固两种形式存在，其中分子量小的 2~3 环 PAHs 主要以气态形式存在，4 环 PAHs 在气态、颗粒态中的分配基本相同，5~7 环的大分子量 PAHs 则绝大部分以颗粒态形式存在。水体中的多环芳烃可呈 3 种状态：吸附在悬浮性固体上、溶解于水、呈乳化状态。已知地表水中的多环芳烃有 20 余种。地下水和海水中也检测了多环芳烃。土壤中 PAHs 的浓度一般在 1~10 mg/kg，城郊土壤中 PAHs 的浓度更高，达 10~1000 mg/kg。土壤的污染必然影响到作物的生长。蔬菜中 PAHs 的含量以叶类蔬菜最多，根菜类和果实类蔬菜次之。随着科学技术的不断进步，多环芳烃的检测方法也在不断的发展变化，从开始的柱吸附色谱、纸色谱、薄层色谱(TLC)和凝胶渗透色谱(GPC)发展到如今的气相色谱(GC)、反相高效液相色谱(RP-HPLC)、紫外吸收光谱(UV)

和发射光谱(包括荧光、磷光和低温发光等),还有质谱分析、核磁共振和红外光谱技术,以及各种分析方法之间的联用技术等。较为常用的是分光光度法和反相高效液相色谱法。

13.5　知识拓展与典型应用

13.5.1　液相色谱发展史话

在液相色谱中,采用颗粒十分细的高效固定相,并采用高压泵输送流动相,全部工作通过仪器来完成,这种新的仪器分析方法称为高效液相色谱法。在过去三十多年里,HPLC 已经成为一项在化学科学中最有优势的仪器分析方法之一,1994 年,HPLC 的市场销售量是 14 亿美元,就是一个较好的证据。现在,HPLC 几乎能够分析所有的有机、高分子及生物试样,在目前已知的有机化合物中,若事先不进行化学改性,只有 20%的化合物用气相色谱可以得到较好的分离,而 80%的有机化合物则需 HPLC 分析。目前,HPLC 在有机化学、医学、药物临床、食品卫生、环保监测、商检和法检等方面都有广泛的用途,而在生物和高分子试样的分离和分析中更是独领风骚。在短短的三十多年里,HPLC 逐渐发展成熟而成为广泛应用的分析方法,的确是化学史上一件引人注目的事情。在化学发展中,化合物性能与结构的确定有着重要的历史地位,尤其是有机、高分子化合物结构的确定更是影响着化学发展的进程,所以,高效液相色谱也有着同样重要的历史意义。高效液相色谱的出现、发展和完善过程直接影响着有机、高分子化合物的分离和分析,从而推动了化学学科的发展。

科学史上第一次提出“色谱”名词并用来描述这种实验的人是俄国植物学家茨维特(Tsweet),他在 1906 年发表的关于色谱的论文中写道:将一植物色素的石油醚溶液从一根主要装有碳酸钙吸附剂的玻璃管上端加入,沿管滤下,然后用纯石油醚淋洗,结果按照不同色素的吸附顺序在管内观察到它们相应的色带,他把这些色带称为“色谱图”。遗憾的是,在随后的二十年内,这一新的分析技术都没有得到科学界的注意和重视,直至 1931 年,库恩(Kohn)报道了他们关于胡萝卜素的分离方法时,色谱法才引起了科学界的广泛注意。

1941 年,马丁(Matin)和辛格(Synge)用一根装满硅胶微粒的色谱柱,成功地完成了乙酰化氨基酸混合物的分离,建立了液液分配色谱方法,他们也因此获得了 1952 年诺贝尔化学奖。1944 年,康斯坦因(Consden)和马丁(Matin)建立了纸色谱法。1949 年,马丁建立了色谱保留值与热力学常数之间的基本关系式,奠定了物化色谱的基础。1952 年,马丁和辛格创立了气液色谱法,成功地分离了脂肪酸和脂肪胺系列,并对此法的理论与实验做了精辟的论述,建立了塔板理论。1956 年,斯达(Stall)建立了薄层色谱法。同年,范德姆特(VanDeemter)提出了色谱理论方程;后来吉丁斯(Gid-dings)对此方程作了进一步改进,并提出了折合参数的概念。这一系列色谱技术和理论的发展都为 HPLC 的问世打下了扎实的基础。

在 1966 年以前,许多科学家已经从事了经典液相色谱的研究,这种广泛的基础性研究对后来 HPLC 的发展有着重要影响。从现在的观点来看,当时的液相色谱分析仪器是较为简单和原始的。20 世纪 60 年代早期,气相色谱(GC)是当时混合物分离的一个热门研究课题,有着许多重要的进展。但当时的气相色谱遇到了一个难题:由于蛋白质和其他极性化合物难以气化,同样对高分子或极性的混合物来说,气相色谱无能为力。这时分析化学家们把目光转向了液相色谱,液相色谱也的确令人兴奋地从蛋白质中分离出纯的化合物,但使用液相色谱又出现了一个新的问题:分离时间的问题。当时所使用的色谱柱效率非常低,具有代表性的柱子是一米或更长,为了获得必要的分辨率,有时还得使用多根柱,液体流动的产生靠重力,其流动速度是每小时几毫升或更少,无计算机自动操作仪器和进行数据收集,尽管这时的数据收集并不难,那也是因为产生数据的速度比较慢。当时的生物学工作者往往要经过好几年的努力才能从一个组织中把蛋白质完全分离出来。由于当时气相色谱比液相色谱完善,往往把一些高分子或大极性分子衍生成低极性的小分子进行气相色谱的分析,而不采用液相色谱进行分析。

早在 1941 年,马丁和辛格就预言了小微粒固定相和高压强在色谱分离中的必要性。在马丁和辛格的开创性工作之后,吉丁斯、哈伯(Huber)和其他人进一步指出:通过减少液相色谱仪中填充颗粒的直径和使用高压增强流动速度,液相色谱能够用于 HPLC 模式。1966 年,斯尼德(Snyder)意识到柱效率和自动液相色谱分离需要进一步的检验,这使得他的实验室在 HPLC 方面取得了独特的进展。以吉丁斯为代表的许多研究者从气相色谱领域迈进 HPLC 领域,这使得许多在 20 世纪 60 年代气相色谱领域中所解决的问题能够迅速应用到 HPLC 的研究方面。

在仪器发展方面,HPLC 的第一个雏形是由斯坦因(Stein)和莫尔(Moore)于 1958 年发展起来的氨基酸分析仪(AAA),这种仪器能够进行自动分离和进行蛋白质水解产物的分析,由于这种研究的重要性,许多研究者也被吸引来进行这一方面的重要课题的研究,最终直接促成了 HPLC 方法的建立。在此期间,哈密顿(Hamiton)在柱效率和选择性方面的成就使得他的工作特别有价值。在 20 世纪 60 年代早期,相关进展是莫尔(Moore)发展起来的凝胶渗透色谱(GPC)。不久以后,华特斯(Waters)有限公司制造了商业 GPC 仪,这种仪器经过微小的改进之后可用于 HPLC 分离。在 1968~1971 年间,推出了第一台普遍适用的 HPLC 商用系统,这种新的色谱仪是由科克兰(Kirkland)、哈伯、荷瓦斯(Horvath)、莆黑斯(Preiss)和里普斯克(Lipsky)等人研制发明的。

在 1971 年前,如果问到普通 HPLC 使用者在仪器方面有什么最需要改进的地方时,答案将是"开发一个好的检测器",当时没有一个灵敏、宽波长的商用检测器。到了 1971 年,用于 GC 或 TLC 的一些重要工具对促进 HPLC 灵敏度的发展做了重要贡献。我们知道,仪器分辨率(Rs)依赖于容量因子(k)、选择性常数 A 和柱效率(N),现在用泊尼勒(Purnell)方程表达:$Rs=1/4(A-1)/AN^{1/2}[k/(1+k)]$。然而,1971 年前,普遍使用的方法是改变固定相来作为调整选择性参数的方法。改变固定相优于改变流动相可能基于以下两个方面的原因:第一,研究者在 GC 研究中不倾向于改变流动相来改变选择性;第二,使用液—液色谱时,改变流动相常常需要固定相的同时改变,以保持两种液相的不相混溶性。

1971 年后，HPLC 分析建立并逐步完善。当填装微小颗粒的色谱柱达到了尽可能地高效值(N)后，分析化学家们认识到流动相的变化对于多样选择性将更有用，当时广泛使用的方法是逐一实验各种溶剂，对于吸收液相色谱的分离来说，这个过程可用“等酸洗脱系列”来帮助完成。然而，大量可能溶剂的选择需要一个冗长的逼近方式，这时可以根据选择性来划分组试剂，以避免尝试相似选择性的溶剂。第一次尝试溶剂分类方式是基于选择性参数。几年后，由罗歇雷德(Rohrschneider)进行的实验研究提供了一种更为先进的溶剂分类系统，斯尼德在进一步的实验基础上，把溶剂用一个三角形表示，80 个普通溶剂被分为 8 个选择性组。另一重要发展是关于 HPLC 的劳伯—伯尼勒(Laub-Purnell)窗口图的推广，这种 HPLC 方法在使用计算机之后得到了更好的发展。而后，由计算机评估发展起来的反相方法由格拉基(Glajch)和科克兰等人介绍之后，成了世界上该种实验研究的模型。到 20 世纪 80 年代中期，在大多数试样的高效分析中发展起来了系统分析和最大选择性的方法。一个相关的发展是使用计算机模拟作为实际实验的替换，不像大多 HPLC 实验者，计算机能够承担起繁重的数学计算。理论和实验的结合使得早在 1979 年就允许计算机预测 HPLC 分离，杜邦公司于 1982 年创建的“探索者”(Sentinel)色谱仪就利用了计算机。到了 1986 年，理论发展到在不同实验条件下允许两个以上的实验同时进行预测分离，在真实实验的基础上用计算机很容易实现逐次逼近法。现在，促进 HPLC 分离的合理方法是计算机模拟与实际实验相结合。

在仪器方面，近年来，毛细管液相色谱的理论塔板数已大幅提高，电化学和激光诱导荧光法已获得很大发展，有利于紫外可见光谱的快速扫描检测，使液相色谱能提供的信息量大幅增加，为化学计量学中的许多手段(如模式识别等)提供了重要的应用领域。

到了 20 世纪 80 年代中期，HPLC 分析技术很明显成了一种成熟的技术，激动人心的新发展日益减少，许多领先研究者纷纷转向相关领域的研究，如超临界流体色谱法(SFC)、毛细管电泳(LZE)、制备色谱法(PC)等。尽管如此，我们并不能够说 HPLC 方法已经尽善尽美了。它在有些方面仍然需要进一步的完善，如 HPLC 系统与计算机更完善的配合、专用固定相的研制，以及群论与 HPLC 理论的结合等。

HPLC 技术在我国的发展历史。20 世纪 70 年代初期，中国科学院大连化学物理研究所就开展了 HPLC 的研究，与工厂合作生产出了液相色谱固定相，并出版了高效液相色谱的新型固定相论文集，编写了高效液相色谱讲义，而且在色谱杂志上以讲座的形式进行了系统的介绍，同时还举办了全国性的色谱学习班。20 世纪 80 年代初，卢佩章等人开展智能色谱的研究，1984~1989 年间，研制成功了我国第一台智能高效液相色谱仪。十多年来，HPLC 逐渐从开始仅为少数研究实验室拥有发展到目前为更多的生产、研究和检验部门所掌握，广泛用于质量控制、分析化验和制备分离。

综上所述，高效液相色谱是在经典液相色谱的基础上，引入气相色谱的理论和技术，并对经典液相色谱法的固定相、设备、材料、技术及理论应用进行了系列改进而发展起来的。在高效液相色谱的发展过程中，分析化学家们主要进行了以下几项突破性工作：第一，色谱柱的改进和完善,主要包括固定相填充微粒粒度的改进和流动相溶剂的选择,第二,仪器方面的改进工作,加入了一个高压泵,缩短了分离时间,高效液相色谱有效塔板数比传统液相色谱提高了数百倍,提高了分离效率,第三,与计算机联用之后,自动化程度大大提高。

13.5.2 液相色谱的应用

高效液相色谱法的应用远远广于气相色谱法。它广泛用于合成化学、石油化学、生命科学、临床化学、药物研究、环境监测、食品检验及法学检验等领域。

①食品分析中的应用。食品营养成分分析:蛋白质、氨基酸、糖类、色素、维生素、香料、有机酸(邻苯二甲酸、柠檬酸、苹果酸等)、有机胺、矿物质等;食品添加剂分析:甜味剂、防腐剂、着色剂(合成色素如柠檬黄、苋菜红、靛蓝、胭脂红、日落黄、亮蓝等)、抗氧化剂等;食品污染物分析:霉菌毒素(黄曲霉毒素、黄杆菌毒素、大肠杆菌毒素等)、微量元素、多环芳烃等。

②环境分析中的应用。多环芳烃(特别是稠环芳烃)、农药(如氨基甲酸酯类)残留等。

③生命科学中的应用。HPLC 技术目前已成为生物化学家和医学家在分子水平上研究生命科学、遗传工程、临床化学、分子生物学等必不可少的工具。其在生化领域的应用主要集中于两个方面:低分子量物质,如氨基酸、有机酸、有机胺、类固醇、卟啉、糖类、维生素等的分离和测定;高分子量物质,如多肽、核糖核酸、蛋白质和酶(各种胰岛素、激素、细胞色素、干扰素等)的纯化、分离和测定。

过去对这些生物大分子的分离主要依赖于等速电泳、经典离子交换色谱等技术,但都有一定的局限性,远远不能满足生物化学研究的需要。因为在生化领域中经常要求从复杂的混合物基质,如培养基、发酵液、体液、组织中对感兴趣的物质进行有效而又特异的分离,通常要求检测限达 ng 级或 pg 级,或 pmol、fmol,并要求重复性好、快速、自动检测、有效分离、回收率高且不失活。在这些方面,HPLC 具有明显的优势。

④医学检验中的应用。体液中代谢物测定、药代动力学研究、临床药物监测、药物合成(如抗生素、抗忧郁药物、磺胺类药等)、天然药物生物碱(吲哚碱、颠茄碱、鸦片碱、强心苷)分离等。

⑤无机分析中的应用。阳离子、阴离子的分析等。

第 14 章　离子色谱法

离子色谱（Ion Chromatography，IC）是高效液相色谱（HPLC）的一种，是分析阴离子和阳离子的一种液相色谱方法。狭义地讲，是基于离子性化合物与固定相表面离子性功能基团之间的电荷相互作用实现离子性物质分离和分析的色谱方法；广义地讲，是基于被测物的可离解性（离子性）进行分离的液相色谱方法。对于一些离子型化合物，尤其是一些阴离子的分析，IC 是目前首选的、最简单的方法。

14.1　仪器组成与工作原理

离子色谱仪一般分为四部分：输液系统、分离系统、检测系统和数据处理系统（计算机和色谱工作站）。分离机制主要包括：离子交换色谱、离子排斥色谱和离子对色谱（反相离子对），离子交换色谱分离机理主要是离子交换，离子排斥色谱为离子排斥，而离子对色谱的分离机理主要是基于吸附和离子对的形成。

14.2　实验技术与条件优化

14.2.1　去离子水制备及溶液配制

（1）去离子水的制备

一般离子色谱中使用的纯水的电导率应在 0.5 μS/cm 以下。用石英蒸馏器制得的蒸馏水的电导率在 1 μS/cm 左右，对于高含量离子的分析，或对分析要求不高时可以使用。通常用金属蒸馏器制得的水的电导率为 5～25 μS/cm，反渗透法制得的纯水电导率为 2～40 μS/cm，均难以满足离子色谱的要求。因此，需要用专门的去离子水制备装置制备纯水。一般以去离子水再用石英蒸馏器蒸馏，即重蒸去离子水，也可将 RO 水作原水引进去离子水制备装置。精密去离子水制备装置可以制得电导率 0.06 μS/cm 以下（比电导 17 MΩ 以上）的纯水。

（2）溶液的配制

配制标准溶液时一定要防止离子污染。样品溶液和流动相配制好后要用 0.5 μm 以下的滤膜过滤。防止微生物的繁殖，最好现配现用。

14.2.2　流动相的选择

流动相也称淋洗液，是用去离子水溶解淋洗剂配制而成。淋洗剂通常都是电解质，在溶液中离解成阴离子和阳离子，对分离起实际作用的离子称为淋洗离子，如用碳酸钠水溶液作流动相分离无机阴离子时，碳酸钠是淋洗剂，碳酸根离子才是淋洗离子。选择流动相的基本原则是淋洗离子能从交换位置置换出被测离子。从理论上讲，淋洗离子与树脂的亲和力应接近或稍高于被测离子，但在实际应用中，当样品中强保留离子和弱保留离子共存时，如果选择与保留最强的离子的亲和力接近的淋洗离子，往往有些弱保留离子很快就流出色谱柱，不能达到分离效果，因此，合适的流动相应根据样品的组成通过实验进行选择。

离子抑制色谱除了控制流动相 pH 外，对流动相的要求和通常的反相色谱一样，离子对色谱的流动相是由淋洗剂（有机溶剂或水溶液）和离子对试剂组成的。对酸性物质多用季铵盐（如溴化四甲基铵、溴化四丁基铵、溴化十六烷基三甲基甲铵）作离子对试剂，而对碱性物质则多用烷基磺酸盐（如己烷磺酸盐、樟脑磺酸盐）和烷基硫酸盐（如十二烷基硫酸盐）作离子对试剂。离子对试剂的烷基增大，生成的离子对化合物的疏水性增强，在固定相中的保留也随之增大，但对选择性的影响不大。所以对于性质很相似的溶质，宜选用烷基较小的离子对试剂。

对分离影响较大的另一个因素是流动相的 pH 值，它决定被测物质的离解程度。对于硅胶基质的键合固定相，流动相的 pH 值应为 2.0~7.5。某些缓冲剂离子也有可能与离子对试剂结合，所以缓冲剂的浓度不宜过高，通常为 1~5 mmol/L。

14.2.3 定性方法

当色谱柱、流动相及其他色谱条件确定后，便可以根据分离机理和经验分析哪些离子可能有保留及其大致保留顺序。在此基础上，就可以用标准物质进行对照。在确定的色谱条件下保留时间也是确定的，与标准物质保留时间一致就认为是与标准物质相同的离子。这种方法称作保留时间定性。

很多离子具有选择性或专属性显色反应，也可以用显色反应进行定性。质谱的定性能力很强，如离子色谱和质谱联用（IC/MS）就可以很准确地定性。与液相色谱/质谱联用（LC/MS）一样，IC/MS 联用也是在接口上存在一些困难，加上仪器昂贵，应用不多。

14.2.4 定量方法

IC 定量方法与其他分析方法一样，用得最多的是标准曲线法、标准加入法和内标法。基于在一定的被测物浓度范围内，色谱峰面积与被测离子浓度呈线性关系。

14.3 操作规程与日常维护

14.3.1 离子色谱仪操作规程

【开机准备】

①确认淋洗液和再生液的储量是否满足需要；加注淋洗液后，在控制面板中将显示液

位的箭头用鼠标移动到正确位置，随着淋洗液的消耗而变化。液位达到 200 mL、100 mL 和 0 mL 时，软件将会发出警告。再生液储罐必须加满，使用过程中不能晃动。

②使用氦气、氩气或氮气对淋洗液加压，将压缩气瓶的输出压力调节至 0.2 MPa，淋洗液瓶的压力调节至 5 psi，拔出黑色旋钮，顺时针调节至 5 psi，将黑色旋钮推回原位锁住。

【开机】

①打开总电源和 UPS 电源开关，打开仪器主机电源开关和自动进样器开关，启动电脑。打开淋洗液发生器的电源。

②启动工作站。

③排气泡。

④测样。

【关机】

关淋洗液发生器的三个绿灯→淋洗液发生器上的电源→软件上的泵关闭→关软件→停止仪器控制器→关主机电源、电脑电源、自动进样器电源→关气→把纯水瓶中的纯水倒掉，废液倒掉。填写仪器使用记录。

【注意事项】

①样品的选择和储存：样品收集在用去离子水清洗的高密度聚乙烯瓶中。不要用强酸或洗涤剂清洗该容器，这样做会使许多离子遗留在瓶壁上，对分析带来干扰。

如果样品不能在采集当天分析，应立即用 0.45 μm 的过滤膜过滤，否则其中的细菌可能使样品浓度随时间而改变。即使将样品储存在 4℃ 的环境中，也只能抑制而不能消除细菌的生长。尽快分析 NO_2^- 和 SO_3^{2-}，它们会分别氧化成 NO_3^- 和 SO_4^{2-}。不含有 NO_2^- 和 SO_3^- 的样品可以储存在冰箱中，一星期内阴离子的浓度不会有明显的变化。

②样品预处理：进样前要用 0.45 μm 的过滤膜过滤；对于含有高浓度干扰基体的样品，进样前应先通过预处理柱；对于大分子样品如核酸类，进样前应先通过前处理，避免大分子残存在离子交换柱内。

③$NaHCO_3/Na_2CO_3$ 作为淋洗液时，用其稀释样品，可以有效地减小水负峰对 F^- 和 Cl^- 的影响（当 F^- 的浓度小于 50 μg/mL 时尤为有效），但同时要用淋洗液配制空白和标准溶液。稀释方法通常是在 100 mL 样品中加入 1 mL 浓 100 倍的淋洗液。

以下为市场上应用比较广泛的几种离子色谱仪，各自具体的操作规程可扫描二维码获得。

（1）赛默飞 ICS-900 离子色谱仪操作规程

(2)皖仪 IC6000 离子色谱仪操作规程

14.3.2 离子色谱仪的日常维护

(1)泵

①防止任何杂质和空气进入泵体,所有流动相都要经过 0.45 μm 滤膜抽滤。滤膜要经常更换,进液处的砂芯过滤头要经常清洗。

②泵工作时要随时检查淋洗液存量显示值与实际值是否一致,避免由于溶液吸干造成空泵运转磨损柱塞、密封环或缸体,最终产生漏液。过滤头要始终浸在溶液底部,要避免向上反弹而吸进气泡。注意观察压力变化、电导显示值<25 μs。

(2)色谱柱

①分析柱由填充有离子交换树脂的分离柱和保护柱组成。保护柱可以吸附有可能污染分离柱的物质。开机前要检查淋洗液与分离柱是否一致。

②单通道色谱仪更换系统时,更换完保护柱、分离柱和抑制器后,先不要连接保护柱进口,开机冲洗流路,当用试纸检验流出液的 pH 值与分离柱要求一致时,方可拧紧保护柱进口接口。

③当柱子和色谱仪连接时,阀件或管路一定要清洗干净,避免使用高黏度的溶剂作为流动相;测定的实际样品要经过预处理,每次分析工作结束后,要用空白水进样清洗进样阀中残留的样品;并旋松启动阀、废液阀,从启动阀注入去离子水。若分离柱后面很长时间不使用,让淋洗液正常运行至少 10 min,之后用死接头将分离柱/保护柱两端封堵存储。

(3)微膜抑制器

①对于阴离子抑制器,为延长其使用寿命,再生液硫酸必须使用优级纯,必须全部装满,罐体不能晃动。淋洗液与再生液要同步进行配制。

②使用阳离子抑制器时为延长其使用寿命,要将抑制电流设定为 50 mA 左右。测量结束关闭仪器前,允许泵在关闭抑制器电源的情况下继续运行 30 s 左右,确认再生液出口处无气泡后就停泵。为保持抑制器活性,每星期应开机一次。

③仪器若长期不用应封存抑制器,用超纯水冲洗 10 min 后,将各出口堵住。重新启用前按操作规程水化抑制器。

(4)输液系统

①输液系统有气泡会影响分离效果和检测信号的稳定性,具有全密封外加保护 N_2 的淋洗液罐,可确保淋洗液浓度没有变化并长期稳定保存。所以淋洗液必须进行滤膜脱气处

理，脱气效果的好坏直接关系到仪器是否正常运转，这是整个仪器操作的关键。

②注意事项：防止输液系统堵塞，水样做离子色谱分析前要经过 0.22 μm 或 0.45 μm 过滤膜过滤处理，消除基体干扰后方可进样。未知样品必须先行稀释 100 倍再进样。

(5) 进样器

①对于气动进样阀，使用时要注意进样时处在进样阀状态，进样量控制在 4 倍定量环体积，进样后不要推至底部以避免推进空气。

②每次分析结束后，要反复冲洗进样口，防止样品的交叉污染。阴离子样品分析结束后，将抑制器电源关掉，管路无气泡时关泵。10 d 以上不用仪器时，断开保护柱、分离柱，并将这两者加一两通管连通，开泵，过纯水 10 min 以上，清洗管路避免电导池堵塞。

14.4　实验

实验 1　离子色谱法测定水样中无机阴离子的含量

【实验目的】

①掌握一种快速定量测定无机阴离子的方法。

②了解离子色谱仪的工作原理并掌握使用离子色谱仪。

【实验原理】

采用离子色谱法测定水样中无机阴离子的含量，因此用阴离子交换柱，其填料通常为季铵盐交换基团[称为固定相，以 $R-N^+(CH_3)_3 \cdot H^-$ 表示，分离机理主要是离子交换，用 $Na_2CO_3/NaHCO_3$ 为淋洗液]。用淋洗液平衡阴离子交换柱，样品溶液自进样口注入六通阀，高压泵输送淋洗液，将样品溶液带入交换柱。由于静电场相互作用，样品溶液的阴离子与交换柱固定相中的可交换离子 OH^- 发生交换，并暂时且选择地保留在固定相上，同时，保留的阴离子又被带负电荷的淋洗离子（CO_3^{2-}/HCO_3^-）交换下来进入流动相。由于不同的阴离子与交换基团的亲和力大小不同，因此在固定相中的保留时间也不同。亲和力小的阴离子与交换基团的作用力小，因而在固定相中的保留时间就短，先流出色谱柱；亲和力大的阴离子与交换基团的作用力大，在固定相中的保留时间就长，后流出色谱柱，于是不同的阴离子彼此就达到了分离的目的。被分离的阴离子经抑制器被转换为高电导率的无机酸，而淋洗液离子（CO_3^{2-}/HCO_3^-）则被转换为弱电导率的碳酸（消除背景电导率，使其不干扰被测阴离子的测定），然后电导检测器依次测定被转变为相应酸型的阴离子，与标准进行比较，根据保留时间定性，峰高或峰面积定量，采用峰面积标准曲线定量。

【仪器与试剂】

①仪器：离子色谱仪，阴离子保护柱，阴离分离柱，自动再生抑制器。

②试剂：Na_2CO_3，$NaHCO_3$，NaF，NaCl，$NaNO_2$，NaBr，$NaNO_3$，Na_3PO_4，Na_2SO_4。

$Na_2CO_3/NaHCO_3$ 阴离子淋洗储备溶液：称取 37.10 g Na_2CO_3（分析纯级以上）和

8.40 g $NaHCO_3$(分析纯级以上)(均已在105℃烘箱中烘2 h并冷却至室温),溶于高纯水中,转入1000 mL容量瓶中,加水至刻度,摇匀。然后将此淋洗储备溶液储存于聚乙烯瓶中,在冰箱中保存。此淋洗储备溶液为:0.35 mol/L Na_2CO_3+0.10 mol/L $NaHCO_3$。

③阴离子标准储备溶液:用优级纯的钠盐分别配制成浓度为100 mg/L的F^-、1000 mg/L的Cl^-、100 mg/L的NO_2^-、1000 mg/L的Br^-、1000 mg/L的NO_3^-、1000 mg/L的PO_4^{3-}、1000 mg/L的SO_4^{2-}的7种阴离子标准储备溶液。

【实验步骤】

①Na_2CO_3/$NaHCO_3$阴离子淋洗液的制备:移取0.35 mol/L Na_2CO_3+0.10 mol/L $NaHCO_3$阴离子淋洗储备溶液10.00 mL,用高纯水稀释至1000 mL,摇匀。此淋洗液为3.5 mmol/L Na_2CO_3+1.0 mmol/L $NaHCO_3$。

②阴离子单个标准溶液的制备:分别移取100 mg/L的F^-标液5.00 mL、1000 mg/L Cl^-标液2.00 mL、100 mg/L NO_2^-标液15.00 mL、1000 mg/L Br^-标液3.00 mL、1000 mg/L NO_3^-标液3.00 mL、1000 mg/L PO_4^{3-}标液5.00 mL、1000 mg/L SO_4^{2-}标液5.00 mL于7个100 mL容量瓶中,分别用高纯水稀释至刻度,摇匀。得到F^-浓度为5 mg/L、Cl^-浓度为20 mg/L、NO_2^-浓度为15 mg/L、Br^-浓度为30 mg/L、NO_3^-浓度为30 mg/L、PO_4^{3-}浓度为50 mg/L、SO_4^{2-}浓度为50 mg/L的7种标准溶液。按同样方法依次移取不同量的储备液配制成另几种不同浓度的阴离子单个标准溶液,浓度范围为5~100 mg/L。

③阴离子混合标准溶液的制备:分别移取100 mg/L F^-标液5.00 mL、1000 mg/L Cl^-标液2.00 mL、100 mg/L NO_2^-标液15.00 mL、1000 mg/L Br^-标液3.00 mL、1000 mg/L NO_3^-标液3.00 mL、1000 mg/L PO_4^{3-}标液5.00 mL、1000 mg/L SO_4^{2-}标液5.00 mL于1个100 mL容量瓶中,用高纯水稀释至刻度,摇匀。得到F^-浓度为5 mg/L、Cl^-浓度为20 mg/L、NO_2^-浓度为15 mg/L、Br^-浓度为30 mg/L、NO_3^-浓度为30 mg/L、PO_4^{3-}浓度为50 mg/L、SO_4^{2-}浓度为50 mg/L的混合标准溶液。按同样方法依次移取不同量的储备液配制成另几种不同浓度的混合标准溶液,浓度范围为5~100 mg/L。

④操作步骤:按仪器操作说明操作,得到标准品图谱和样品图谱,并进行分析计算。

【实验数据及结果】

①将阴离子混合标准溶液的制备列表。

②根据实验数据对测定结果进行评价,计算有关误差(列表表示)。

【思考题】

①离子的保留时间与哪些因素有关?

②为什么在离子的色谱峰前会出现一个负峰(倒峰)?应该怎样避免?

【注意事项】

①离子交换柱的型号、规格不一样时,色谱条件会有很大的差异,一般商品离子色谱柱都附有常见离子的分析条件。

②系统柱压应该稳定在1500~2500 psi。柱压过高可能流路有堵塞或柱子污染；柱压过低可能泄漏或有气泡。

③抑制器使用时应该注意以下几点：尽量将电流设定为50 mA以延长抑制器的使用寿命；抑制器与泵同时开关；每星期至少开机一次，保持抑制器活性；长期不用应封存抑制器。

实验2　离子色谱法测定矿泉水中钠、钾、钙、镁等离子的含量

【实验目的】

①了解离子色谱法分离钠、钾、钙、镁离子的原理和操作。

②掌握利用外标法进行色谱定量分析的原理和步骤。

【实验原理】

离子色谱法是根据荷电物质在离子交换柱上具有不同的迁移率而将物质分离并进行自动检测的分析方法。离子色谱法分为单柱法和双柱法两种。钠、钾、钙、镁离子的分离常采用单柱离子色谱法。单柱离子色谱法是在分离柱后直接连接电导检测器。分离柱一般采用低容量的离子交换树脂和低电导的洗脱液。依据所分离的离子性质不同，洗脱液选用不同的类型。以单柱阳离子色谱法为例，洗脱液一般为无机酸的稀溶液、有机酸溶液或乙二胺硝酸盐稀溶液。当样品随着流动相通过柱子时，样品离子（X^+）、流动相离子（H^+）与阳离子交换树脂之间发生如下交换反应。

$$\text{流动相}\ H^+ + Y^+R^- \rightarrow Y^+ + H^+R^-$$

$$\text{样品}\ X^+ + H^+R^- \rightarrow H^+ + X^+R^-$$

随着流动相不断流过柱子，样品离子又被流动相从树脂上交换下来。

$$X^+ + H^+R^- \rightarrow H^+ + X^+R^-$$

由于洗脱液中H^+电导值比其他被分离的阳离子的电导值高，当被分离的阳离子通过检测器时，电导值减小，所以所得到的色谱峰是倒峰，离子的浓度正比于电导值的降低，即负峰的峰高或峰面积。把色谱峰的方位转换一下，倒峰可表示成习惯方向。由于不同的离子在离子交换柱上具有不同的迁移率，从而被流动相洗脱下来的顺序不同，根据色谱基本方程，不同离子的保留时间t_R不同，在色谱图上表现为在不同的出峰位置。

在采用单点外标法进行定量时，任一组分的峰面积A_i正比于进入检测器的浓度c_i。单点校正只需用未知样品组分与已知标准物的信号比乘以标准物的浓度，即可算出未知组分的含量。在本实验中，将已知浓度的标准钠、钾、钙、镁离子混合液进行色谱分离，测量各离子峰的峰面积或峰高，然后将样品溶液进行色谱分离，测量这四种相应离子峰的峰面积或峰高。

【仪器与试剂】

①仪器：离子色谱仪。

②试剂：硝酸钠、硝酸钾、硝酸钙、硝酸镁（色谱纯或分析纯）；市售矿泉水。

【实验步骤】

①钠、钾、钙、镁标准溶液的配制：分别准确称量一定量的硝酸钠、硝酸钾、硝酸钙、硝酸

镁,配制成 1.00 mg/mL 标准溶液,然后用二次蒸馏水稀释成浓度为 10 μg/mL 的标准溶液。

②标液分析:注入 4 种离子的标准溶液,记录色谱图。确定各离子的色谱峰保留值 t_R。

③混合标液的分析:将各离子的混合溶液进样分析,记录色谱图。

④样品分析:将市售矿泉水样品稀释 10 倍后进样分析,记录色谱图。根据保留时间定性,峰面积定量分析当地自来水中这 4 种离子的含量。

【数据处理】

①由钠、钾、钙、镁标准溶液的色谱图,确定各离子的色谱峰保留值 t_R。

②根据混合标样的峰面积,采用单点外标法,计算样品溶液中各离子的浓度。

③用峰高代替峰面积进行各离子浓度的计算。

【思考题】

①根据钙、镁离子的浓度判断当地水样的硬度。

②单点外标法与多点外标法相比,其优缺点如何?

③采用峰面积与峰高定量,结果有何不同? 哪一种更准确?

实验 3　离子色谱法测定葡萄酒中有机酸的含量

【实验目的】

了解离子排斥色谱的分离机理和抑制型电导检测的特征。

【实验原理】

有机酸是弱酸,在离子排斥柱上,基于 Donnan 平衡,有机酸被保留和得到分离,离解越强的有机酸,受到的排斥越强,在树脂中的保留越小。整体上而言,有机酸在离子排斥柱上的流出顺序与在离子交换柱上相反。流动相用硫酸,抑制型电导检测用硫酸钠作抑制剂。在抑制器中,流动相中的 H^+ 与抑制剂中的 Na^+ 交换,由于 Na^+ 的当量电导较 H^+ 要小得多,流动相从 H_2SO_4 变成 Na_2SO_4 使背景电导降低。本实验也可采用非抑制型电导检测和紫外分光检测。

【仪器与试剂】

①仪器:离子色谱仪(带抑制器的电导检测单元)。

②试剂:酒石酸、苹果酸、丁二酸、甲酸、乙酸、硫酸、硫酸钠均为分析纯。

有机酸标准溶液:用分析纯或优级纯有机酸分别配制浓度为 1000 mg/L 的酒石酸、苹果酸、丁二酸、甲酸和乙酸,用重蒸去离子水稀释成 50 mg/L 的工作溶液。同时配制 5 种有机酸的混合溶液(各含 50 mg/L)。

葡萄酒样品:市售白葡萄酒用 0.45 μm 水相滤膜减压过滤,稀释 10~20 倍;

硫酸(1 mmol/L):0.102 g 浓硫酸配制成 1000 mL 水溶液。

硫酸钠(25 mmol/L):3.55 g Na_2SO_4 配制成 1000 mL 水溶液。

【实验步骤】

①开启氮气开关,压力控制在 0.2 MPa。打开主机电源,开启离子色谱仪。按 Eluent

Pressure 键，对淋洗液加压。60 s 后按 Pump 键，开泵。使仪器处于工作状态。色谱条件为：离子排斥柱 PCS5-052 和 SCS5-252，流动相为 1 mmol/L 硫酸，流速 1.0 mL/min，抑制剂为 25 mmol/L 硫酸钠，流速 1.0 mL/min，色谱柱温 40℃，检测器为带抑制器的电导检测器，进样量 20~50 μL。

②待基线稳定后，进样 5 种有机酸混合标准溶液。

③待有机酸全部流出色谱柱后，按"STOP"键停止分析，此时从色谱图上即可看到分离状况，计算机会自动积分并给出分析结果。

④分别加入各有机酸标准溶液，重复②和③的操作，从各有机酸的保留时间即可确认混合有机酸标准溶液中各有机酸的峰位置。

⑤用峰面积标准曲线法定量。按操作规程设置定量分析程序。用上述有机酸标准的分析结果建立定量分析表，即在下表中输入混合标准溶液中各有机酸的保留时间和浓度等数值，并计算出校正因子。

⑥进样葡萄酒样品 2 次，如果 2 次定量结果相差较大（如大于 5%），则需再进样 1 次葡萄酒样品，取 3 次的平均值。

【数据处理】

①从各有机酸标样的保留时间定性确认混合有机酸标准溶液中各有机酸的峰位置。

②用峰面积标准曲线法定量，并计算出校正因子。计算葡萄酒样品中各有机酸的含量。

【思考题】

①离子变换色谱、离子排斥色谱和反相 HPLC 分析有机酸各有何优缺点？

②离子排斥色谱所用固定相与离子交换色谱有何不同？为什么要有这种差别？

③有机酸在离子排斥柱上的保留与它们的酸离解常数之间是否有什么关系？

【注意事项】

①本实验也可用离子排斥型有机酸分析专用柱；

②葡萄酒样品未经前处理，样品中可能含有在色谱柱上有强烈吸附的有机物，实验完毕后应用含有机溶剂（如 5%~10%乙醇）的流动相清洗色谱柱。

14.5　知识拓展与典型应用

14.5.1　离子色谱发展史话

1975 年 Small、Steven 和 Baumann 利用电导检测器检测离子的电导变化，首次提出离子色谱法。自美国 DOW 化学公司生产出第一台商品化的离子色谱仪以来，随着抑制器的发展，离子色谱仪不断更新换代，由最初的常见无机阴离子的分析已经发展到多种无机和有机阴离子、阳离子的分析。从抑制器的发展历史来看，1975 年采用的是填充柱抑制器，降低了淋洗液背景电导值,其抑制容量有限,不能连续工作,死体积大。

1981 年 Steven 等人提出纤维抑制器,解决了氟离子的定量问题。但这种装置死体积较大,加剧了柱外效应和谱峰扩展,可连续工作,容量中等,机械强度较差。

1985 年有了微膜抑制器(MMS),可连续工作,高容量,能进行梯度洗脱。田昭武于1983 年介绍了电渗析抑制器,首先将电渗析引入膜抑制器。1986 年田昭武等提出的电迁移式的电化学抑制器,开创了国产抑制器的研制先河,这一技术后来被改进,成为现在流行的电化学自循环再生抑制器的基础。目前,国内的电化学抑制器已有不同类型的产品。1992 年戴安公司开发的 SRS 型电抑制器也属于这一类型。近年来,离子色谱仪的一项重大突破是淋洗液在线发生器的成功研制和商品化,使得不用化学试剂只用水的离子色谱(RFIC)成为可能。目前使用的自再生抑制器是通过电解水产生所需离子,平衡快,背景低,可在 40% 反相有机溶剂中使用。2003 年戴安公司率先推出了商品化的氢氧根型(LiOH、NaOH 和 KOH)阴离子淋洗液发生器和 MSA 阳离子淋洗液在线发生器,荣获 2003 年匹茨堡会议金奖。2005 年又推出了商品化的碳酸盐/碳酸氢盐(K_2CO_3 和 $KHCO_3$/K_2CO_3)阴离子淋洗液在线发生器,使在线淋洗液发生装置和离子色谱分析技术发展到前所未有的高度。

离子色谱仪使用的检测器主要有:电导检测器、紫外可见光检测器、安培检测器、荧光检测器、质谱检测器等。其中电导检测器是最常用的检测器,主要缺陷是对弱酸特别是极弱酸的灵敏度差和非线性响应;紫外可见光检测器是电导检测器的重要补充,包括三种检测方式:直接紫外检测、间接紫外检测、衍生化紫外/可见光检测;安培检测器主要用于能发生电化学反应的物质,包括直流安培检测器、脉冲安培检测器和积分安培检测器;荧光检测器的灵敏度要比紫外吸收检测器高 2~3 个数量级,但应用比较少;质谱检测具有较高的灵敏度和较好的选择性,但仪器设备和运转费用昂贵,难以普及。离子色谱与 AAS、ICP-AES、ICP-MS 联用的研究越来越多,使离子色谱的高分离能力与其他分析法的定性能力相结合,对解决许多复杂分析问题很有帮助,特别是用于样品中各种元素的化学形态分析,IC 的联用技术正越来越受到人们的重视。

离子色谱在无机阴阳离子分析中的应用是一个重要的技术突破,它灵敏度高,可检测的阴阳离子达百余种。离子色谱的优势主要体现在对无机阴离子的分析,无机阴离子的分析以往多采用化学分析方法,费时、费力、重现性较差、试剂用量大、灵敏度低,同时离子色谱也可用于金属阳离子、有机酸碱、糖类、氨基酸和肽类化合物的分析。

离子色谱经过 30 多年的发展,已成为一种比较成熟的分析方法。随着新材料、新技术的出现,离子色谱仍会有很大的发展空间,仪器将向一体化、小型化、便携化方向发展。

14.5.2 离子色谱的特点及应用

离子色谱法优点如下所述。

①快速、方便：对 7 种常见阴离子（F^-、Cl^-、Br^-、NO_2^-、NO_3^-、SO_4^{2-}、PO_4^{3-}）和 6 种常见阳离子（Li^+、Na^+、NH_4^+、K^+、Mg^{2+}、Ca^{2+}）的平均分析时间小于 8 min。用高效快速分离柱对上述 7 种最重要的常见阴离子达基线分离只需 3 min。

②灵敏度高：离子色谱分析的浓度范围低：μg/L（1～10 μg/L）至数百 mg/L。直接进样（25 μg）电导检测，对常见阴离子的检出限小于 10 μg/L。

③选择性好：IC 法分析阴、阳离子的选择性可通过选择恰当的分离方式、分离柱检测方法来达到。与 HPLC 相比，IC 中固定相对选择性的影响较大。

④可同时分析多种离子化合物：与光度法、原子吸收法相比，IC 的主要优点是可同时检测样品中的多种成分。只需很短的时间就可得到阴、阳离子及样品组成的全部信息。

⑤分离柱的稳定性好、容量高：与 HPLC 中所用的硅胶填料不同，IC 柱填料的高 pH 值稳定性允许用强酸或强碱作为淋洗液，有利于扩大应用范围。

离子色谱法主要用于环境样品的分析，包括地面水、饮用水、雨水、生活污水、工业废水、酸沉降物和大气颗粒物等样品中的阴、阳离子，与微电子工业有关的水和试剂中痕量杂质的分析。另外在食品、卫生、石油化工、水及地质等领域也有广泛的应用。

近几年，高新技术的发展又大大推动了离子色谱技术的衍生发展，各种新型的仪器如便携式离子色谱仪、在线燃烧离子色谱系统、饮用水安全检测离子色谱、HPIC 集成型毛细管离子色谱系统、HPIC 高压离子色谱系统、系列离子色谱在线监测系统、离子色谱质谱联用（IC-MS）等应运而生，也极力促进了离子色谱科学技术在各个领域的应用。

第五篇　其他仪器分析方法

仪器分析方法除了光学分析法、电化学分析法和色谱分析法外，还包括质谱法、热分析法、动力学方法和放射化学分析法等。

质谱法(Mass Spectrometry，MS)即用电场和磁场将运动的离子(带电荷的原子、分子或分子碎片，有分子离子、同位素离子、碎片离子、重排离子、多电荷离子、亚稳离子、负离子和离子—分子相互作用产生的离子)按它们的质荷比分离后进行检测的方法。测出离子准确质量即可确定离子的化合物组成。这是由于核素的准确质量是一多位小数，绝不会有两个核素的质量是一样的，而且绝不会有一种核素的质量恰好是另一核素质量的整数倍。分析这些离子可获得化合物的分子量、化学结构、裂解规律和由单分子分解形成的某些离子间存在的某种相互关系等信息。质谱包括电子轰击质谱 EI-MS、场解吸附质谱 FD-MS、快原子轰击质谱 FAB-MS、基质辅助激光解吸附飞行时间质谱 MALDI-TOFMS、电子喷雾质谱 ESI-MS 等，不过能测大分子量的是基质辅助激光解吸附飞行时间质谱 MALDI-TOFMS 和电子喷雾质谱 ESI-MS。

热分析法(thermal analysis method)是在程序控制温度下，准确记录物质理化性质随温度变化的关系，研究其受热过程所发生的晶型转化、熔融、蒸发、脱水等物理变化或热分解、氧化等化学变化以及伴随发生的温度、能量或重量改变的方法。广泛应用于物质的多晶型、物相转化、结晶水、结晶溶剂、热分解，以及药物的纯度、相容性和稳定性可等研究中。

放射化学方法指放射性物质的化学研究方法和化学应用方法。放射化学研究方法主要指研究放射性物质在极稀浓度下的化学性质和化学行为的方法(如共沉淀法、吸附法等)；研究核反应的化学方法，即利用测定核反应后的产物，求出核反应的类型和概率；研究物质在 α、β、γ、中子、质子等高能射线的作用下形成激发原子、热原子、激发分子、游离基、离子的过程及其化学行为的方法；研究放射性物质在衰变过程中所引起化学变化的方法等。

第 15 章　气相色谱—质谱联用分析法

气相色谱—质谱联用分析法(GC-MS)是将气相色谱和质谱通过接口连接起来,GC 将复杂混合物分离成单组分后进入 MS 进行分析检测。GC-MS 具有 GC 的高分辨率和 MS 的高灵敏度,是生物样品中药物与代谢物定性定量的有效工具,广泛应用于复杂组分的分离与鉴定。在所有联用技术中,GC-MS 发展最完善、应用最广泛。目前,从事有机物分析的实验室几乎都把气质联用作为主要的定性确认手段之一,在许多情况下也可以进行定量分析。有机质谱仪,不论是磁质谱、四级杆质谱、离子阱质谱,还是飞行时间质谱或者傅里叶变换质谱均能与气相色谱联用。另外,还有一些其他形式的气相色谱和质谱联用方式,如气相色谱—燃烧炉—同位素比质谱等。

15.1　仪器组成与工作原理

气相色谱—质谱联用仪(简称气质联用仪)主要由气相色谱、接口、质谱、真空系统和计算机系统组成。气相色谱部分,包括柱箱、气化室、色谱柱、检测器和载气等,并有分流/不分流进样系统,程序升温系统,压力、流量自动控制系统等,如图 15-1 所示。气质联用是将质谱仪作为气相色谱的检测器,在色谱部分,混合样品在合适色谱条件下被分离成单个组分,进入质谱仪进行鉴定,由计算机给出定性或定量结果。

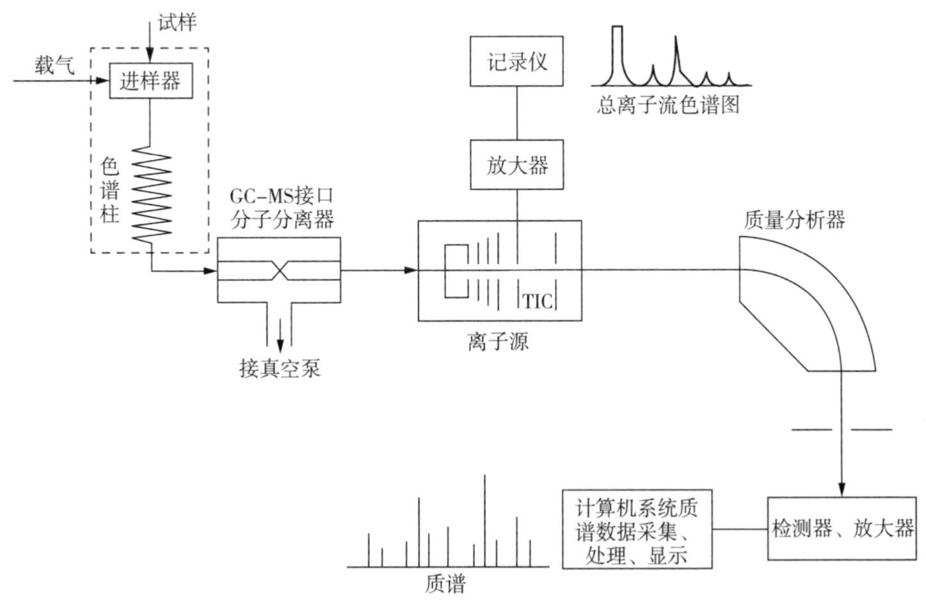

图 15-1　气相色谱—质谱联用仪结构示意图

气相色谱—质谱联用仪工作原理的虚拟仿真视频可扫描二维码获得。

15.2　实验技术与条件优化

15.2.1　灵敏度和分辨率的测试方法

(1)灵敏度

质谱仪灵敏度的表示方法很多,有机质谱仪、无机质谱仪、同位素质谱仪有各自的灵敏度表示方式。有机质谱仪的灵敏度表示对于一定样品(如八氟萘或六氯苯),在一定的分辨率的情况下,产生一定信噪比(如 10:1)的分子离子峰所需要的样品量。为了测定某仪器的灵敏度,首先配置一定浓度的标准样品。将一定的样品量,如 1×10^{-12} g,在 GC-MS 方式且不分流的情况下注入 GC,质谱采用 EI 电离方式和正常扫描(也有采用选择离子扫描)方式,测定样品分子离子的质量色谱图的信噪比,该值应大于或等于仪器指标规定的信噪比值。信号高度可以直接测得。噪声高度可以用噪声峰顶到峰底的高度(峰—峰值)表示,也可以用噪声的均方根表示。两种方法算得的信噪比会相差 5 倍,一般认为用峰—峰值计算信噪比较为合理。

作为灵敏度指标,一般只检测某一个离子,为了显示仪器灵敏度高,目前生产厂家通常采用八氟萘等分子离子信号很强的化合物作为测试样品,这样的灵敏度值具有一定的虚假性。作为实际应用,测定化合物的全谱更有意义,用得到一个化合物的完整质谱图所需的最小样品量表示仪器的灵敏度,才有实际意义。

EI 离子源工作原理的虚拟仿真视频可扫描二维码获得。

(2)分辨率

质谱仪的分辨率表示质谱仪把相邻的两个质量的离子分开的能力,常用 R 表示。其定义是,如果某质谱仪在质量 m 处刚刚能分开 m 和 $m+\Delta m$ 两个质量的离子,则该质谱仪的分辨率为 $R=\dfrac{m}{\Delta m}$。例如,某仪器能刚刚分开质量为 27.9949 和 28.0061 两个离子峰,则该仪器的分辨率为:

$$R=\frac{m}{\Delta m}=\frac{27.9949}{28.0061-27.9949}\approx 2500$$

这里有两点需要说明:所谓两峰刚刚分开,一般是指两峰间的峰谷是峰高的10%(每个峰提供5%)。另外,在实际测量时,很难找到刚刚分开的两个峰,这时可采用下面的方法进行分辨率的测量:如果两个质谱峰 m_1 和 m_2 的中心距离为以峰高5%处的峰宽为 b,则该仪器的分辨率为:

$$R=\frac{m_1+m_2}{2(m_1+m_2)}\times\frac{a}{b}$$

还有一种定义分辨率的方式:如果质量为 m 的质谱峰,其高50%的峰的宽为 Δm,则分辨率为 $R=\frac{m}{\Delta m}$,这种表示方法测量比较方便,只是半峰宽会随峰高发生变化,对分辨率产生影响。

对于磁式质谱仪,质量分离是不均匀的,在低质量端离子分散大,高质量端离子分散小,或者说 m 小时 Δm 小、m 大时 Δm 大。因此,仪器的分辨率数值基本不随 m 变化。在四极质谱仪中,质量排列是均匀的,若在 $m=100$ 处,$\Delta m=1$,在 $m=1000$ 时,也是 $\Delta m=1$。这样计算分辨率时,二者就差了10倍。为了对不同 m 处的分辨率都有一个共同表示法,四极质谱仪的分辨率一般表示为 m 倍数,如 $R=m$ 或 $R=2m$ 等。如果是 $R=m$,则表示在 $m=100$ 时,$R=100$; $m=1000$ 时,$R=1000$。

四极杆分析器工作原理的虚拟仿真视频可扫描二维码获得。

15.2.2　GC-MS 的调谐及性能测试

为了得到好的质谱数据,在进行样品分析前应对质谱仪的参数进行优化,这个过程就是质谱仪的调谐。调谐中将设定离子源部件的电压;设定 amu gain 和 amu off 值以得到正确的峰宽;设定电子倍增器(EM)电压保证适当的峰强度;设定质量轴保证正确的质量分配。

调谐包括自动调谐和手动调谐两类方式,自动调谐中包括自动调谐、标准谱图调谐、快速调谐等方式。如果分析结果将进行谱库检索,一般先进行自动调谐,然后进行标准谱图调谐以保证谱库检索的可靠性。

15.2.3　GC-MS 分析条件的选择

GC-MS 分析条件要根据样品进行选择,在分析样品之前应尽量了解样品的情况。比如样品组分的多少、沸点范围、分子量范围、化合物类型等。这些是选择分析条件的基础。一般情况下样品组成简单,可以使用填充柱;样品组成复杂,则一定要使用毛细管柱。根据样品类型选择不同的色谱柱固定相,如极性、非极性和弱极性等。汽化温度一般要高于样品中最高沸点 20~30℃。柱温要根据样品情况设定。低温下,低沸点组分出峰;高温下高沸点组分出峰。选择合适的升温速度,使各组分都实现很好的分离。有关 GC-MS 分析中的色谱条件与普通的气相色谱条件相同。质谱条件的选择包括扫描范围、扫描速度、灯丝电流、电子能量、倍增器电压等。扫描范围就是可以通过分析器的离子的质荷比范围,该值的设定取决于欲分析化合物的分子量,应该使化合物所有的离子都出现在设定的扫描范围之内,例如,化合物最大相对分子量为 350 左右,则扫描范围上限可设到 400 或 450,扫描下限一般从 15 开始,有时为了去掉水、氮、氧的干扰,也可以从 33 开始扫描。扫描速度视色谱峰宽而定,一个色谱峰出峰时间内最好能有 7~8 次质谱扫描,这样得到的重建离子流色谱图比较圆滑,一般扫描速度可设在 0.5~2 s 扫一个完整质谱即可。灯丝电流一般设置在 0.20~0.25 mA。灯丝电流小,仪器灵敏度低;电流太大,则会降低灯丝寿命。电子能量一般为 70 eV,标准质谱图都是在 70 eV 下得到的。改变电子能量会影响质谱中各种离子间的相对强度。如果质谱中没有分子离子峰或分子离子峰很弱,为了得到分子离子,可以降低电子能量到 15 eV 左右。此时分子离子峰的强度会增强,但仪器灵敏度会大大降低,而且得到的不再是标准质谱。倍增器电压与灵敏度有直接关系。在仪器灵敏度能够满足要求的情况下,应使用较低的倍增器电压,以保护倍增器,延长其使用寿命。

15.2.4 GC-MS 提供的信息及相关分析技术

GC-MS 分析的关键是设置合适的分析条件,使各组分能够得到充分的分离,在此基础上才能得到满意的定性和定量分析结果。GC-MS 分析得到的主要信息有 3 个:样品的总离子流色谱图(TIC)、样品中每一个组分的质谱图和每个质谱图的检索结果。此外,还可以得到质量色谱图、三维色谱质谱图等。对于高分辨率质谱仪,还可以得到化合物的精确分子量和分子式。

(1)总离子流色谱图

在一般 GC-MS 分析中,样品连续进入离子源并被连续电离,分析器每扫描一次(比如 1 s),检测器就得到一个完整的质谱并送入计算机存储。由于样品浓度随时间变化,得到的质谱图也随时间变化。一个组分从色谱柱开始流出到完全流出大约需要 10 s。计算机就会得到这个组分不同浓度下的质谱图 10 个。同时,计算机还可以把每个质谱的所有离子相加得到总离子流强度。这些随时间变化的总离子流强度所描绘的曲线就是样品总离子流色谱图或由质谱重建而成的重建离子色谱图。总离子色谱图是由一个个质谱得到的,所以它包含了样品所有组分的质谱。它的外形和由一般色谱仪得到的色谱图是一样的。只要所用色谱柱相同,样品出峰顺序就相同,其差别在于,总离子流色谱所用的检测器是质谱仪,而一般色谱仪所用检测器是氢焰、热导等,两种色谱图中各成分的校正因子不同。

(2)质谱图

由总离子色谱图可以得到任何一个组分的质谱图。一般情况下,为了提高信噪比,通常由色谱峰峰顶处得到相应质谱图。但如果两个色谱峰有相互干扰,应尽量选择不发生干扰的位置得到质谱,或通过扣除本底消除其他组分的影响。

(3)库检索

得到质谱图后可以通过计算机检索对未知化合物进行定性。检索结果可以给出几个可能的化合物,并以匹配度大小顺序排列出这些化合物的名称、分子式、分子量、结构式等。如果匹配度比较好,比如900以上(最好为1000),那么可以认为这个化合物就是欲求的未知化合物,在检索过程中要注意下面几个问题。一是要检索的化合物在谱库中不存在,计算机挑选了一些结构相近的化合物,匹配度可能都不太好,此时绝不能选一个匹配度相对好的作为检索结果,这样会造成错误。另外,也可能检索出几个化合物,匹配都很好,说明这几个化合物可能结构相近。这时也不能随便取某一个作为结果,应该利用其他辅助鉴定方法,如色谱保留指数等,进行进一步的判断。还有一个问题就是由于本底或其他组分的影响,或质谱中弱峰未出现,造成质谱质量不高。此时检索结果可能匹配度也不高,也不容易准确定性。遇到这种情况,则需要尽量设法扣除本底,减少干扰,提高色谱和质谱的信噪比,以提高质谱图的质量,增加检索的可靠性。值得注意的是,检索结果只能看作是一种可能性,匹配度大小只表示可能性的大小,不会是绝对正确。为了分析结果的可靠,最好的办法是有了初步结果后,再根据这些结果找来标准样品进行核对。

(4)质量色谱图

总离子色谱图是将每个质谱的所有离子加合得到的色谱图。同样,由质谱中任何一个质量的离子也可以得到色谱图,即质量色谱图。由于质量色谱图是由一个质量的离子得到的,因此,其质谱中不存在这种离子的化合物,也就不会出现色谱峰,一个样品只有几个甚至一个化合物出峰。利用这一特点可以识别具有某种特征的化合物,也可以通过选择不同质量的离子做离子质量色谱图,使正常色谱不能分开的两个峰实现分离,以便进行定量分析(见图15-2)。由于质量色谱图是采用一个质量的离子作图,因此进行定量分析时,也要使用同一离子得到的质量色谱图进行标定或测定校正因子。

15.2.5 定性分析

用全扫描方式对未知物进行定性鉴定。为使定性准确,一般要进行下列条件选择和操作:调谐仪器、条件设定、实时分析、数据处理。

(1)调谐仪器

为使仪器对不同分析目的(SCAN或SIM)均处于最佳状态,仪器开机稳定后分析样品前,需用标准物质作仪器调谐。标准物质是能够产生稳定的、具有较宽范围质荷比离子碎片的物质。如PFT13A经EI源电离后能得到下列质量数离子:69、131、219、414、502、614。进标样后,仪器可自动按PFTBA的标准质谱图对质谱的灵敏度、分辨率、质量数和峰相对

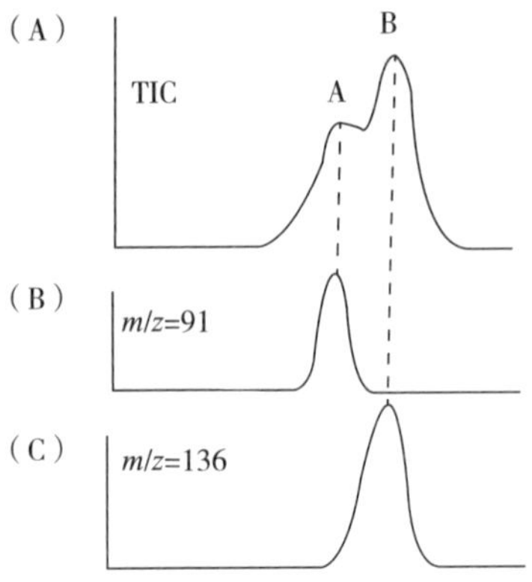

图 15-2　利用质量色谱图分开重叠峰

(A)总离子流色谱图;(B)以 $m/z=91$ 所作的质量色谱图;(C)以 $m/z=136$ 所作的质量色谱图

强度进行调整或校正。

(2)条件设定

条件设置包括气相色谱条件和质谱条件,质谱需要选择的参数如下。

①质量范围。在扫描速度相同时,该范围越小,灵敏度越高。起始质荷比值一般设 10 或 35,质荷比为 35 时,可避开 H_2O(18)、N_2(28)和 O_2(32)等物质的干扰。

②扫描速度。以确保一个色谱峰采样 10 次以上为原则。若峰宽,扫描速度应快些,通常毛细管柱扫描速度取 0.5~1.0 s。

③阈值。它是采集质谱数据时,离子强度的下限,小于此值的信号采样时自动删去。

④采集数据时间。起始时间是开始做扫描采集质谱数据的时间。溶剂(延迟)切割时间是在此时间前,灯丝不通电,避免大溶剂峰进入离子室使灯丝烧毁,该参数用于保护灯丝。起始时间应比溶剂切割时间迟 0.5~1 min。因灯丝刚点燃时不稳定,还可能释放出一些吸附或残留在灯丝上的化合物,以排除这些影响。结束时间定为结束扫描时间,小于或等于气相色谱程序时间。

(3)实时分析

将选择后各参数值送到气相色谱或质谱后,仪器即按设定条件进行操作。在实时分析过程中,注意观察有关情况,异常时需调整。如果此次分析无意义,可提前停止运行。如分析原设定时间不够,可随时延长分析时间,但必须在自动结束前置入。在分析运行期间,可随时实时分析数据等。

(4)数据处理

计算机对谱图进行处理。对定性鉴定而言,通常是扣除本底,进行谱图检索和解析。

①扣除本底。由于柱流失、未完全分离等原因,得到的质谱图直接检索相似度很差,必须扣除本底,即作谱图相减处理,还原被测组分质谱图的原貌再进行谱库检索,相似度可大大提高。

②谱图检索和解析。直接调用质谱图进行检索,得出相似度或匹配度报告,也可用物

质在质谱中的断裂规律对谱图进行人工解析。

15.2.6　定量分析

质谱定量一般采用选择离子扫描(SIM)方式,定量方法有外标和内标等方法。

①对 TIC 中欲定量组分进行定性鉴定,确保样品中有被定量组分存在。

②确定用于定量的特征离子。

③作标准样品校准曲线。

④实际样品分析。

15.3　操作规程与日常维护

15.3.1　气质联用仪操作规程

【开机准备】

①根据实验要求,选择合适的色谱柱,气路连接正确无误,并打开载气检漏。

②开启载气(氦气)钢瓶总阀,缓慢调节减压阀使其输出压力为 0.5 MPa。

【开机】

①打开计算机,依次打开 GC、MSD 电源(若 MSD 真空腔内已无负压则应在打开 MSD 电源的同时用手向右侧推真空腔的侧板直至侧面板被紧固地吸牢),等待仪器自检完毕。

②桌面双击 GC-MS 图标,进入 MSD 化学工作站。仪器控制界面下,单击视图菜单,选择调谐及真空控制进入调谐与真空控制界面,在真空菜单中选择真空状态,观察真空泵运行状态,此仪器真空泵配置为分子涡轮泵,状态显示涡轮泵转速应很快达到 100%,否则,说明系统有漏气,应检查侧板是否压正、放空阀是否拧紧、柱子是否接好。

③调谐:调谐应在仪器至少开机 2 h 后方可进行,若仪器长时间未开机为得到好的调谐结果将时间延长到 4 h 以上。

④参数设置:从方法菜单中选择编辑完整方法项,选中除数据分析外的三项,点击确定,编辑数据采集方法。包括气相和质谱参数。

⑤采集数据:点击 GC-MS 图标,在方法文件夹中选择所要的方法。

【关机】

在操作系统桌面双击 GC-MS 图标进入工作站系统进入“调谐和真空控制”界面选择“放空”,在跳出的画面中点击确定进入放空程序。仪器采用的是涡轮泵系统,需要等到涡轮泵转速降至 10%以下,同时离子源和四极杆温度降至 100℃以下,大概 40 min 后退出工作站软件,并依次关闭 MSD、GC 电源,最后关掉载气。

常用气质联用仪的具体操作规程和虚拟仿真视频可扫描二维码获得。

(1) Agilent 7890-5975 气质联用仪操作规程与虚拟仿真视频

操作规程

虚拟仿真视频

（2）岛津 QP 2010 气质联用仪操作规程

15.3.2　气质联用仪的日常维护

气质联用仪可以看作是气相色谱仪加上质量检测器的组合。它常出的问题也是两者相加。

（1）仪器涉及的密闭性问题

气质联用仪是一个气体运行的系统，因而仪器的密封性相当重要。

①换柱：毛细管柱进入质谱腔中的长度不适当，太长或太短都不行。

②垫圈要松紧合适，太松会有漏气的隐患，太紧则会压碎垫圈，而且在经常性使用仪器的情况下建议一周换一次垫圈。

③清洗离子源时，打开腔体要注意其密封性。

（2）色谱柱的使用与保存

①色谱柱使用时应注意说明书中标明的最低和最高温度，不能超过色谱柱的温度上限使用，否则会造成固定液流失，还可造成对检测器的污染。要设定最高允许使用温度，如遇人为或不明原因的突然升温，GC 会自动停止升温以保护色谱柱。氧气、无机酸碱和矿物酸都会对色谱柱固定液造成损伤，应杜绝这几类物质进入色谱柱。

②色谱柱拆下后通常将色谱柱的两端插在不用的进样垫上，短时间保存可放于干燥器中。

③色谱柱的安装：色谱柱的安装应按照说明书操作，切割时应用专用的陶瓷切片，切割面要平整。不同规格的毛细管柱选用不同大小的石墨垫圈，注意接进样口一端和接质谱一端所用的石墨垫圈是不同的，不能混用。进入进样口一端的毛细管长度要根据所使用的衬管而定，仪器公司提供了专门的比对工具，同样，进入质谱一端的毛细管长度也需要用仪器公司提供的专门工具比对。柱接头螺帽不要上得太紧，太紧了压碎石墨圈反而容易造成漏气，一般用手拧紧后再用扳手紧四分之一圈即可。接质谱前先开机让柱末端插入盛有有机溶剂的小烧杯，看是否有气泡溢出且流速与设定值相当。严禁无载气通过时高温烘烤色谱柱，以免造成固定液被氧化流失而损坏色谱柱。

(3)离子源和预杆的清洗

清洗前先准备好相关的工具及试剂,然后打开机箱,小心地拨开与离子源连接的电缆,拧松螺丝,取下离子源。取预杆之前先取下主四极杆,竖放在无尘纸上,再取下预杆待洗。注意整个操作过程一要小心谨慎,二要避免灰尘进入腔体。将离子源各组件分离,在离子源的所有组件中,灯丝、线路板和黑色陶瓷圈是不能清洗的。而离子盒及其支架、三个透镜、不锈钢加热块及预杆需要用氧化铝擦洗,将600目的氧化铝粉用甘油或去离子水调成糊状,用棉签蘸着擦洗,重点擦洗上述组件的内表面,即离子的通道。氧化铝擦洗完毕后,用水冲净,然后分别用去离子水、甲醇、丙酮浸泡,超声清洗,待干后组合好离子源,先安装好预杆、四极杆,最后小心装回离子源,盖好机箱,清洗完毕。

15.4　实验

实验1　天然产物提取物中挥发性成分的气质联用分析

【实验目的】

①了解天然产物中挥发性成分的组成及水蒸气蒸馏提取方法。

②学习用气—质联用仪分析天然产物中挥发性(油)成分的方法。

③初步掌握工作站中相关参数设定、编辑分析方法并对结果进行谱图解析,剖析所分析物质的结构组成。

【实验原理】

气质联用技术是在气相色谱分离的基础上,利用质谱作检测器(MSD),可以得到不同时刻的质谱信息,灵敏度高,选择性好,给定性、定量分析带来方便。在气质联用中,质谱检测器采集数据有两种模式:SCAN(全扫描)和SIM(选择离子监测),其中SCAN连续扫描采集选定质荷比范围内所有离子的信号,可以获得化合物的质谱图,通过自动检索能够得到化合物的结构,常用于定性分析,峰形及灵敏度稍差,而SIM只监测采集某几个所选的特征离子的信号,灵敏度高,峰形好,主要用于定量分析。

天然产物中的挥发性混合物经过气相色谱被分离成不同组分,分别进入质谱,经过离子源每一组分样品分子被电离成不同质荷比离子,这些离子经过质量分析器即按质荷比大小顺序排成谱,检测器检测后得到质谱,经计算机采集并储存,再经过适当处理即可得到样品的色谱图、质谱图,计算机检索后可得到每个组分的鉴定结果。本实验首先对样品作SCAN分析,以获得每个化合物的质谱图,通过检索进行定性分析,并选择每个化合物的特征离子(一般选丰度较高的),利用所选的特征离子作SIM分析,并比较SCAN和SIM的异同。

【仪器与样品】

①仪器:气相质谱联用仪,毛细管气相柱,微量进样器(10 μL)。

②试剂及原料:乙醚、乙酸乙酯、无水硫酸钠等;原料为生姜、洋葱或油脂类作物干燥粉

碎,过 40 目筛。

③样品制备:将干燥粉碎过 40 目筛的生姜、洋葱或其他香辛料类作物粉末,经水蒸气蒸馏或别的提取方式提取原料中的挥发性成分,无水硫酸钠脱水,无水乙醇溶解制得适当浓度样品。

【实验步骤】

①打开桌面上的工作站。

②设定工作条件。推荐工作条件如下。

色谱参数:进样口 250℃,分流进样,分流比 30:1,接口温度 280℃,程序升温:起始温度:60℃,保持 3 min;然后以 15℃/min 升到 250℃,保持 2 min,载气:恒流 1.0 mL/min,真空补偿;进样量:0.2 μL;

质谱参数:溶剂延迟 3 min,离子化方式:EI;SCAN:45~450 质量数,SIM:自选参数。

③仪器稳定后作自动调谐。

④调谐完成后,采用 SCAN 方式采集样品的色谱图。分析时先设定样品类型、样品名、样品文件保存路径、方法文件等。然后点击控制图标 run sample,等待色谱以面板上 ready 控制灯绿灯亮时,即可进样。

⑤色谱条件的优化:根据样品的分离情况逐步改变程序升温条件,优化气相分离色谱条件,建立一个尽可能优化的 GC 分析条件来测定天然产物中萃取出来的香味成分。

⑥优化完成后,分别用 SCAN 及 SIM 采集样品的色谱图。

【数据处理】

①利用质谱图对色谱流出曲线上的每一个色谱峰对应的化合物进行定性鉴定。

②通过气质工作站检索各色谱峰可能的结构,讨论、比较两种方法的差异及特点。

【思考题】

①GC-MS 联用系统一般有哪几个部分组成?

②GC-MS 联用中要解决哪些问题?常用的接口有哪几种?

③质谱仪的主要功能是什么?如何达到这个目的?

④气质联用还可以用于哪些领域或方面?

⑤讨论 SCAN 和 SIM 两种方法的差异及特点。

⑥溶剂延迟的作用是什么?

⑦调谐的作用是什么?

【注意事项】

①正确选择合适的色谱柱;注意样品不能含水,样品中沸点不能超过 300℃;进样前要对样品进行净化;进样浓度不要超过 0.001‰;每次实验记录氦气的压力。

②GC-MS 的检测器等部件必须要定期清洁,定期更换隔垫、衬管和石墨垫等易耗品。

③谱图检索的结果并非定性分析的唯一方法,匹配度大小只代表可能性大小,如要确切的结构需要进一步借助其他仪器。

实验2　空气中有机污染物的分离及测定

【实验目的】

①学习并掌握一种配制标准气体的方法。

②学习利用气质联用仪分离及鉴别空气中的有机污染物。

③了解采用外标法进行定量检测的基本原理及操作方法。

【基本原理】

苯及甲苯等都是化工生产、油漆车间、化学实验室中常用的有机溶剂。当这些物质在空气中的浓度较大时,会对工作人员的身体造成一定的伤害。因此,对于空气中苯及甲苯等的允许浓度都有着严格的规定,例如,在空气中的最高允许浓度为苯 5 mg/m^3、甲苯 100 mg/m^3。

在 GC-MS 联用法中,不但可以得到定性的信息,同时也可以得到目标化合物的定量结果。质谱选择离子检测法是一种高灵敏度检测法,与全谱扫描法相比,其灵敏度高出了三个数量级。因此,GC-MS 联用法是一种很实用的定量测定痕量组分的方法。

首先选定欲测定目标化合物的质量范围,然后用单离子检测法或多离子检测法进行测定。不管采用哪一种方式,都有外标法和内标法之分。

外标法定量:取一定浓度的外标物,在 GC-MS 合适的条件下,对其特征离子进行扫描,记下离子峰面积,以峰面积对样品浓度绘制校正曲线。在相同条件下,对未知样品进行 GC-MS 分析,然后根据校正曲线计算试样中待测组分的含量。由于样品在处理和转移过程中不可避免地存在损失及仪器条件变化会引起误差,外标法的误差较大,一般在10%以内。本实验以污染物苯的检测为例,介绍了 GC-MS 在空气中有机污染物检测中的应用。

【仪器与试剂】

①仪器:气质联用仪。

②试剂:苯,乙醚,均为分析纯。

【实验步骤】

①0.01 mg/mL 苯标准液的配制:用微量进样器吸取苯 11.3 μL(合计 10mg),置于 10 mL 容量瓶中,用乙醚稀释至刻度,混匀。再吸取此溶液 100 μL 置于另一 10 mL 容量瓶中,用乙醚稀释至刻度,混匀。此时,制得的溶液中苯的含量为 0.01 mg/mL。

②实验条件的设置:开启 GC-MS,抽真空、检漏、设置实验条件(色谱仪进样口温度60℃;柱温初始 40℃保持 1 min,然后梯度升温到 50℃,升温速度为 10℃/min,最后在 50℃保持 1 min;质谱扫描范围为 15~250 amu)。

③空气样品中苯的测定。

A. 标准曲线外标定量法。

在 100 mL 注射器中先放置一直径约 2 cm 的锡箔,吸取洁净空气约 10 mL,在注射器口套一个小胶皮帽。用一支 100 μL 微量进样器吸取上述苯标准液 10 μL,从胶帽处注入

100 mL 注射器中。抽动注射器活塞使管内形成负压，从而让注入的液体迅速气化。将针筒倒立，去掉胶帽，抽取洁净空气至 100 mL，再戴好胶帽，反复摇动针筒，使其混合均匀。此时，注射器内气体中苯的含量为 1 mg/m³。重复上述操作，配制一系列混合标准气体，其中苯的含量分别为 0 mg/m³、1 mg/m³、2 mg/m³、4 mg/m³、6 mg/m³、8 mg/m³、10 mg/m³。

直接用 100 mL 注射器在现场采样。采样前先用现场气抽洗进样器 3~5 次，采样后迅速在注射器口套一个小胶皮帽。

依次分别吸取上述各标准气体及现场气体 1 mL 进样，记录色谱、质谱图。注意每做完一种气体，需用后一种待进样气体抽洗进样器 9~10 次。

在程序设置窗口设立定量检测条件，将检测方式设定为外标法。应用设置的定量检测条件对上述标准样品及未知样品重新运行序列。并从定量浏览窗口查看运行结果。

B. 定点计算外标定量法。

其基本操作与标准曲线外标定量法基本相同，所不同的是只使用一种标准气体，但要保证标准气体与样品气的峰高近似。

【数据处理】

(1)标准曲线外标定量法

将标准样品中苯的浓度及相应峰面积列于表 15-1 中。

表 15-1　标准样品中苯的浓度及相应峰面积

样品编号	苯含量 $c/(mg \cdot m^{-3})$	峰面积 A
空白	0	
标样 1	1	
标样 2	2	
标样 3	4	
标样 4	6	
标样 5	8	
标样 6	10	
未知样品		

根据表中数据绘制苯浓度 c-峰面积 A 标准曲线图，并根据未知样品中苯的峰面积 A 于标准曲线上查出相应的浓度。

(2)定点计算外标定量法

计算标准气体中苯的浓度如式(15-1)所示。

$$c_{标}(mg/m^3) = \frac{V \times 0.01}{10} \times 10^3 = V \tag{15-1}$$

式中：V——配制标准气体时加入的苯标准液体积，μL。

计算样品气中苯的含量如式(15-2)所示。

$$c_{标}(mg/m^3) = \frac{A_{样}}{A_{标}} \times c_{标} \tag{15-2}$$

式中：$A_{样}$——样品气中苯的峰面积，mm^2；

$A_{标}$——标准气中苯的峰面积，mm^2。

比较上述两种方法的结果。

【思考题】

①用 GC-MS 法定量分析与 GC 法定量分析有什么相同及不同之处？

②外标法定量分析中误差的来源在哪里？

③无论是在标准气体还是在样品气体的色谱图中，都存在氧气的峰，那么能否以氧气为内标物进行定量分析？

【注意事项】

①在配制标准气体时应该考虑样品气中待测组分的含量。如果采用标准曲线外标定量法时，应该尽量使样品气中待测组分的含量处于标准序列的内部；如果采用定点计算外标定量法时，应该尽量使标准气体与样品气的峰高近似。

②采样和配制标准样品时要注意容器器壁的吸附作用，为了减少吸附作用，可以针对样品性质对器壁作适当处理。

实验3 气相色谱—质谱法测定食品中有机磷农药残留量

【实验目的】

①掌握气相色谱—质谱仪的工作原理及使用方法。

②学习食品中有机磷农药残留的气相色谱—质谱法测定过程。

③了解有机磷农药残留对人体的危害？

【实验原理】

有机磷农药主要用于防治植物病、虫、草害，多为油状液体，有大蒜味，挥发性强，微溶于水，遇碱破坏。其在农业生产中的广泛使用，导致农作物中发生不同程度的残留，被污染后的农作物被动物食用后会在动物体内富集。有机磷农药对人体的危害以急性毒性为主，多发生于大剂量或反复接触之后，会出现一系列神经中毒症状，如出汗、震颤、精神错乱、语言失常，严重者会出现呼吸麻痹，甚至死亡。故对农产品特别是动物源食品中机磷农药残留量的测定为保证人们身体健康具有重要意义。

动物源食品中残留的有机磷农药经水—丙酮溶液提取、二氯甲烷液—液分配，凝胶色谱柱净化，再经石墨化炭黑固相萃取柱净化，采样气相色谱—质谱检测，使用外标法进行定量分析。

【仪器与试剂】

①仪器：气相色谱—质谱仪（配有电子轰击源），电子天平，凝胶色谱仪，组织捣碎机，旋转蒸发仪。

②试剂：丙酮，二氯甲烷，环己烷，乙酸乙酯，正己烷，氯化钠，敌敌畏、二嗪磷、皮蝇磷、杀螟硫磷、马拉硫磷、毒死蜱、倍硫磷、对硫磷、乙硫磷、蝇毒磷 10 种标准品（纯度

均≥95%)。

无水硫酸钠:650℃灼烧 4 h,贮于密封容器中备用。

氯化钠水溶液(5%):称取 5.0 g 氯化钠,用水溶解,并定容至 100 mL。

乙酸乙酯—正己烷(1+1,V/V):量取 100 mL 乙酸乙酯和 100 mL 正己烷,混匀。

环己烷—正己烷(1+1,V/V):量取 100 mL 环己烷和 100 mL 正己烷,混匀。

用丙酮分别配制成浓度为 100~1000 g/mL 的标准储备溶液。根据需要再用丙酮逐级稀释成适用浓度的系列混合标准工作溶液。保存于 4℃冰箱内。

③材料:氟罗里硅土固相萃取柱:Florisil,500 mg,6 mL,或相当者;石墨化炭黑固相萃取柱:ENVI-Carb,250 mg,6 mL,或相当者,使用前用 6 mL 乙酸乙酯—正己烷预淋洗;0.45μm 有机相微孔滤膜;60~80 目石墨化炭黑。

【实验步骤】

(1)样品处理

称取解冻后的试样 20 g(精确到 0.01 g)于 250 mL 具塞锥形瓶中,加入 20 mL 水和 100 mL 丙酮,均质提取 3min。将提取液过滤,残渣再用 50 mL 丙酮重复提取一次,合并滤液于 250 mL 浓缩瓶中,于 40℃水浴中浓缩至约 20 mL。

将浓缩提取液转移至 250 mL 分液漏斗中,加入 150 mL 氯化钠水溶液和 50 mL 二氯甲烷,振摇 3 min,静置分层,收集二氯甲烷相。水相再用 50 mL 二氯甲烷重复提取两次,合并二氯甲烷相。经无水硫酸钠脱水,收集于 250 mL 浓缩瓶中,于 40℃水浴中浓缩至近干。加入 10 mL 环己烷—乙酸乙酯溶解残渣,用 0.45 μm 滤膜过滤,待凝胶色谱(GPC)净化。

(2)凝胶色谱(GPC)净化

将 10 mL 待净化液用农残专用柱 Bio Beads S-X3 或其他性能类似的色谱柱,在流动相为乙酸乙酯—环已烷(1+1,V/V)、流速 4.7 mL/min、预淋洗时间 10 min、凝胶色谱平衡时间 5 min 下进行净化,收集 23 ~31 min 区间的组分,于 40℃下浓缩至近干,并用 2 mL 乙酸乙酯—正己烷溶解残渣,待固相萃取净化。

(3)固相萃取(SPE)净化

将石墨化炭黑固相萃取柱(对于色素较深试样,在石墨化炭黑固相萃取柱上加 1.5 cm 高的石墨化炭黑)用 6 mL 乙酸乙酯—正己烷预淋洗,弃去淋洗液;将 2 mL 待净化液倾入上述连接柱中,并用 3 mL 乙酸乙酯—正己烷分 3 次洗涤浓缩瓶,将洗涤液倾入石墨化炭黑固相萃取柱中,再用 12 mL 乙酸乙酯—正己烷洗脱,收集上述洗脱液至浓缩瓶中,于 40℃水浴中旋转蒸发至近干,用乙酸乙酯溶解并定容至 1.0 mL,供气相色谱—质谱测定和确证。

(4)样品的测定

①气相色谱—质谱参考条件。

色谱柱:30 m×0.25 mm,膜厚 0.25 μm,DB-5 MS 石英毛细管柱,或相当者;色谱柱温度:50℃(2 min)、30℃/min,180℃(10 min)、30℃/min,270℃(10 min);进样口温度:280℃;色谱—质谱接口温度:270℃;载气:氦气,纯度≥99.999%,流速 1.2 mL/min;进样量:1 μL;

进样方式：无分流进样，1.5 min 后开阀；电离方式：EI；电离能量：70 eV；测定方式：选择离子监测方式；选择监测离子（m/z）：参见表 15-2；溶剂延迟：5 min；离子源温度：150℃；四级杆温度：200℃。

表 15-2　选择离子监测方式的质谱参数表

通道	时间 t_R/min	选择离子/amu
1	5.00	109,125,137,145,179,185,199,220,270,285,304
2	17.00	109,127,158,169,214,235,245,247,258,260,261,263,285,286,314
3	19.00	153,125,384,226,210,334

②气相色谱—质谱测定与确证。

根据样液中被测物含量情况，选定浓度相近的标准工作溶液，对标准工作溶液与样液等体积参插进样测定，标准工作溶液和待测样液中每种有机磷农药的响应值均应在仪器检测的线性范围内。

如果样液与标准工作溶液的选择离子色谱图中，在相同保留时间有色谱峰出现，则根据每种有机磷农药选择离子的种类及其丰度比进行确证。

【数据处理】

试样中每种有机磷农药残留量按式（15-3）计算。

$$X_i = \frac{A_i \times c_i \times V}{A_{is} \times m} \tag{15-3}$$

式中：X_i——试样中每种有机磷农药残留量，mg/kg；

A_i——样液中每种有机磷农药的峰面积（或峰高）；

A_{is}——标准工作液中每种有机磷农药的峰面积（或峰高）；

c_i——标准工作液中每种有机磷农药的浓度，μg/mL；

V——样液最终定容体积，mL；

m——最终样液代表的试样质量，g。

注：计算结果须扣除空白值，测定结果用平行测定的算术平均值表示，保留两位有效数字。

【思考题】

①气相色谱—质谱法和气相色谱法测定食品中农药残留量有何优缺点？

②如何检验该实验方法的准确度？如何提高检测结果的准确度？

③进出口食品中农药残留的测定对食品安全、国际贸易的意义。

【注意事项】

①本方法适用于动物源食品中 10 种有机磷农药残留量（敌敌畏、二嗪磷、皮蝇磷、杀螟硫磷、马拉硫磷、毒死蜱、倍硫磷、对硫磷、乙硫磷、蝇毒磷）的气相色谱—质谱检测。主要用于清蒸猪肉罐头、猪肉、鸡肉、牛肉、鱼肉中有机磷农药残留量的测定和确证，其他食品可参照。

②本方法对食品中 10 种有机磷农药残留量的定量限见 GB 23200.93—2016。

③本方法对不同食品 10 种有机磷农药残留量的回收率如下。

清蒸猪肉罐头中 10 种有机磷农药在 0.02~1.00 mg/kg 时,回收率为 70.0%~94.9%。

猪肉中 10 种有机磷农药在 0.02~1.00 mg/kg 时,回收率为 71.2%~97.1%。

鸡肉中 10 种有机磷农药在 0.02~1.00 mg/kg 时,回收率为 74.3%~94.8%。

牛肉中 10 种有机磷农药在 0.02~1.00 mg/kg 时,回收率为 70.6%~96.9%。

鱼肉中 10 种有机磷农药在 0.02~1.00 mg/kg 时,回收率为 76.3%~93.3%。

15.5 知识拓展与典型应用

15.5.1 气相色谱—质谱联用技术发展史话

气相色谱—质谱联用技术(Gas Chromatography Mass Spectrometry,简称气质联用,GC-MS)是一种结合气相色谱和质谱的特性在试样中鉴别不同物质的方法。GC-MS 的使用包括药物检测、火灾调查、环境分析、爆炸调查和未知样品的测定。GC-MS 也可用于为保障机场安全测定行李和人体中的物质。另外,GC-MS 还可以用于识别物质中在未被识别前就已经蜕变了的痕量元素。

20 世纪 50 年代,质谱仪作为气相色谱的检测器由 Roland Gohlke 和 Fred McL afferty 首先开发。当时所使用的敏感的质谱仪体积庞大、容易损坏,只能作为固定的实验室装置使用。价格适中且小型化的电脑的开发为这一仪器使用的简单化提供了帮助,并且大幅降低了分析样品所花的时间。1964 年,美国电子联合公司(Electronic Associates Incorporated 简称 EAI)在 Robert E Finnigan 的指导下开始开发电脑控制的四极杆质谱仪。到了 1966 年,Finnigan 和 Mike Uthe 的 EAI 分部合作售出 500 多台四极杆残留气体分析仪。1967 年,Finnigan 仪器公司(Finnigan Instrument Corporation,简称 FIC)组建就绪,1968 年初就给斯坦福大学和普渡大学提供了第一台 GC-MS 的最早雏形。FIC 最后重新命名为菲尼根公司(Finnigan Corporation),并且继续保持世界 GC/MS 系统研发、生产的领先。

1966 年,当时最尖端的高速 GC-MS (the top of the line high speed GC MS units)单元在不到 90 s 的时间里,完成了火灾助燃物的分析,然而,如果使用第一代 GC-MS 至少需要 16 min。到 2000 年,使用四极杆技术的电脑化的 GC-MS 仪器已经是化学研究和有机物分析必不可少的仪器。今天电脑化的 GC-MS 仪器被广泛地用在水、空气、土壤等的环境检测中,同时也用于农业调控、食品安全及医药产品的发现和生产中。

15.5.2 气相色谱—质谱联用技术的应用

①在食品、饮料和香水分析方面。食品和饮料中包含大量芳香化合物。一些是天然就存在于原材料中的,另一些是在加工时形成的。GC-MS 广泛地用于分析这些化合物,它们包括:酯、脂肪酸、醇、醛、萜类等。GC-MS 也用于测定由于腐坏和掺假所造成的污染物,这

些污染物可能是有害的，而且常常由政府有关部门对其实行控制（如杀虫剂等）。

②在环境方面。GC-MS 正在成为跟踪持续有机物污染所选定的工具。GC-MS 设备的费用已经显著降低，并且其可靠性也逐渐提高。这样就使该仪器更适合用于环境监测。GC-MS 能非常敏感和有效地对大多数环境样品的有机物进行分析，包括多种主要类型的杀虫剂。

③在医药方面。先天性代谢缺陷（inborn error of metabolism, IEM），现在可以通过新生儿箱试验检测，特别是使用 GC-MS 进行监测。GC-MS 可以测定尿中的化合物，甚至该化合物在非常小的浓度下都可被测出，这些化合物在正常人体内不存在，出现在患代谢疾病的人群中。因此，该方法日益成为早期诊断 IEM 的常用方法，这样及早指定治疗方案。目前能用 GC-MS 在出生时通过尿液监测测出 100 种以上遗传性代谢异常。

④在刑事鉴识方面。GC-MS 分析人身体上的小颗粒帮助将罪犯与罪行建立联系。用 GC-MS 进行火灾残留物分析的方法已经很好地确立起来。甚至美国试验材料学会确定了火灾残留物的分析标准。在这种分析中，GC-MS 特别有用，因为试样中常含有非常复杂的基质，并且，法庭上使用的结果要求有高的精确度。GC-MS 在麻醉毒品的检测方面的应用逐渐增多，甚至，最终会取代嗅药犬。GC-MS 也普遍应用于刑侦毒理学，在嫌疑人、受害者或死者的生物标本中发现药物和毒物。

⑤在体育反兴奋剂分析方面。GC-MS 也适用于反兴奋剂实验室，成为在运动员的尿样中测试是否存在被禁用的体能促进类药物。例如，测定合成代谢类固醇类药物。

⑥在社会安全方面。开发的爆炸物监测系统已经成为全美国飞机场设施的一部分，这些监测系统的操作依赖大量的技术，其中，许多基于 GC-MS。

第 16 章　液相色谱—质谱联用分析法

液相色谱—质谱联用分析法(HPLC-MS)将高效液相色谱与质谱串联成为整机使用的,以高效液相色谱为分离手段,以质谱为鉴定工具的一种分离分析检测技术,改善了传统液相检测器灵敏度和选择性不够的缺陷,提供了可靠、精确的相对分子量及结构信息,使得试验步骤得到了简化,以及节省了大量的样品准备时间和分析时间。随着现代化科学技术的不断发展,HPLC-MS 联用技术将在不断更新,更加精密的化合物分析质谱法——电喷雾离子化质谱法(ESI-MS)和大气压化学电离源质谱法(APCI-MS)应运而生,并广泛应用于地质学、矿物学、地球化学、核工业、材料科学、环境科学、医学卫生、食品化学和石油化工等领域,以及空间技术和公安工作等特种分析方面。

16.1　仪器组成与工作原理

液相色谱—质谱联用仪(简称液质联用仪)主要由液相色谱系统、进样接口、离子源、质量分析器、检测器、真空系统和计算机控制及数据处理系统等组成。如图 16-1 所示。质谱分析法是将物质离子化,并按照质荷比分离,通过测量各离子峰的强度达到分析目的。以检测器检测到的离子信号强度为纵坐标,离子质荷比为横坐标,所作的条状图就是常见的质谱图。

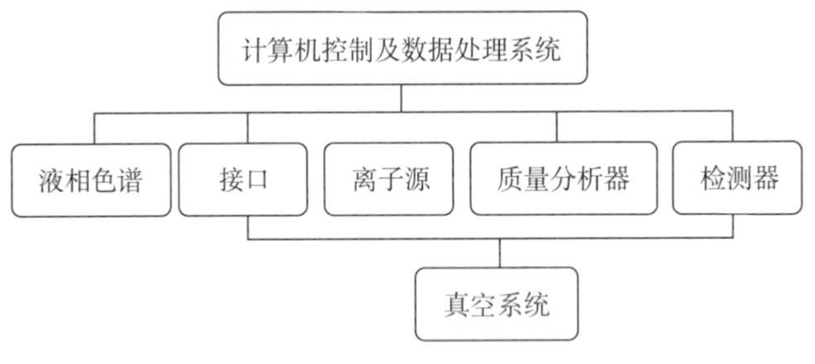

图 16-1　HPLC-MS 仪结构示意图

16.2　实验技术与条件优化

16.2.1　离子源的选择

ESI 是最软的电离技术,适合分析中极性、强极性化合物分子,尤其是在溶液中能预先形成离子的化合物和可获得多个质子的大分子。APCI 也为软电离技术,适合分析弱极性小分子物质，不适合分析带多个电荷的大分子。

16.2.2 正、负离子模式的选择

正离子模式用于分析碱性样品，样品由甲酸或乙酸酸化后进行分析。样品中含仲氨或叔氨的应优先考虑使用正离子模式。负离子模式用于分析酸性样品，由三乙胺或氨水碱化样品后分析，适合分析含较多强负电性基团的样品，如含氯、含溴或多个羟基时可尝试使用负离子模式。

16.2.3 流动相的选择

常用的流动相为甲醇、乙腈、水及不同比例的混合物，或一些易挥发盐的缓冲液，还可通过加入酸、碱调节 pH 值。LC-MS 接口须避免进入不挥发性、含磷和氯的缓冲液；流动相中含钠和钾的成分应<1 mmol/L，醋酸铵<5 mmol/L，甲酸<2%，三乙胺<1%，三氟乙酸 0.5%。进样前，为达到基本分离，应摸好液相条件，且缓冲体系应符合质谱要求。

16.2.4 流量和色谱柱的选择

不加热 ESI 目前一般用 1~2.1 mm 内径微柱，最佳流速 1~50 μL/min；采用内径 4.6 mm 的 LC 柱时要求柱后分流。APCI 常规使用直径 4.6 mm 的色谱柱，最佳流速 1 mL/min；小于 100 mm 的短柱可提高分析效率，节省定量分析的时间。

16.3 操作规程与日常维护

16.3.1 液质联用仪操作规程

【开机准备】

①根据实验要求，选择合适的色谱柱，检查电源是否连接好。

②流动相：配制所需流动相，并且放入超声波中脱气 10 min 以上。

③标准或样品：按要求对样品进行前处理，配制好标准。

④检查氮气气源压力不低于 $6\sim7\times10^5$ Pa；机械泵中的泵油不得低于最低线。

【开机】

①开机顺序：打开机械泵上的电源开关；打开氮气发生器电源开关；机械泵工作至少 15 min 后，打开质谱电源开关，等系统真空到达 $1\times10^{-3}\sim3\times10^{-3}$ Pa 后才可以正常操作仪器扫描；打开液相色谱和电脑开关（液相开机顺序：柱温箱、泵、自动进样器、检测器）。

②桌面双击 LC-MS 工作站，进入工作站，设置各种参数。

③分别编辑 UPLC 和 MS（MS Tune 和 MS Method）方法。

④待运行正常后，用标准进行质谱调谐，优化质谱条件。

⑤创建样品表:将标样和待测样品装入进样小瓶后,放入样品盘中,要确认样品盘和样品瓶的位置正确,样品瓶的必须盖盖。自动进样时,不要开启进样门。

⑥按要求进样,并同时打开质谱仪记录实验数据。

【关机】

①清洗源:停止 UPLC 泵,然后将流动相改为 90% 的乙腈,流速 0.2 mL/min,冲洗 20 min。

②冲洗色谱柱:换上适当的清洗溶剂,冲洗管路,一般先用水/有机溶剂,再用纯的有机溶剂冲洗色谱柱 20~30 min。

③关闭质谱部分:关闭主机电源停止真空泵;机械泵继续工作至少 15 min 后关闭机械泵电源;关闭氮气发生器;关闭计算机、显示器电源系统。

16.3.2 液质联用仪的日常维护

①清洁仪器:定期对仪器外表面特别是凹角部位做深度清洁,可使用软布擦拭仪器表面灰尘,包括键盘,如有必要可使用水、乙醇溶液和其他实验室常用清洁剂。

②开机注意事项:应按仪器要求使用合适的电压,建议使用不间断电源,如发生断电,不管任何原因造成的,首先都要关闭仪器的电源开关,等待供电恢复 10 min 以后再开电源,否则有可能烧毁电路板。

③流动相的要求:每次开机前,保证超纯水和流动相是新鲜的,泵的各个管路不应余留上次残留的溶剂。流动相需符合 HPLC 与 LC-MS 要求等级,流动相中尽量加易挥发的盐,尽量不使用表面活性剂之类,否则容易导致离子抑制,表面活性剂产生的加合物和离子簇会干扰质谱数据。如果遇到离子抑制,可以把样品峰往后推或者改变提取方法,或者考虑用 APCI 源。尽量不使用无挥发性的缓冲剂,例如,磷酸缓冲剂、磷酸盐及其他不挥发缓冲盐在离子源会沉淀并堵塞毛细管等。另外,液质不能承受过大流速,溶剂瓶避免阳光直射。清洗溶剂过滤头,用 35%浓硝酸溶液浸泡 1 h,可使用超声清洗或按照设备厂家推荐的技术方法进行处理。

④样品的要求:保证样品的清洁,进样前使用 0.22 μm 的滤膜滤过,避免样品太脏而堵塞色谱柱或离子源的毛细管;样品溶剂必须是色谱纯,最好和流动相比例一致;进样浓度不宜太高,因为太高浓度的样品容易污染灵敏度高的仪器,进而影响检验结果。由于液质的流速较小(ESI 一般为 0.2 mL/min),所以配置样品的溶剂强度不能太大,尽量小于起始比例,否则,会出现保留时间偏移、峰形扭曲等问题。

⑤色谱柱系统的维护:在色谱操作过程中,需要注意下列问题:a. 色谱柱的选择会直接影响混合物中组分的分离,所以一定要选用合适的色谱柱,在使用新柱前要在自己的液相色谱仪上进行性能测试,即使用色谱柱附带的检验报告中测试条件和样品来测定该色谱柱的柱效,并且在以后的使用中,应时常对色谱柱进行测试。b. 柱子在使用过程中,不能碰撞、弯曲或强烈震动;避免压力和温度的急剧变化,机械振动和温度的突然变化都会影响柱

内的填充状况；柱压的突然升高或降低也会冲动柱内填料，因此在调节流速时应该缓慢进行。c. 当柱子和色谱仪连接时，阀件或管路一定要清洗干净，样品前处理对于柱子使用寿命影响甚大，进样样品要提纯过滤并且严格控制进样量，可以使用保护柱。d. 注意色谱柱的 pH 值使用范围，不能高温下过长时间使用硅胶键和相；每天分析工作结束后，都要用适当的溶剂来清洗柱子。若分析柱长期不使用，应用适当有机溶剂保存并封闭。

⑥质谱部分的维护：质谱部分的维护一般可以按照以下日程进行。每天冲洗样品通路、清洁喷雾式；每周检查粗真空泵油的液面，更换粗真空泵油，检查软管、软线和电缆，清空排污瓶可以每半年进行一次；另外在日常的试验中，根据试验需要清洁机壳，更换喷雾针，清洁或更换整个毛细管、分离器及透镜。重要的是每天冲洗系统和清洁喷雾室。毛细管和第一级锥孔要尽可能洁净。6 个月更换机械泵油，需要时更换电子倍增器。

⑦锥孔的清洁维护：定期清洗一级锥孔，一般两周清洗一次，若进样数量较大，则尽量一周清洗一次，根据样品数量多少及时清洗。清洗时将离子源温度降到室温，注意关闭阻断阀，旋开固定锥孔的两个螺丝，取下锥孔滴甲酸数滴，浸润几分钟，在甲醇∶水为 50∶50 溶剂中超声清洗 15 min，避免手触碰锥孔尖以免影响灵敏度。长期进行一级锥孔的清洗，可相应减少较为复杂的二级锥孔、六级杆等的清洗，这些清洗相对复杂，在进行相关部件清洗时避免用棉花等擦拭关键部位，避免残留的毛绒纤维干扰仪器的灵敏度。

⑧粗真空泵的维护：真空泵包括需油的回转泵及无油的涡旋泵，真空泵需注意观察润滑油是否出现浑浊或缺油的情况，及时更换润滑油。泵的油面宜在 2/3 处，泵长期运作时每周需要拧开；震气阀按钮进行半小时震气，使油内的杂物排出，油雾过滤器中的油放回到泵中，然后再拧紧该旋钮，如果发现油的颜色变深或液面降至 1/2 以下，需及时更换并保存更换记录，注意专油专用；无油涡旋泵，也需定期维护，一般半年到一年时更换叶端密封，每天需要震气。

⑨其他：a. 每天实验完成之后，使用 1∶1 异丙醇—水溶液清洗或擦洗离子源。注意清洗离子源时请勿将溶液喷入毛细管入口。b. 当电喷雾喷针被堵塞，针尖破损或观察到偏离轴的喷射时，就需要更换或调整。c. 检查毛细管，铂金涂层变透明时需要更换，注意检查毛细管时需要放真空，毛细管两端的铂金涂层不能用砂纸打磨；毛细管的清洗可以根据设备的要求选用可清洁丝清洗法或者清洗粉末超声清洗等，但是，如使用超声清洗时单次超声时间不能超过 15 min。d. 数据系统，需定期备份硬盘数据，进行归类整理。定期重新启动机器，将内存区域导入闪存，保证数据系统的稳定。

16.4 实验

实验 1 LC-MS 测定牛奶中的氯霉素残留量

【实验目的】

①了解液相色谱—质谱联用仪的组成部分及液相色谱—质谱联用仪的使用方法。

②了解外标法测定牛奶中的氯霉素残留量的原理。

③了解兽药残留对食品安全的风险。

【实验原理】

氯霉素是白色或无色的针状或片状结晶，易溶于甲醇、乙醇、丙醇及乙酸乙酯，微溶于乙醚及氯仿，不溶于石油醚及苯。氯霉素极稳定，其水溶液经 5 h 煮沸也不失效。奶牛作为重要的产奶来源，在饲养过程中难免会生病。奶牛生病治疗的过程中如使用了氯霉素，氯霉素在动物体内残留富集，所以牛奶中有可能会含有氯霉素。

牛奶中的氯霉素用乙酸乙酯进行提取，通过 C_{18} 固相萃取柱进行净化，净化液通过液相色谱进行分离，用带有电喷雾离子源的三重四级杆质谱仪在负离子模式下进行检测。高效液相色谱仪对样品可以起到一个很好的分离作用。质谱检测器对定性离子、定量离子进行识别，同时通过保留时间、相对离子丰度进行判别。

【仪器与样品】

①仪器：液相色谱—质谱联用仪（配电喷雾离子源），分析天平，旋涡振荡器，组织匀浆机，冷冻离心机，旋转蒸发仪，滤膜。

②试剂及原料：氯霉素标准品（含量≥97%），甲醇（色谱纯），乙腈（色谱纯），乙酸乙酯，氯化钠，正己烷，C_{18} 固相萃取柱（500 mg/3 mL，或相当者），待测样品（散称奶、袋装奶、盒装奶）。

【实验步骤】

（1）液相色谱测定条件

色谱柱：C_{18}，柱温：30℃；流速：0.3 mL/min；进样量：10 μL；运行时间：8 min；流动相：乙腈∶水=50∶50（体积比）。

（2）质谱测定条件

离子源：ESI；扫描方式：负离子模式；检测方式：多反应检测；毛细管电压：4.5 kV；雾化气温度：330℃；雾化气流速：10 L/min；数据采集窗口：8 min；驻留时间：0.3 s；定性、定量离子对及对应的锥孔电压和碰撞电压见表 16-1。

表 16-1　定性、定量离子对及对应的锥孔电压和碰撞电压

药物	定性离子对/(m/z)	定量离子对/(m/z)	锥孔电压/V	碰撞电压/V
氯霉素	321/151.6	321/151.6	120	11
	321/256.8			8

（3）标准溶液的配制

100 μg/mL 氯霉素标准储备液：精确称取氯需素标准品 10 mg 于 100 mL 容量瓶中，用甲醇溶解并稀释至刻度，配制成浓度为 100 μg/mL 的氯霉素标准储备液，在-20℃以下保存，有效期为 1 年。

100 ng/mL 氯霉素标准工作溶液：精确量取 100 μg/mL 氯霉素标准储备溶液 0.1 mL

于 100 mL 容量瓶中，用 50%乙腈溶解并稀释至刻度，配制成浓度为 100 ng/mL 的标准工作液，在 2~8℃保存，有效期为 1 个月。

（4）样品溶液的提取和净化

提取与净化：取牛奶样品（10±0.05）g 于 50 mL 离心管中，再加乙酸乙酯 20 mL，振荡、离心，收集乙酸乙酯层。再加乙酸乙酯二次提取，合并两次提取液并于 45℃水浴旋转蒸发至干。用 4%氯化钠 5 mL 溶解残留物，并加正己烷 5 mL 振荡混合，静置分层，弃去正己烷液。再加正己烷 5 mL，重复提取一次，取下层溶液进行净化。首先对 C_{18} 固相萃取柱进行活化，取提取液过柱，用 5 mL 水淋洗，抽干，用 5 mL 甲醇洗脱并收集洗脱液，于 50℃氮气吹干。用 1.0 mL 50%乙腈溶解残余物，涡旋混匀，滤膜过滤，供液相色谱质谱联用仪测定。

（5）标准曲线溶液配制

精确量取 100 ng/mL 氯霉素标准工作溶液适量，用流动相稀释，配制成浓度为 0.10×10^{-12} g/L、0.25×10^{-12} g/L、0.50×10^{-12} g/L、1.0×10^{-12} g/L、2.0×10^{-12} g/L、5.0×10^{-12} g/L 氯霉素溶液，供液相色谱—质谱联用仪测定。以特征离子质量色谱峰面积为纵坐标，标准溶液浓度为横坐标，绘制标准曲线。求回归方程和相关系数。

（6）仪器准备

提前一天开机抽真空，并按照要求参数对仪器进行设定，实验开始前平衡色谱柱 30 min，同时检查仪器各个参数是否正常，如有故障，排除故障后再进行样品测定。

（7）进样分析

分别将各标准溶液按浓度从低到高的顺序依次放入自动进样器，然后依次放入样品。在工作站界面设定序列进样，并启动色谱软件采集色谱图，记录各标准溶液和样品的出峰情况及峰面积。

【数据处理】

①确定牛奶样品中是否含有氯霉素残留。

②计算氯霉素含量。

【思考题】

①要确定牛奶中残留有氯霉素需满足哪些条件？

②质谱类型的检测器为什么需要进行质量轴矫正？

③氯霉素标准储备液为什么需要低温保存？

④氯霉素对人体的危害？

【注意事项】

①仪器使用前需确定质量轴是否有偏离。

②色谱柱压力平稳后再进行样品分析。

③样品过 CIR 固相萃取柱需缓慢进行。

实验 2　LC-MS 测定饲料中沙丁胺醇、莱克多巴胺和盐酸克仑特罗的含量

【实验目的】

①学习液相色谱—质谱联用仪的基本构造和使用方法。

②学习液相色谱—质谱联用仪测定条件的选择。

③了解采用外标法进行定量检测的基本原理及操作方法。

【基本原理】

试样经磷酸甲醇溶液提取，用固相萃取柱净化后，经反相 C_{18} 柱梯度洗脱分离，采用质谱检测器以三种物质的质量色谱峰保留时间和特征离子定性、确证，并用外标法定量。

【仪器与试剂】

①仪器：液相色谱—质谱联用仪（配电喷雾离子源），恒温水浴，涡旋混合器，酸度计（准确至 0.001），混合型阳离子交换 SPE 小柱，固相萃取（SPE）减压净化系统。

②试剂：乙腈（色谱纯），甲醇（色谱纯）。

磷酸甲醇提取液：向 3.92 g 浓磷酸中加入 200 mL 水，再用甲醇定容到 1000 mL。

2%冰醋酸溶液：10 mL 冰醋酸用水稀释至 500 mL。

1 g/L 硫化钠溶液：称取 0.250 g 硫化钠用水溶解，并定容至 250 mL。

SPE 小柱淋洗液与洗脱液：淋洗液配制时移取 9 mL 浓盐酸于 1000 mL 水中，摇匀；洗脱液配制时移取 10.00 mL 25%的氨水于 100 mL 容量瓶中，用甲醇定容。

流动相：A 液中将甲酸铵 3.65g 溶于 500mL 去离子水中，用甲酸调 pH 值至 3.80；B 液为乙腈（色谱纯）。

沙丁胺醇、莱克多巴胺和盐酸克仑特罗标准储备液：称取沙丁胺醇、莱克多巴胺和盐酸克仑特罗标准品（含量均>98%）各 50 mg 分别于 50 mL 棕色容量瓶中，用甲醇溶解，定容至刻度，于冰箱中-4℃保存。保存期 1 个月。

沙丁胺醇、莱克多巴胺和盐酸克仑特罗标准工作中间液：移取沙丁胺醇、莱克多巴胺和盐酸克仑特罗标准储备液 1.00 mL 于 100 mL 容量瓶中，用 2%冰醋酸溶液定容。

沙丁胺醇、莱克多巴胺和盐酸克仑特罗标准工作液：移取沙丁胺醇、莱克多巴胺和盐酸克仑特罗标准工作中间液各 0.50 mL、1.00 mL、5.00 mL、10.00 mL 于 100 mL 容量瓶中，用 2%冰醋酸溶液定容。

【实验步骤】

（1）试样提取

准确称取 5.0000 g 配合饲料试样（准确至 0.0001）于 50 mL 离心管，用 40 mL 磷酸甲醇提取液，振荡提取 30 min，然后于离心机上以 3000 r/min 离心 10 min。上清液倒入 100 mL 容量瓶，残渣再用上述提取液 40 mL、20 mL，重复提取 2 次。每次振摇 5~10 min，于 3000 r/min 离心 10 min 后，合并上清液于 100 mL 容量瓶中。最后用提取液定容，混匀，过滤。

（2）净化

吸取 1 mL 试样提取液滤液于 5 mL 试管中，置于 55℃水浴中以氮气吹至近干。同时将固相萃取柱固定于 SPE 减压净化系统上，依次用 1 mL 甲醇和 1 mL 水活化、平衡。向试管中加入冰醋酸溶液 1 mL，涡旋振荡，然后全部加到小柱上，控制过柱速度不超过 1 mL/min，分别用 1 mL 淋洗液和 1 mL 甲醇淋洗一次，最后用 1 mL 洗脱液洗脱，洗脱速度不超过 1 mL/min。洗脱液于 55℃水浴中，用氮气吹干，准确加入 1.0 mL 冰醋酸溶液充分溶解混匀，并转移到上机样品瓶中，盖好，备用。

（3）测定

①仪器参数。

色谱条件：C_{18} 柱；柱温：室温；流动相：A 为甲酸铵缓冲液，B 为乙腈；流速：0.20 mL/min；洗脱程序见表 16-2；进样体积：20 μL；每次进样间隔用流动相 A∶B＝98∶2 平衡 10 min。

表 16-2　梯度洗脱程序

时间/min	流动相 A/%	流动相 B/%
0	98	2
5	70	30
15	50	50

质谱条件：采用电喷雾正离子（ESI^+）模式做选择离子检测，选择离子如下。沙丁胺醇：*m/z* 240，*m/z* 222，*m/z* 166；莱克多巴胺：*m/z* 302，*m/z* 284，*m/z* 164；盐酸克仑特罗：*m/z* 277，*m/z* 259，*m/z* 203；离子源温度：120℃；取样锥子电压：25 V；萃取锥孔电压：5 V。脱溶剂氮气温度：300℃；脱溶剂氮气流速：300 L/h。

②将试样注入 LC-MS 仪，通过样品总离子流色谱图上沙丁胺醇（*m/z* 240，*m/z* 222，*m/z* 166）、莱克多巴胺（*m/z* 302，*m/z* 284，*m/z* 164）和盐酸克仑特罗（*m/z* 277，*m/z* 259，*m/z* 203）的保留时间和各色谱峰对应的特征离子，与标准品相应的保留时间和各色谱峰对应的特征离子进行对照定性。样品与标准品保留时间的相对偏差不大于 0.5%。每种药物的 3 个特征离子基峰百分数与标准品允许差分别为：当基峰百分数>50%时，允许差为±20%；当基峰百分数在 20%～50%时，允许差为±25%；当基峰百分数在 10%～20%时，允许差为±30%；当基峰百分数≤10%时，允许差为±50%。

采用 M+1 的准分子离子的色谱峰面积作单点校正定量。

【数据处理】

试样中药物含量（X）以质量分数计，数值以 mg/kg 表示，按式（16-1）计算。

$$X = \frac{A_x}{A_s m} \times nc_s \tag{16-1}$$

式中：A_x——待测试样测得的特征离子色谱峰面积；

A_s——标准溶液药物的特征离子色谱峰面积；

m——试样质量，g；

n——稀释倍数；

c_s——标准溶液药物的含量。

【思考题】

①外标法定量分析中误差的来源在哪里？

②沙丁胺醇、莱克多巴胺和盐酸克仑特罗对人体的危害？

【注意事项】

①沙丁胺醇、莱克多巴胺和盐酸克仑特罗属于β-兴奋剂，常被非法用于肉用动物的养殖以提高瘦肉率，但在食用含沙丁胺醇、莱克多巴胺和盐酸克仑特罗残留的动物内脏或肉类后会对人的组织器官产生毒副作用，可导致中毒发生，被列为养殖行业违禁药物，不得在畜禽养殖中添加。开展饲料及饲料添加剂的检测是从食品安全源头进行控制的有效手段，对相关检测方法的研究具有重要意义。

②为防止危害的发生，应该从源头上进行把控，将肉类安全风险降至最低。畜牧养殖者应在源头上严格禁止莱克多巴胺在养殖中的使用。加强对饲料生产流通过程的监控，以及对猪、牛、羊等养殖场的管理，推广简便、快捷、准确的检测方法。同时，鉴于近年来我国畜肉进口量逐年增加，监管部门应在严控国内肉制品质量的同时，加强对进口肉类产品药物残留的监督抽查，严禁不合格肉类产品进入我国。

16.5 知识拓展与典型应用

16.5.1 液相色谱—质谱联用技术发展史话

20世纪70年代，液相色谱—质谱联用（LC-MS）技术开始出现，1977年，LC-MS开始投放市场，当时的场解吸（FD）离子化技术虽然能测定分子量1500~2000 Da的非挥发性物质，但重复性差。1978年，LC-MS首次用于生物样品中的药物分析；1989年，LC-MS/MS取得成功；1991年，API LC-MS用于药物开发；1997年，LC-MS用于药物动力学筛选；近年来，随着电喷雾、大气压化学电离等软电离技术的成熟，使得其定性定量分析结果更加可靠，同时，由于液相色谱—质谱联用技术对高沸点、难挥发和热不稳定化合物的分离和鉴定具有独特的优势，因此，它已成为中药制剂分析、药代动力学、食品安全检测和临床医药学研究等不可缺少的手段。

16.5.2 液相色谱—质谱联用技术的应用

①杂质的分析。药物在生产、运输和保存过程中，容易引入或自身产生无治疗作用、影响药物稳定性和疗效的杂质，甚至对人体健康有害的物质。杂质通常量低、种类多，结构和主药类似，很难检测。杂质的一般检测方法有TLC、HPLC、NMR和IR，但灵敏度低，在杂质

控制方面的应用受到限制。LC-MS 联用技术结合了色谱的高分离性和质谱的高灵敏度、高选择性,能提供相对分子量与结构信息,极大地推动了杂质研究的发展。

②药物分析。药物成分分析:现代色谱联用技术的发展,加快了中草药成分分析研究的步伐。采用常规的分离鉴定技术分离中草药成分难度非常大,由于含有化学成分种类众多的中草药往往结构复杂,而且其含量非常低及稳定性差。所以采用 HPLC-MS 联用技术分析分离中草药成分变得容易操作,而且 HPLC-MS 联用仪高效快速、灵敏度高,尤其适用于中草药成分中含量少、不宜分离的成分。中药指纹图谱研究:中药指纹图谱技术具有系统性、整体性、特征性等特点,是采用现代化的分析技术和手段建立,符合现代中药质控的要求,具有科学性和全面性。研究者运用了 LC-DAD-MS 联用分析技术,建立了通脉颗粒的(HPLC-UV)指纹图谱,并鉴定了通脉颗粒中 22 个化合物,并将各化合物的单味药归属其来源。药物代谢研究:药物动力学研究需对生物样品中微量乃至痕量成分做定量分析。目前,药物的研制趋于低剂量,采用常规的分离检测技术很难准确定量复杂介质中的痕量成分。LC-MS 技术为体内药物分析中的药代动力学、药物代谢的研究提供了一种高效、可靠的分析手段,例如,分离鉴定难于辨识的痕量代谢物样品和避免烦琐地分离纯化代谢物样品。

③食品分析。食品的营养性和安全性的关注更趋于理性化、科学化。此外,在食品检测中应用较广泛的是 HPLC-MS 联用技术,通过有效的分析和检测,筛选了食品工业中原材料,以及对生产过程中质量控制和成品质量检测等起到了举足轻重的作用。研究者运用高效液相色谱—串联质谱联用技术测定农产品,检测农产品中药物残留及添加剂用量是否超标。也有研究者采用 LC-MS/MS 联用技术检测在食品中的一些残留量,得到了分析猪肉、水果、蔬菜、大米和白糖中的 5 种季铵盐残留的检测方法。

④环境分析。近年来我国常用的三嗪类和苯脲类除草剂的使用量正在迅速增加,已经对水体造成了严重污染。杨立芳针对水中三嗪类和苯脲类除草剂残留的分析研究,运用 LC-MS 分析方法测定水中阿特拉津、扑蔓尽、西玛津、绿麦隆、异丙隆 5 种除草剂,同时鉴定除草剂中的 5 种目标组分;定量方法简便,适用性强,从而更准确地判断该污染物是否存在。这种技术容易被采用和推广,具有良好的应用前景。

第 17 章　热重分析法

热重量分析(Thermo Gravimetric Analysis,TGA)简称热重分析,是在程序控制温度下,测量物质质量与温度或时间的关系的方法。进行热重量分析的仪器,称为热重仪,主要由三部分组成:温度控制系统、检测系统和记录系统。热重量分析的应用主要在金属合金、地质、高分子材料研究、药物研究等方面。

17.1　仪器组成与工作原理

用于热重法的热重分析仪(即热天平)是连续记录质量与温度函数关系的仪器。它是把加热炉与天平结合起来进行质量与温度测量的仪器,如图 17-1 所示。

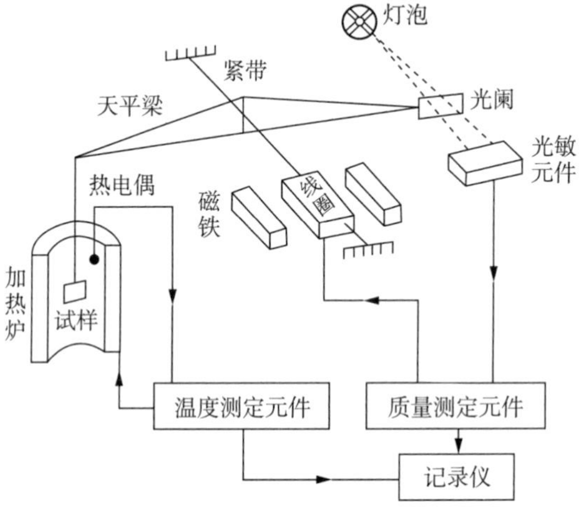

图 17-1　热重分析仪结构图

热重分析仪的主要工作原理是把电路和天平结合起来,通过程序控温仪使加热电炉按一定的升温速率升温(或恒温)。当被测试样发生质量变化,光电传感器能将质量变化转化为直流电讯号。此讯号经测重电子放大器放大并反馈至天平动圈,产生反向电磁力矩,驱使天平梁复位。反馈形成的电位差与质量变化成正比(即可转变为样品的质量变化)。其变化信息通过记录仪描绘出热重(TGA)曲线,从热重曲线可求得试样组成、热分解温度等有关数据。

17.2 实验技术与条件优化

17.2.1 样品制备

(1)样品的质量

样品量多少对热传导、热扩散、挥发物逸出都有影响。样品量用多时,热效应和温度梯度都大,对热传导和气体逸出不利,导致温度偏差。样品量越大,这种偏差越大。所以,样品用量应在热天平灵敏度允许的范围内,尽量减少,以得到良好的检测效果。而在实际热重分析中,样品量只需要约 5 mg。

(2)样品的粒度、形状

样品粒度及形状同样对热传导和气体的扩散有影响。粒度不同,会引起气体产物扩散的变化,导致反应速度和热重曲线形状的改变。粒度越小,反应速度越快,热重曲线上的起始分解温度和终止分解温度降低,反应区间变窄,而且分解反应进行得完全。所以,粒度影响在热重法中是个不可忽略的因素。

17.2.2 热重分析的影响因素

(1)仪器因素

仪器因素包括气体浮力和对流、坩埚、挥发物冷凝、天平灵敏度、样品支架和热电偶等。对于给定的热重仪器,天平灵敏度、样品支架和热电偶的影响是固定不变的,可以通过质量校正和温度校正来减少或消除这些系统误差。

①气体浮力和对流的影响。气体的密度与温度有关,随温度升高,样品周围的气体密度发生变化,从而气体的浮力也发生变化。尽管样品本身没有质量变化,但由于温度的改变造成气体浮力的变化,使得样品呈现随温度升高质量增加的趋势。对流的产生是常温下,试样周围的气体受热变轻形成向上的热气流,作用在热天平上,引起试样的表观质量损失。为了减少气体浮力和对流的影响,试样可以选择在真空条件下进行测定,或选用卧式结构的热重仪进行测定。

②坩埚(样品盘)的影响。坩埚的大小与试样量有关,直接影响试样的热传导和热扩散;坩埚的形状则影响试样的挥发速率。因此,通常选用轻巧、浅底的坩埚,可使试样在埚底摊成均匀的薄层,有利于热传导、热扩散和挥发。坩埚通常应该选择对试样、中间产物、最终产物和气氛没有反应活性和催化活性的惰性材料,如 Pt、Al_2O_3 等。

③挥发物冷凝的影响。样品受热分解、升华、逸出的挥发性物质,往往会在仪器的低温部分冷凝。这不仅污染仪器,而且使测定结果出现偏差。若挥发物冷凝在样品支架上,随温度升高,冷凝物可能再次挥发产生假失重,使 TGA 曲线变形。为减少挥发物冷凝的影响,可在坩埚周围安装耐热屏蔽套管;采用水平结构的天平;在天平灵敏度范围内,尽量减

少样品用量；选择合适的净化气体流量。

（2）实验条件因素

①升温速率的影响。升温速率对热重曲线影响较大，升温速率越高，产生的影响就越大。因为样品受热升温是通过介质—坩埚—样品进行热传递的，在炉子和样品坩埚之间可形成温差。升温速率不同，炉子和样品坩埚间的温差就不同，导致测量误差。一般在升温速率为 5℃/min 和 10℃/min 时产生的影响较小。升温速率可影响热重曲线的形状和试样的分解温度，但不影响失重量。

②气氛的影响。气氛对热重实验结果也有影响，它可以影响反应性质、方向、速率和反应温度，也能影响热重称量的结果。气体流速越大，表观增重越大。所以送样品做热重分析时，需注明气氛条件。热重实验可在动态或静态气氛条件下进行。静态是指气体稳定不流动，动态就是气体以稳定流速流动。气氛有如下几类：惰性气氛、氧化性气氛、还原性气氛等。

17.3 操作规程与日常维护

17.3.1 热重分析仪操作规程

①打开实验过程中使用的气体钢瓶开关，调节流量。

②打开主机开关键，并打开计算机，启动工作站，取得与 TGA 联机。

③准备一个干净的样品吊篮，放在样品台上，去皮，自动归零此空盘，并将待测试样品放入已归零的空盘内。

④设置样品测量条件及数据保存路径。

⑤待重量读数稳定，即可执行实验。

⑥结束实验与结果分析后，打开的窗口一一关掉后，可将计算机关闭。

Waters Q-50 热重分析仪操作规程可扫描二维码获得。

17.3.2 热重分析仪的日常维护

（1）校准 TGA

要获得精确的实验结果，应该在第一次安装 TGA 时进行校准。但是为了获得最好的效果，还应定期重复校准。TGA 需要两种类型的校准：温度和重量校准。

①温度校准：如果 TGA 实验必须要求精确的转变温度，则温度校准会很有用。要对 TGA 进行温度校准，需要分析高纯度磁通量标准以确定其居里温度，然后在温度校准表中

输入观察值和正确值。最常用的标准是居里温度为354.4℃的镍。

②重量校准：对TGA的重量校准至少应该每月执行一次。重量校准过程校准200 mg和1 g的重量范围。校准参数存储在仪器内。

(2)清洁炉室

为了延长炉子的使用寿命，至少每月清洁炉室一次以除去冷凝物。

(3)维护热交换器

热交换器除了需要维持液体制冷剂的液面和质量外，不需要任何维护。如果液面降得太低，或者制冷剂被污染，这可能导致仪器出问题。应该定期检查热交换器制冷剂的液面和情况。建议根据仪器的使用情况每三个月或六个月定期检查一次。

17.4　实验

实验1　热重分析法研究五水硫酸铜的脱水过程

【实验目的】

①了解热重分析仪的工作原理及使用方法。

②掌握热重分析仪绘制 $CuSO_4 \cdot 5H_2O$ 的热重图的方法。

【实验原理】

热重法是热分析方法中使用最多、最广泛的一种。它是在程序控制温度下测量物质质量与温度关系的一种技术。因此只要物质受热时质量发生变化，就可以用热重法来研究其变化过程，如脱水、吸湿、分解、化合、吸附、解吸、升华等。热重法已被广泛地应用在化学及与化学有关的领域中。热重法实验得到的曲线称为热重曲线(TGA曲线)，TGA曲线以质量为纵坐标，从上向下表示质量减少；以温度(或时间)为横坐标，自左至右表示温度(或时间)增加。热分析仪器操作简便、灵敏、速度快、所需试样量少，而得到的科学信息广泛。

本实验采用 $CuSO_4 \cdot 5H_2O$ 为实验样品，$CuSO_4 \cdot 5H_2O$ 是一种蓝色斜方晶系，在不同温度下，可以逐步失水：

$$CuSO_4 \cdot 5H_2O \longrightarrow CuSO_4 \cdot 3H_2O \longrightarrow CuSO_4 \cdot H_2O \longrightarrow CuSO_4(s)$$

可以看出，各水分子之间的结合能力不一样。四个水分子与铜离子以配位键结合，第五个水分子以氢键与两个配位水分子和 SO_4^{2-} 离子结合，所以 $CuSO_4 \cdot 5H_2O$ 可以写为 $[Cu(H_2O)_4]SO_4 \cdot H_2O$。

【仪器与试剂】

①仪器：Waters Q-50热重分析仪。

②试剂：$CuSO_4 \cdot 5H_2O$(分析纯)。

【实验步骤】

①打开氮气减压阀，通入氮气，0.1 MPa。开启仪器电源开关，仪器预热。开启计算机

开关，取得与 TGA 联机。

②准备一个干净的铂金盘，放在样品台上，选择 Tare 功能键，自动归零此空盘。

③将待测的 $CuSO_4 \cdot 5H_2O$ 放入已归零的空盘内。

④打开计算机软件进行参数设定。

⑤参数设定完毕后点击开始实验。实验结束后，读取数据、进行数据处理。

⑥全部实验完毕后，待仪器冷却到室温，取出铂金盘，清理样品残渣，关闭仪器和计算机。

【数据处理】

根据热重曲线，分析 $CuSO_4 \cdot 5H_2O$ 失水温度，并与文献值比较。

【思考题】

①什么是热重分析，从热重分析中可以得到哪些信息？

②如何解释 $CuSO_4 \cdot 5H_2O$ 的热重曲线？讨论实验值与理论值误差的原因。

【注意事项】

①当样品盘置于连接臂上时，才可以添加样品。当样品盘悬挂于铂钩上时，不允许添加样品。

②一个样品做完之后，要等仪器降温至室温，再做下一个样品。

实验 2　热重分析法研究草酸钙的分解过程

【实验目的】

①了解热重分析仪的工作原理及实验技术。

②绘制 $CaC_2O_4 \cdot H_2O$ 的热重曲线，解释曲线变化的原因。

【实验原理】

物质受热时，发生化学反应，质量也就随之改变，测定物质质量的变化就可研究其变化过程。热重分析法是在程序控制温度下，测量物质质量与温度（或时间）关系的一种技术。热重分析法实验得到的曲线称为热重曲线。

含有一个结晶水的草酸钙（$CaC_2O_4 \cdot H_2O$）在 100℃以前没有失重现象，其热重曲线呈水平状，为 TGA 曲线的第一个平台。在 100℃和 200℃之间失重并开始出现第二个平台。这一步的失重量占试样总质量的 12.3%，正好相当于每摩尔 $CaC_2O_4 \cdot H_2O$ 失掉 1mol H_2O，因此这一步的热分解应按下式进行：

$$CaC_2O_4 \cdot H_2O \xrightarrow{100\sim200℃} CaC_2O_4 + H_2O$$

在 400~500℃之间失重并开始呈现第三个平台，其失重量占试样总质量的 18.5%，相当于每摩尔 CaC_2O_4 分解出 1 mol CO，因此这一步的热分解应按下式进行：

$$CaC_2O_4 \xrightarrow{400\sim500℃} CaCO_3 + CO$$

在 600~800℃之间失重并出现第四个平台，其失重量占试样总质量的 30%，正好相当于每摩尔 CaC_2O_4 分解出 1 mol CO_2，因此这一步的热分解应按下式进行：

$$CaC_2O_4 \xrightarrow{600\sim800℃} CaO + CO_2$$

可见借助热重曲线可推断反应机理及产物。

【仪器与试剂】

①仪器:Waters Q-50 热重分析仪。

②试剂:$CaC_2O_4 \cdot H_2O$(分析纯)。

【实验步骤】

①打开氮气减压阀,通入氮气,0.1 MPa。开启仪器电源开关,仪器预热。开启计算机开关,取得与 TGA 联机。

②准备一个干净的铂金盘,放在样品台上,选择 Tare 功能键,自动归零此空盘。

③将待测的 $CaC_2O_4 \cdot H_2O$ 放入已归零的空盘内。

④打开计算机软件进行参数设定。

⑤参数设定完毕后点击开始实验。实验结束后,读取数据、进行数据处理。

⑥全部实验完毕后,待仪器冷却到室温,取出铂金盘,清理样品残渣,关闭仪器和计算机。

【数据处理】

$$失重(\%)=\frac{样品质量的变化值}{样品原来的质量}\times100\%$$

可以计算出样品的失重,并分析曲线上质量变化的原因。

【思考题】

①要使一个多步分解反应过程在热重曲线上明晰可辨,应选择什么样的实验条件?

②影响质量测量准确度的因素有哪些?在实验中可采取哪些措施来提高测量准确度?

【注意事项】

①整个实验过程中要通氮气作为保护,以空气来冷却。

②实验时,避免仪器周围的东西剧烈振动影响到实验曲线。

③要轻拿轻放,防止破坏天平梁。

④放样品时,最好把下面的托盘移到天平下,以防放样品时样品撒落,污染仪器。

⑤样品的粒度越小,反应的面就越大。

17.5　知识拓展与典型应用

17.5.1　热重分析法发展史话

热重法是最早发现和应用的热分析技术。英国人 Higgins 于 1780 年在探讨石灰黏剂和生石灰的过程中首次使用天平测试样品在加热时发生的重量变化。英国人 Wedgwood 于

1786 年在研究黏土时获得了第一条热重曲线,发现黏土在加热到“暗红”时会出现显著的失重,这就是热重法的开始。

1915 年日本人本多光太郎发明了第一台热天平,他利用热天平测定了 $MnSO_4 \cdot 4H_2O$ 等无机化合物的热分解反应。1925 年,日本电气工程师 Kujirai 和 Akahira 首次用热重分析数据进行了动力学方面的研究,并且是为预测电绝缘性材料的使用寿命而进行的热变质的动力学分析。1964 年出现第一台商用 TGA/SDTA 联用仪,1968 年出现热重质谱联用仪。

随着自动化控制和自动记录在热分析方法上的应用,其灵敏度和精密度得到了提高,热重分析仪已经发展为体积小、自动化控温软件功能强大而灵活,并且添加了丰富的数据分析功能和灵活的温度程序设定。因此应用更加广泛,可进行物质的相转变,固体的热分解研究,无机固体的表面吸附物质的测定,催化活性和多相反应速度的研究,反应动力学相变,分解化合、脱水、吸附、解析、熔化、凝固、升华、蒸发等现象的研究;可对物质进行鉴别分析,组分分析,还可进行热参数和动力学参数测定。近年来,由不同仪器的特长和功能相结合,实现联用分析,像 TG 和 EGA 配有质谱仪,TG 和傅里叶红外联用等,扩大了它分析的范围,这也是热重分析仪器发展的一个趋势。

17.5.2 热重分析仪的应用

只要物质受热时发生质量的变化,就可用热重法来研究其变化过程。因热分析技术能测量和分析材料在温度变化过程中的物理变化,如晶型转变、相态变化和吸附等,以及化学变化,如脱水、分解、氧化、还原等,在以下方面有实际应用:a. 分析材料的性能和结构。b. 各种动力学和热力学研究。c. 建立关于各类物质的热分析曲线图。从热分析技术的应用时间轴上来看,19 世纪末到 20 世纪初,差热分析法在研究黏土、矿物及金属合金方面发挥着重要作用;到了 20 世纪中期,热分析技术在化学领域中得到广泛应用,最初在无机材料领域,随后又逐渐扩展到络合物、有机化合物和高分子领域中;直至 20 世纪 70 年代初,热分析技术在生物大分子和食品工业领域有了新的应用。目前,热分析技术已经渗透到几乎所有领域。

第 18 章　示差扫描量热法

示差扫描量热法(Differential Scanning Calorimetry,DSC)是在程序温度下测量物质与参比物的功率差值 ΔW 与温度的函数关系。示差扫描量热仪和差热分析仪在应用上相近而在原理上稍有改进。示差扫描量热仪用于测定物质在热反应时的特征温度及吸热或放出的热量,包括物质相变、分解、化合、凝固、脱水、蒸发等物理或化学反应,广泛应用于无机、硅酸盐、陶瓷、矿物金属、航天耐温材料等领域,是无机、有机特别是高分子聚合物、玻璃钢等方面热分析的重要仪器。

18.1　仪器组成与工作原理

示差扫描量热法(DSC)与差热分析法(DTA)在仪器结构上的主要不同是仪器中增加了一个差动补偿放大器,以及在盛放样品和参比物的坩埚下面装置了补偿加热丝,其他部分均和 DTA 相同。

当试样发生热效应时,如放热,试样温度高于参比物温度,放置在它们下面的一组差示热电偶产生温差电势,经差热放大器放大后送入功率补偿放大器,功率补偿放大器自动调节补偿加热丝的电流,使试样下面的电流减小,参比物下面的电流增大。降低试样的温度,增高参比物的温度,使试样与参比物之间的温差 ΔT 趋于零。上述热量补偿能及时、迅速完成,使试样和参比物的温度始终维持相同。

DSC 分为功率补偿式 DSC、热流式 DSC 和复合式 DSC。Waters 公司生产的 DSC Q-20 属于热流式。图 18-1 为三种主要热分析系统示意图。

功率补偿式 DSC 在样品和参比物始终保持相同温度的条件下,测定为满足此条件样品和参比品两端所需的能量差,并直接作为信号 ΔQ(热量差)输出。功率补偿式 DSC 的优点:精确的温度控制和测量、更快的响应时间和冷却速度、高分辨率。

热流式 DSC 在与样品和参比品相同的功率下,测定样品和参比品两端的温差 ΔT,然后根据热流方程,将 ΔT(温差)换算成 ΔQ(热量差)作为信号的输出。热流式 DSC 的优点:基线稳定,灵敏度高。

复合式 DSC 的热功率补偿感应器由铂精密温度测量电路板、微加热器和互相贴近的梳型感应器构成,样品和参比端左右对称。精密温度测量电路板和微加热器均涂有很薄的绝缘层,以保持样品坩埚与感应器之间的电绝缘性,并最大限度地降低热阻。通过外侧的加热器进行程序温控。热流从均温块底部中央通过热功率补偿感应器供给样品和参比物。热流差则由微加热器进行快速功率补偿并作为 DSC 信号输出,同时把检测的试样端温度作为试样温度进行输出。这种结构的仪器性能在宽广的温度范围内有稳定的基线,且兼备很高的灵敏度和分辨率。复合式 DSC 的特点:保留热流型 DSC 的均温块结构,以保持基线的稳定和高灵敏度;配置功率补偿式 DSC 的感应器以获得高分辨率。

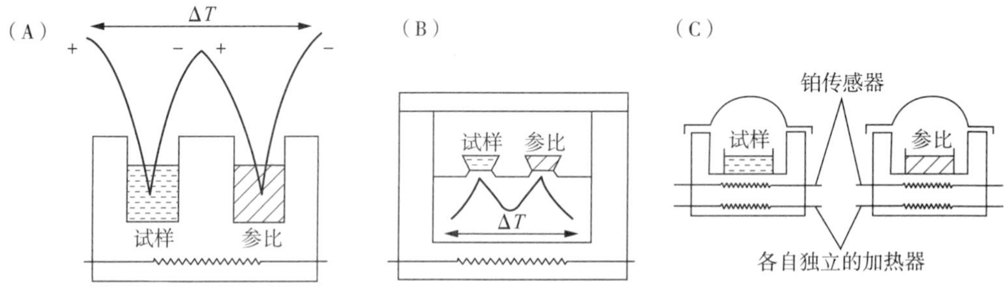

图 18-1　三种主要热分析系统示意图

(A)经典 DTA;(B)热流式 DSC;(C)功率补偿式 DSC

18.2　实验技术与条件优化

18.2.1　样品制备

依照样品形态不同,选择液态或固态样品盘。若样品为金属或实验准备测定化学品的熔点,样品量一般以小于 5 mg 为宜;若测定高分子聚合物的玻璃化转变温度(T_g)或熔点(T_m)值,样品量一般为 5~10 mg;若样品为复合物或聚掺物,则样品质量要大于 10 mg。

18.2.2　转变温度精度的影响因素

DSC 虽在原理和操作上不复杂,但影响实验精度的因素很多。

①仪器因素:与炉子的形状、大小和温度梯度有关。

②样品质量:若样品质量太小,则信号太弱,误差较大。如果样品质量较大,则可能受热不均匀,得到的结果不准确。

③铝坩埚:制样的坩埚应当压平,保证受热的均匀。

④升温速率:若升温速率过快,则可能导致测得的转变温度偏高,灵敏度提高,分辨率下降。若升温速率过慢,则可能等待时间过长,浪费时间。

⑤气流流速:气流流速要恒定,否则引起测试基线波动。

18.3　操作规程与日常维护

18.3.1　示差扫描量热仪操作规程

①确定气体管线与冷却配件(如 RCS)已经开启,打开计算机主机。

②打开计算机,启动工作站,取得与 DSC 的联机。

③设定气体流量,通常约为 50 mL/min。如连接了制冷附件,需启动制冷附件。

④将样品称重后依照其形态的不同选择使用液态或固态样品盘,再用压片机压片。

⑤将压好的样品置入 DSC Cell 样品平台上(一般为靠近自己的一方)。准备一个和样品盘形式相同的参比盘放在 DSC Cell 参比平台上(一般为远离自己的一方),并盖上盖子。

⑥输入样品信息;编辑测试条件方法(其中温度不能超过样品的分解温度);确认连接气体及气流量;编辑完后开始实验。

⑦实验完成后,首先关闭制冷装置,回到室温后再执行关机程序,关掉仪器电源开关;关掉其他外围配备,如 RCS、气体等,关闭计算机。

Waters Q-20 示差扫描量热仪操作规程可扫描二维码获得。

18.3.2 示差扫描量热仪的日常维护

(1)校准 DSC

①基线斜率和偏移校准:基线斜率和偏移校准包括通过整个温度范围(后面的实验所预期的)加热空炉的操作,在温度上下限处保持等温。本校准程序用来计算使基线平滑并将热流信号归零所需要的斜率和偏移值。

②热焓(炉子)常数校准:将标准金属(如铟)加热,根据熔化转变曲线,计算实际熔解热,实际熔解热与理论值的比值即为炉子常数。始点斜率或热阻是用来测量温度上升抑制(在熔化的样品中发生)的方法,这与热电偶有关。理论上,标准样品应当在恒定温度处熔化。由于样品熔化并吸收了更多的热量,因此,样品与样品热电偶之间的温度差异越来越大。计算这两点之间的热阻,为熔化峰值之前的热流对温度曲线的始点斜率。此始点值可用于动力学计算和纯度计算,以便校正该热阻。

③温度校准:温度校准基于加热温度标准(如铟)通过其熔化转变的运行。该标准记录的熔化点的推断始点与已知熔化点相比较,计算温度校准的差值。用于炉子常数校准的文件同样可以用于本校准。此外,最多可以使用四个其他的标准来校准温度。如果使用三个或更多个标准,则通过立方曲线逼近校正温度。如果在宽广(>300℃)温度范围之上要求绝对温度测量,则多点温度校准比一点校准更为精确。

(2)清洁污染的炉子

炉子污染可能引起基线异常,必须正确清洁 DSC 炉子以维护其正常的运行。因为炉子感应器的精密性质,所以不推荐采用刮擦方式去除污物。如果通过基线发现有样品污染,请按仪器说明书建议的清洁过程执行操作。

18.4 实验

实验 1 示差扫描量热仪测聚合物的玻璃化转变温度

【实验目的】

①理解聚合物示差扫描量热法的基本原理和应用,树立勇于创新的科学精神。

②掌握示差扫描量热仪的使用方法和数据处理方法。

【实验原理】

当物质的物理状态发生变化(例如结晶、熔融或晶型转变等)或者起化学反应,往往伴随着热学性能如热焓、比热容、导热系数的变化。示差扫描量热法就是通过测定其热学性能的变化来表征物质的物理或化学变化。

示差扫描量热测定时记录的热谱图称为 DSC 曲线,其纵坐标是试样与参比物的功率差 dH/dt,也称作热流率,单位为毫瓦(mW),横坐标为温度(T)或时间(t)。一般在 DSC 热谱图中,吸热效应用凸起的峰值来表征(热焓增加),放热效应用反向的峰值表征(热焓减少)。图 18-2 为聚合物的 DSC 曲线示意图。

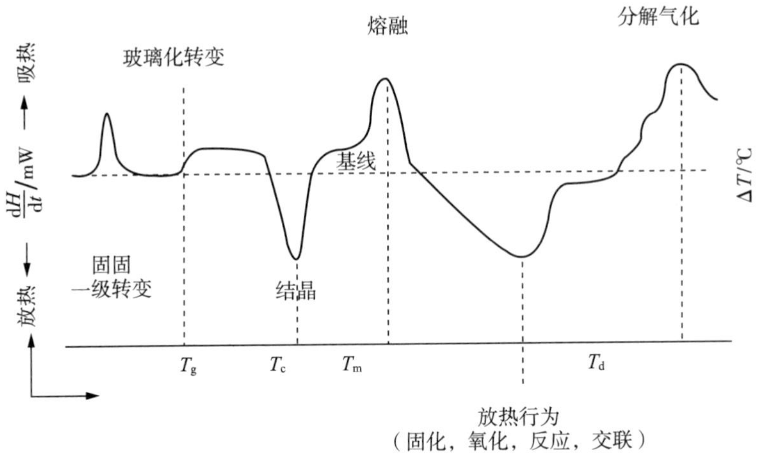

图 18-2 DSC 曲线示意图

聚合物的玻璃化转变为一体积松弛过程,在 T_g 处,聚合物的比热发生突然变化,故在热谱图上 T_g 处表现为基线的突然变动。

【仪器试剂】

①仪器:Waters Q-20 示差扫描量热仪,固体铝坩埚,压片机。

②试剂:聚乙烯,聚丙烯,参比物为 α-氧化铝。

【实验步骤】

①打开氮气减压阀,通入氮气,0.1 MPa。开启仪器电源开关和机械制冷装置。开启计算机开关,取得与 DSC 联机。

②将样品称重后，放入固体铝坩埚内，加盖，再用压片机压片。

③将压好的样品置入 DSC Cell 样品平台上（靠近自己的一方）。准备一个和样品盘形式相同的参比盘放在 DSC Cell 参比平台上（远离自己的一方）并盖上盖子。

④打开计算机软件进行参数设定。参数设定完毕后点击开始实验。实验结束后，读取数据、进行数据处理。

⑤实验完毕后，待仪器冷却到室温，取出铝制样品盘，清理样品残渣，关闭仪器、制冷机、计算机和氮气钢瓶。

【数据处理】

根据 DSC 曲线，记录聚乙烯和聚丙烯的玻璃化转变温度 T_g。

【思考题】

①试述在聚合物的 DSC 曲线上，有可能出现哪些峰值，其本质反映了什么？

②玻璃化转变的本质是什么？有哪些影响因素？

【注意事项】

①固体样品要研磨成粉，确保在压盖的时候可以完全封住，铝坩埚保持平整，有利于受热均匀。

②实验结束后，关闭制冷设备，待恢复到室温，才能关闭仪器。

实验 2　示差扫描量热仪测聚合物的熔点和结晶温度

【实验目的】

①掌握示差扫描量热仪的操作方法，并绘制聚合物的熔点（T_m）和结晶温度（T_c）。

②了解示差扫描量热法的基本原理，结合仪器发展史话，树立勇于开拓的科学精神。

【实验原理】

示差扫描量热法可用以研究聚合物的相变，测定结晶温度、熔点、结晶相转变等物理变化，研究聚合物固化、交联、氧化、分解等反应，测定聚合物玻璃化转变温度，也可测定反应温度或反应温度区等反应动力学参数。

在进行 DSC 分析时，所选用的参比物应是在实验温度范围内不发生物理变化及化学变化的物质，如 α-Al_2O_3、石英粉和 MgO 等。当把试样和参比物同置于加热炉中等速升温进行 DSC 测试时，若试样不发生热效应，在理想情况下，试样的温度和参比物的温度相等，此时 $\Delta T=0$，在热谱图上应是一根水平基线。当试样发生了物理或化学变化，吸入或放出热量时，$\Delta T\neq0$，在热谱图上会出现吸热或放热峰，形成 ΔT 随温度变化的曲线。在热谱图上，由峰的位置可确定发生热效应的温度，由峰的面积可确定热效应的大小，由峰的形状可了解有关过程的动力学特性。

【仪器试剂】

①仪器：Waters Q-20 示差扫描量热仪，固体铝坩埚，压片机。

②试剂：聚乙烯，聚丙烯，参比物为 α-Al_2O_3。

【实验步骤】

①打开氮气减压阀,通入氮气,0.1 MPa。开启仪器电源开关和机械制冷装置。开启计算机开关,取得与 DSC 联机。

②将样品称重后,放入固体铝坩埚内,加盖,再用压片机压片。

③将压好的样品置入 DSC Cell 样品平台上(靠近自己的一方)。准备一个和样品盘形式相同的参比盘放在 DSC Cell 参比平台上(远离自己的一方)并盖上盖子。

④打开计算机软件进行参数设定。参数设定完毕后点击开始实验。实验结束后,读取数据、进行数据处理。

⑤实验完毕后,待仪器冷却到室温,取出铝制样品盘,清理样品残渣,关闭仪器、制冷机、计算机和氮气钢瓶。

【数据处理】

根据 DSC 曲线,记录聚乙烯和聚丙烯的熔点 T_m 和结晶温度 T_c。

【思考题】

①为什么能用 DSC 研究聚合物的结构?

②TGA 与 DSC 分析技术有什么不同?

③DSC 有哪几种? 各有什么优缺点?

【注意事项】

①通常做实验之前,先在药典上查得阿司匹林的熔点,在编程时,使设定的最高温度大于其熔点 20~30℃,以免温度太高使其分解造成炉内污染,装样后坩埚外壁不应粘有样品,以免污染热电偶及保持器。

②实验中要用氮气来保护,水来冷却。

③样品用量一般小于 10 mg,样品量过多,样品内部传热慢、温度梯度大,导致峰形的扩大,且粒度较小。

18.5 知识拓展与典型应用

18.5.1 DSC 发展史话

1887 年,法国化学家 H. Le Chatelier 第一次使用热电偶测温的方法研究黏土矿物在升温、降温过程中热性能的变化,首次公布发表了最原始的差热曲线,人们公认他为差热分析技术的创始人(图 18-3)。

1899 年,英国科学家 W. C. Roberts Austen(图 18-4)改进了 Le Chatelier 差热测量时的差示法,提高了仪器的灵敏度和重复性。

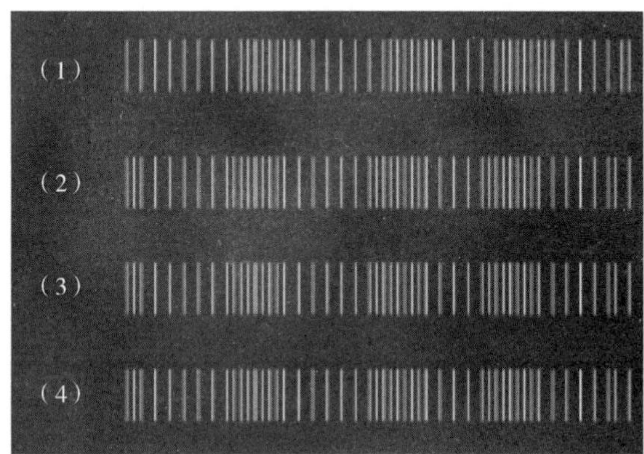

图 18-3　H. Le Chatelier（亨利·勒夏特列）与他发表的加热曲线

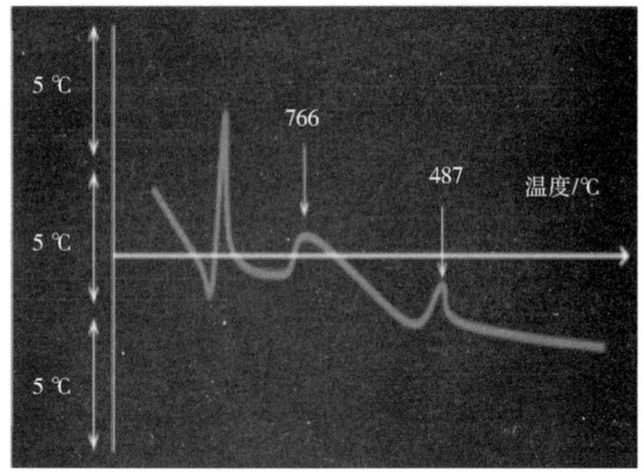

图 18-4　W. C. Roberts Austen（罗伯茨·奥斯汀）与他的电解铁差热曲线图

20 世纪 40 年代末，美国人制造了第一台商用差热分析仪，第二次世界大战前出现热膨胀仪。20 世纪 50 年代末 60 年代初，出现大量商品化的热分析仪器，1953 年出现逸出气检测法，1962 年发明扭辫分析法，1963 年美国的 E. S. Watson 和 M. J. O´eill 等首次在热分析的基础上提出了差示扫描量热分析思想，功率补偿式差示扫描量热仪（Pc-DSC）才成为市售商品，DSC 应用于聚合物中，首次获得成功，可从熔融过程主要观察相关形态学上的变化，在该领域中，全靠用 DSC 进行定量研究。

1992 年出现温度调制式 DSC，随后又出现超高灵敏度 DSC、快速扫描 DSC 等。随着电子技术的快速发展，自动记录系统、信号放大系统、程序温度控制系统和数据处理系统等智能化方面有了很大改进，使仪器的精确度、重现性、分辨力和自动数据处理软件都得到极大提升。

随着科学技术的发展，尤其是在高分子领域中的广泛应用，使 DSC 技术展现出新的生机和活力，被广泛应用于各类材料与化学领域的新品研发、工艺优化与质检质控等。主要测量与热量有关的物理和化学的变化，如物质的熔点熔化热、结晶点结晶热、相变反应热、玻璃化转变温度、热稳定性（氧化诱导期）等。并且，现在的 DSC 仪器有响应时间短、灵敏度高、信噪比高、样品用量少等特点。由于近年来对仪器灵敏度的要求越来越高，进而发展了联用技术。如 DSC 和 X-射线衍射仪同步测定，给我们带来新的想象力，因此，这些新三维技术和这些同步测定技术正成为新的强有力工具，从这里我们可更精确地知道所分析的样品在进行着什么样的过程。

18.5.2 DSC 的应用

由于 DSC 能定量测定多种热力学和动力学参数，使用的温度范围也比较宽（-90～400℃），且分辨能力高、灵敏度高、用量少（毫克）等优点，因此应用较广。利用 DSC 只需很少的样品量就能快速精确地检测：熔点温度，结晶温度，玻璃化转变温度，蒸发、升华等多种相转变温度，热稳定温度，氧化温度，蛋白质变性温度，固化转变点温度，固—固转变温度，比热容测定，潜在危险性检测，固化速率测定，寿命估算，动力学测定，熔化热测定，爆炸限检测，结晶度测定，固化度测定，结晶热测定，反应热测定，动力学参数测定，测定试样纯度、反应速率、高聚物的结晶度等。测定所涉及的对象主要有：高分子材料、无机物、药物、石油、食品、矿物、农药、含能材料等。

DSC 可用于食品工业产品控制，例如在巧克力制造中为了保证巧克力的热量高、味道好、贮藏时间长且要求巧克力的熔化温度接近人体温度，因此可用 DSC 来比较几种巧克力。图 18-5 中 a 表示质量好的巧克力，而图 18-5 中 b 和图 18-5 中 c 被认为质量较差的巧克力。

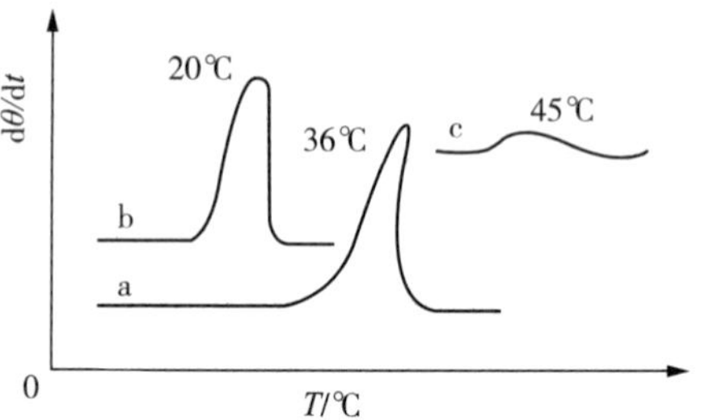

图 18-5 用于控制监测巧克力质量的 DSC 曲线

DSC 在鉴别食用油的真伪方面，也可提供重要的参数。通过对原装进口特级初榨橄榄油、植物油以及系列配比的葵花籽油/特级初榨橄榄油（模拟掺假油）进行分析，进口原装特级初榨橄榄油在 60～-46℃ 区间内具有明显的结晶峰；模拟掺假油的结晶温度随掺入葵花籽油比例的升高缓慢向低温区偏移，结晶峰的峰形则由尖锐逐渐变得平坦。因此，结晶温度可作为特级初榨橄榄油真伪的重要参数。

在药品的纯度鉴别方面也可用 DSC 进行分析。图 18-6 为达那唑（danazole）制剂的 DSC 谱图，由图可知两者的熔点峰一致，都在 300℃ 开始分解，故可确定两者是相同的。图 18-7 为 2 种品牌的布洛芬原料的 DSC 谱图，从图可见 b 的熔点高，a 的熔点低，并且 a 的有一个小肩峰，这说明 a 的纯度差。

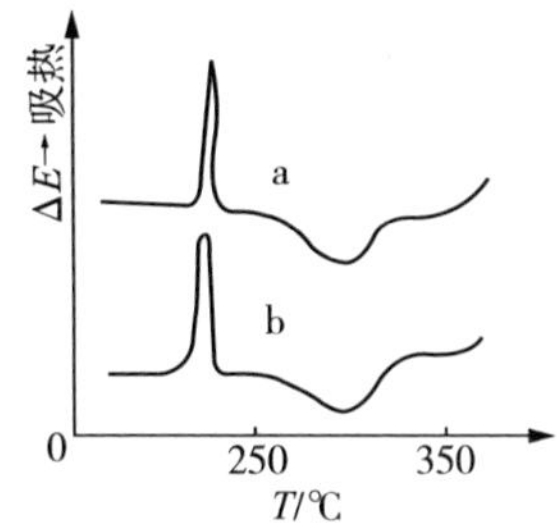

图 18-6　品牌(a)和品牌(b)达那唑制剂的 DSC 谱图

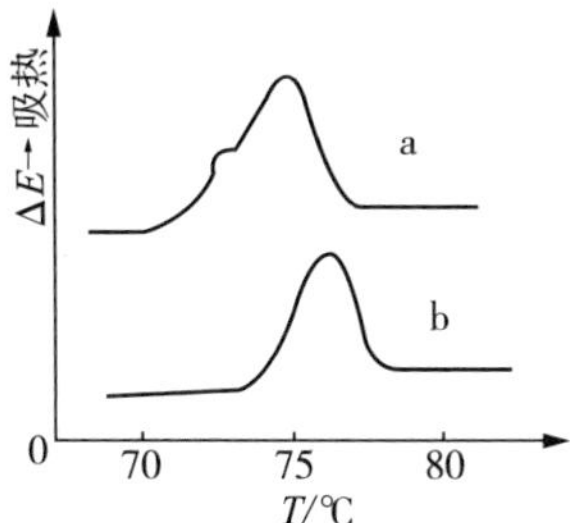

图 18-7　品牌(a)和品牌(b)布洛芬原料的 DSC 谱图

第六篇　虚拟仿真实验

虚拟仿真实验技术是一门新兴的实训技术，是指运用计算机软硬件构建的一种整体或者局部的可以代替真实实验的各种可视化操作情景，学习者进入仿真虚拟情景后，可以进行实验内容和实验操作的学习，在理解实验原理和操作步骤的基础上继而提高真实实验的操作技能，使学习者获得更好的学习环境。

仿真实验即用软件对一些（物理、化学、生物等）现象和过程进行模拟的实验，所用到的主要技术包括虚拟交互技术和三维建模技术，诸如 3Dmax、Maya、Viewpoint、Cult3D 和 Virtools 等。在教育教学过程中，特别是实践教学，仿真是最好的选择，它具有强大的优越性，使学习者在构建的仿真环境中使用硬件设施来随意模拟操控，完全避免其他不宜的因素。因此，虚拟仿真实验技术具备高仿真性、安全性、专业性、高可靠性等特点。

采用现代数字信息构建仿真实验教学平台，能够为学生提供一个模拟、设计、分析实验的平台，让教与学均能在实时模拟的场景中进行，不仅为教师提供授课的良好工具，而且可以利用计算机让学生自主学习，将原来繁杂的现场讲解重复化，利用电脑仿真具有的可重复性与自动引导性的特点，可以加深学生对所学专业知识的理解，增强学生对实验操作的兴趣，加强学生的学习效率，扩展学生的视野，以达到理论与实践相结合的教学目的。

第19章　实验项目

大型分析仪器虚拟仿真软件包含气相色谱法、液相色谱法、原子吸收光谱法、分光光度法、红外光谱法、气质联用等多种常用的仪器分析方法，游戏式的体验，让你在指尖感受实验的快乐。

项目练习网址：http://180.209.183.240/login.do。

账号密码：本校学生均为学号。校外学生请注册登录或者联系在线老师。

具体实验项目有：

①紫外可见分光光度计虚拟仿真软件 UV-vis。

②原子吸收分光光度计虚拟仿真软件（火焰）AAS。

③原子吸收分光光度计虚拟仿真软件（石墨炉）AAS。

④气相色谱虚拟仿真软件 GC。

⑤气相色谱虚拟仿真软件仪器拆分（安捷伦 GC 7890A）。

⑥液相色谱仪虚拟仿真软件 LC。

⑦液相色谱仪虚拟仿真软件仪器拆分（安捷伦 LC 1202）。

⑧气相色谱—质谱联用仪虚拟仿真软件 GCMS。

⑨液相质谱仪仿真软件 AMS3D。

⑩液相色谱—质谱联用仪虚拟仿真软件 LCMS3D3D。

⑪透射电镜虚拟仿真软件 TEM3D。

⑫核磁共振虚拟仿真软件（布鲁克 AV Ⅲ 400MHZ）NMRBK3D。

⑬扫描 X 射线电子能谱虚拟仿真软件（Thermo Scientific ESCALAB 250Xi）。